多视图网络表示学习技术

赵海兴　冶忠林　著

科学出版社

北　京

内 容 简 介

网络表示学习在复杂网络数据挖掘领域有重要的影响力，其因能够有效编码网络结构特征与网络节点附属特征而得到广泛的应用。网络表示学习旨在将研究对象之间的上下文关系、结构关系、层次关系等嵌入低维度的表示向量空间中，从而为后续的机器学习任务提供更为优质的特征输入。

本书共 6 章。其中，第 1 章主要介绍网络表示学习的基本概念和研究进展；第 2 章主要介绍网络表示学习的理论知识；第 3 章主要介绍如何改进网络表示学习中的随机游走过程；第 4 章主要介绍如何联合网络的两类特征进行网络表示学习任务；第 5 章主要介绍如何联合网络的 3 类特征进行网络表示学习任务；第 6 章主要介绍网络表示学习的应用。

本书既可作为网络表示学习、图神经网络、数据挖掘、社会计算、复杂网络等领域研究和开发人员的参考书，也适用于企业开发者和项目经理阅读，还可供对图深度学习感兴趣的本科生和研究生参考。

图书在版编目(CIP)数据

多视图网络表示学习技术/赵海兴，冶忠林著. —北京：科学出版社，2022.3
ISBN 978-7-03-072006-1

Ⅰ. ①多… Ⅱ. ①赵… ②冶… Ⅲ. ①机器学习 Ⅳ. ①TP181

中国版本图书馆 CIP 数据核字（2022）第 051959 号

责任编辑：赵丽欣 / 责任校对：赵丽杰
责任印制：吕春珉 / 封面设计：东方人华设计部

科学出版社出版
北京东黄城根北街 16 号
邮政编码：100717
http://www.sciencep.com

北京中科印刷有限公司印刷
科学出版社发行 各地新华书店经销
*
2022 年 3 月第 一 版 开本：787×1092 1/16
2023 年 3 月第二次印刷 印张：9 1/4 插页：1
字数：202 000

定价：112. 00 元

（如有印装质量问题，我社负责调换〈中科〉）
销售部电话 010-62136230 编辑部电话 010-62135397-2015（BF02）

赵海兴

博士，现任青海师范大学副校长、教授、博士生导师，省部共建藏语智能信息处理及应用国家重点实验室主任，教育部“长江学者与创新团队”负责人；入选国家百千万人才工程，教育部新世纪优秀人才，享受国务院政府特殊津贴专家，青海省优秀专家；中国五四青年奖章获得者，全国模范教师；全国运筹学会和组合与图论学会常务理事，青海省党外知识分子联谊会常务理事。主要从事网络科学、信息处理及文化服务等研究工作，现主持国家重点研发计划项目1项，国家自然基金1项；已主持完成1项科技部973前期研究专项、5项国家自然科学基金项目，其中3项成果分别获青海省科技进步一等奖、二等奖和三等奖。在《中国科学》、《计算机学报》、*Theoretical Computer Science*等刊物发表论文80余篇。

冶忠林

博士，博士生导师，省部共建藏语智能信息处理及应用国家重点实验室专职科研人员，青海师范大学计算机学院教师。2019年入选青海省“高端创新人才千人计划”拔尖人才。主要研究方向为自然语言处理、复杂网络数据挖掘、图神经网络等，研究的新一代互联网语义搜索引擎在NLPCC开放领域问答国际评测任务中获得了综合性能第一，在第六届与第七届中国计算机学会主办的大数据学术会议两次获得最佳学术论文提名。发表学术论文40余篇，论文《基于多源信息融合的分布式词表示学习》入选《中文信息学报》年度热点文章；授权发明专利2项，实用新型专利2项。主持青海省自然科学基金青年项目1项，青海省重点研发与转化计划子课题1项，参与国家重点研发项目、青海省重点研发与转化计划、国家自然科学基金项目各1项。

前　言

在计算科学领域，复杂网络的研究和探索是一个重要的分支。尤其近些年以来，对复杂网络的研究重视程度甚至有赶超自然语言处理、图形与图像处理等研究的趋势。复杂网络的研究对象包括生物网络、社交网络、交通网络、互联网、信息传播网络等。复杂网络的研究兴起于格尼斯堡的七桥问题。随后，在1998年的*Nature*和1999年的*Science*上，有研究者发表了一篇关于复杂网络的研究成果，该研究成果引起了科研人员对复杂网络的重视。在后续研究中，复杂网络的重要研究成果或用复杂网络这个工具研究其他领域的问题变得流行起来。例如，在化学领域，分子之间的交互关系用复杂网络的方法进行研究，或者用复杂网络的方法预测新的物质等。在管理科学领域，同样也用复杂网络的分析方法提升工作效率，简化工作流程。

对复杂网络的重视源自社交网络的兴起，在现代生活中，每个人都可比拟为社交网络中的一个节点，从而每天产生大量的数据和行为。对社交网络中的数据进行挖掘后，最直接的应用为商品推荐。在其他复杂网络应用中，研究成果的回报较少，因此多数研究聚焦于理论研究。商品推荐是目前复杂网络研究转化最为成功的案例，同时也是人们日常生活中接触最多的应用。人们打开购物网站应用时，其首页不再是千篇一律的主页，而是针对每个人经过优化的个性化界面，其推荐的数据来源为浏览历史、评论数据、关注信息等。商品推荐不仅要考虑个体节点与个体节点之间的交互关系，同时也要考虑个体节点中所拥有的文本信息。因此，现有的研究对复杂网络中的结构信息和文本特征的联合建模越来越被重视，并产生了较多的研究成果。

基于神经网络的深度学习等技术在图像处理等领域取得了巨大成功，随后，在自然语言处理等领域取得了不少的研究成果。现在，神经网络方法在复杂网络研究领域也进行了探索和研究，并取得了重要研究成果。从起初的 DeepWalk 将浅层神经网络引入复杂网络建模后，有学者不断提出基于 DeepWalk 的改进算法，从而产生了网络表示学习这一新的研究领域。网络表示学习旨在将网络的结构特征压缩到低维度、稠密、实值的网络表示向量空间。网络表示学习的发展经历了几个不同时期，从期初的基于矩阵分解的方法或基于谱的方法，到中期的基于浅层神经网络的方法，再到现在的基于深度学习技术的方法（图神经网络技术）。网络表示学习的模型和框架在不断地被改进，但是其学习的目标一直未发生变化，即始终致力于解决如何将网络的结构特征更好地进行编码和建模，从而更好地为后续的机器学习提供优质的特征输入。网络表示学习的输入可以是单个结构特征，也可以是多个网络特征，但是输出是网络节点的表示向量。在一些特殊的研究领域，输出是整个图的表示向量。

基于科技情报大数据挖掘与服务系统平台 AMiner 搜索发现，在网络表示学习领域，中国人民大学梁循教授，北京邮电大学石川教授，清华大学唐杰教授、刘知远副教授、崔鹏副教授等在网络表示学习领域发表了众多高质量高水平的科研成果。这些研究成果为促进国内网络表示学习领域的研究起到了重要的作用。清华大学刘知远副教授开发了基于 Python 语言的 OpenNE 学习平台，该学习平台实现了 DeepWalk、LINE、node2vec、GraRep、GCN 等的 Python 版本，该平台的开发为网络表示学习的研究工作开展提供了极大的便利，初学者不用再花费大量的时间去配置不同算法的运行环境。

目前，网络表示学习平台和相关文献非常便于获取，那么本书如何在这样的环境下定位呢？本书著者在攻读博士学位期间主要研究网络表示学习，而研究网络表示学习又起源于硕士研究生期间的知识表示学习、词语表示学习等研究工作。在攻读博士学位期间，著者导师主要研究方向为复杂网络及其应用，因此在原有的知识背景下需要将研究方向转型到复杂网络领域。机缘巧合之下，读过刘知远老师的一些研究文章后，发现网络表示学习和词语表示学习的一些共性。从而，开始投入大量的时间研究网络表示学习。但是，刚开始的研究工作是非常缓慢的，甚至配置一个算法运行环境都要花去大量的时间。在读了大量的文献和运行了几个经典的网络表示学习算法之后，仍然无法找到开篇立意的创新点。虽然现在在文献获取和开源代码获取等方面比以往任何时候都便利，但是，本书著者在研究网络表示学习过程中仍走了很多弯路。因此，希望通过本书，初学者能够尽快入门网络表示学习或者神经网络领域，尽快掌握相关核心知识。

本书所列章节内容的研究前后跨度约 4 年，每个章节的内容在构思、算法实现和撰写阶段被经过多次讨论，力使本书中的算法高效，陈述简单朴实，实验内容充实详尽。特别致谢青海师范大学计算机学院王朝阳、杨燕琳、孟磊、房路升、李卓然、王高杰、马海瑛、罗海秀、张娜、唐春阳等，他们为本书的校稿和作图等工作投入了大量的时间和精力。

本书的完成受到国家重点研发计划（项目编号：2020YFC1523300）、青海省自然科学基金青年项目（项目编号：2021-ZJ-946Q）、青海省重点研发与转化计划（项目编号：2020-GX-112）、青海师范大学中青年科研基金项目（项目编号：2020QZR007）资助。

著　者

2021 年 11 月 30 日

目　　录

第1章　绪　　论

1.1　网络表示学习基础知识

特征工程是传统机器学习的必需步骤，有着举足轻重的地位，其是从获取的数据中人为地定义一些特征，为后续的模型提供优质输入，所以特征工程的好坏很大程度上决定着整个机器学习任务的性能表现。但是，人为定义特征存在很多局限性，如人为定义一些特征时，需要为不同的机器学习任务定制不同类型的特征，而且当数据规模庞大时，通过人工的方式提取特征的工作量非常大。因此，基于以上局限性，研究者们旨在研究如何通过特定算法自动提取数据特征。

表示学习技术是一类非常重要的特征编码技术，也是特征工程中最常用的技术。按照应用领域的不同，表示学习可以划分为知识表示学习、词表示学习、网络表示学习（network representation learning，NRL）等几个类别。按照表示向量的不同学习性质，表示学习可以划分为离散表示（distributional representation）和分布式表示（distributed representation）。在语言建模领域中，基于词表示学习技术自动编码词语的上下文结构特征，进而为语料中的每个词语映射一个低维度的表示向量，该词语表示向量被输入后续任务中，其表现出的性能明显优于传统的特征编码方式所获得的性能。独热（one-hot）表示就是一种较为常见的词语表示方法，是一种基于统计且不需要学习的方式，但该表示方式会丢失很多特征信息，且无法计算两个表示向量之间的语义关系。

分布式表示一般通过基于神经网络（neural network）的方法获得一组低维度、压缩、实值的表示向量。对于词语的表示向量，可以采用潜在语义分析[1]、潜在狄利克雷分配模型[2]、随机索引[3]等技术获取词语表示向量。但是，这些方法主要是通过统计方法获得词语的表示向量，其与通过神经网络获得的词语表示向量方法之间存在本质上的不同。表示学习通过基于神经网络的分布式表示学习技术，不仅维度低，算法的空间复杂度减小，而且能够反映表示对象之间的关系信息。因此，分布式表示是大部分表示学习所采取的主流表示方法和形式。

为了对网络数据进行更好的分析，以便于从网络数据中提取更多有价值的信息，借鉴深度学习在自然语言处理中获得的成功，把词表示学习的思想应用到网络数据中（图数据），有学者提出了网络表示学习，也称网络嵌入。Hinton 在 1986 年提出了“分布式表示”[4]，在 2000 年后，研究者们开始重点关注该方法。于是，Bengio 等在 2003 年提出了“Embedding”[5]一词。词表示学习也被称为词嵌入学习，网络表示学习与词表示学习并不是独立存在的，虽然网络数据和自然语言是两种不同的数据类型，但算法学习的目标是一致的，即把研究对象映射到低维度的向量空间中。网络表示学习起源于词表示学习，两者相辅相成，网络表示学习中的一些新思想也可以应用于词表示学习。网络表示学习从方法上可以分为基于分解的网络表示学习算法、基于浅层神经网络的网络表示学习算法和基于深度学习的网络表示学习算法。本书中所提到的网络表示学习若无特殊说明，则是指基于浅层神经网络的网络表示学习算法。

词表示学习的目标是通过分布式的学习技术将词语映射到低维度、实值的向量空间中，且向量中包含了众多特征信息，如词语的语义等，所以由词表示向量之间的代数运算可得到句子的表示向量，运算值反映词语之间的语义关系。在自然语言处理的相关任务中，词表示向量作为重要的特征编码工具，可以被用来命名实体识别、文本分类、分词等任务[6-7]。

针对规模庞大、结构复杂的网络数据，网络表示学习是一种重要的数据挖掘方法。网络表示学习算法编码网络结构特征映射到向量空间中，映射的原像是网络节点与节点之间的连边结构，像是输出的低维度表示向量，因此网络表示学习可以被抽象地看成一类映射技术。但映射规则不是通过人为设定的，而是通过神经网络学习得到的，映射的目标如下：不同的向量代表网络中的节点，节点表示向量能够反映节点之间的结构关系，如两个节点在网络中是邻居节点，则表示两个节点的向量的相似度就会比较高或拥有较近空间距离的向量，所以通过网络表示学习得到的向量能够反映网络的结构信息。网络数据因其强大的表达能力而广泛存在，网络表示学习的目标是把网络数据映射到低维度向量空间，从而充分地体现网络数据所包含的结构特征。其得到的表示向量可以用于后续网络数据分析任务，如分类任务[8]、预测任务[9]和推荐任务[10-11]等。

网络表示学习被更多的研究者关注，其主要原因是词表示学习技术在自然处理任务中获得了性能的显著提升[12-15]，尤其是在训练速度方面和准确率方面比传统方法有优势。其经典的代表算法是 Word2Vec[12-13]。Word2Vec 在自然语言语句上设置一个滑动窗口，通过窗口的滑动获得当前中心词语的上下文词语，建立<当前词语，上下文词语>的二元组词对，之后将其输入三层的神经网络中进行建模，训练过程中可以采用负采样（negative sampling，NEG）或层次 softmax（hierarchical softmax，HS）进行加速拟合。作为表示学习的子集，词表示学习在取得重大突破的同时，也带动了其他分支的发展。网络表示学习借鉴了 Word2Vec 的思想，提出了针对网络数据（图数据）的表示学习模型，即 DeepWalk[16]，该算法把 Word2Vec 的思路和算法模型引入网络数据中，但由于网络数据与自然语言语料是两种不相同的数据类型，因此无法直接把 Word2Vec 应用于网络数据。为了解决此问题，DeepWalk 先通过随机游走策略产生类似句子的网络节点序列，然后将随机游走序列当作自然语言中的句子输入 Word2Vec 模型中。Word2Vec 和 DeepWalk 在实际生活中得到了成功的应用[16-18]。另外，在语言建模中，可以证明通过负采样优化的 Skip-Gram 模型（SGNS 模型）的实质是对 SPPMI[19-20]矩阵进行分解。同样，在网络建模中，可以证明通过负采样优化的 SGNS 模型的实质是对矩阵 $\boldsymbol{M}=(\boldsymbol{A}+\boldsymbol{A}^2)/2$[21-23]进行分解。式中，$\boldsymbol{A}$ 为节点概率转移矩阵，$\boldsymbol{M}$ 为网络结构特征矩阵。基于 SGNS 模型是矩阵分解网络结构特征矩阵的事实，也有学者提出了一类基于矩阵分解的网络表示学习算法，如 MMDW[24-25]、TADW[26-27]等。在一些研究综述中，基于矩阵分解的网络表示学习算法独立于基于随机游走的网络表示学习算法之外。

基于 DeepWalk 和 Word2Vec 的思想，在网络表示学习和词表示学习领域提出了多类新颖的网络表示学习算法和词表示学习算法。当然，一些新颖的网络表示学习算法和词表示学习算法受到深度神经网络技术的影响，学习效果更好，但是消耗的计算资源也不断地增长。在网络表示学习领域，仍然还有很多问题值得研究和探索。

随着社交网络的发展和电子产品的广泛应用，数据获取变得越来越方便，数据规模变得越来越庞大，目前在海量的数据中，常常蕴含着众多潜在信息，所以数据挖掘的研究成为了众多科学领域的研究重点。尤其是在大数据时代，网络数据作为非欧几里得数据结构，因其强大的表达能力被广泛应用于各种领域。因此，对网络数据的分析与挖掘变得很有意义。

神经网络在处理一些欧几里得数据（如文本、图像等数据）方面获得了显著成功。借鉴神经网络在上述领域中的成功应用，可以利用神经网络技术进行网络结构特征学习和结构建模，将学习得到的特征输入各类机器学习任务，为后续的网络节点分类、网络可视化、链路预测等任务服务，这是网络机器学习任务长久以来研究的重点。目前，该类技术有一个被广泛接受的名称，即网络表示学习，在一些文献中也称为 network embedding learning（网络嵌入学习）。每年在中国计算机学会（China Computer Federation，CCF）指定的多个国际 A 类会议上，网络表示学习、网络嵌入学习等关键词的出现频率越来越高，从而可以肯定网络表示学习具有重要的研究意义与价值。

网络表示学习算法可以得到网络中每个节点的表示向量，并可被应用于后续网络数据分析与挖掘任务，如网络的节点分类、链路预测和推荐等。若通过网络表示学习得到的向量能够包含网络中更多的特征信息，则对后续任务的性能提升具有很大的作用。另外，也可以通过优化网络结构信息、优化算法框架和引入节点文本特点、标签、社区等信息来提升网络表示学习的性能。

目前，对网络表示学习进行优化，可能会通过以下四类进行开展。第一类是采取其他策略进行随机游走或者改变游走的网络结构，如异构网络等，进而对浅层神经网络的输入进行优化。第二类是将浅层神经网络加深，该类方法称为图神经网络，在该类方法中可以引入深度学习中的相关技术优化网络表示学习技术，如可以采用神经网络剪枝技术优化网络结构。第三类是继续优化神经网络结构，即采用浅层神经网络却能够达到深度神经网络同等的效果，该类改进在图像识别领域中已经有相关研究成果出现。第四类是提出性能更优的人工神经网络，但是该类改进难度较大，目前，研究者提出了一些人工神经网络模拟人脑计算，而非卷积神经网络、训练神经网络等。例如，胶囊网络、随机森林等技术还未引入网络表示学习相关领域。在网络表示学习领域，目前仍然有众多问题未得到解决，本书的研究旨在将网络的多个特征与网络结构特征联合学习，从而提升网络表示学习在各类机器学习任务中的性能。

受自然语言处理中词表示学习算法的启发，有学者提出了基于浅层神经网络的网络表示学习方法。随后，许多研究者针对该算法的框架和建模过程进行了改进，但对网络表示学习算法中节点序列的获取方法优化较少，优化节点序列的获取对算法的提升效果会更明显。因此，本书首先提出了两类改进随机游走序列中节点序列获取的网络表示学习算法。然后，本书不只是单一地利用一种方法或者特征改进网络表示学习，而是通过考虑网络的结构信息（节点之间的连边关系、连边权重、高阶关系）、网络节点属性信息（文本、标签等）进行网络表示学习的建模，使学习到的表示向量能更好地体现网络本质属性。最后，本书介绍了一类网络表示学习的应用，即将网络表示学习算法的先进思想引入词表示学习中，使词表示学习得到的向量包含更多的语义信息。

1.2 网络表示学习研究进展

网络表示学习起源于词表示学习，本书按照词表示学习、网络表示学习的起源顺序先介绍词表示学习，然后介绍网络表示学习。在本书中，关于网络表示学习和词表示学习之间的关系将进行多次阐述。因此，对这两类研究算法进行详细的阐述有助于理解本书中算法的背景和原理。另外，本书介绍网络表示学习的一类应用现状，即链路预测的研究现状，从而了解传统的链路预测算法与基于网络表示学习的链路预测算法在学习方法和计算框架方面的差异。同时，本书也介绍了一些本课题团队采用网络表示学习研究链路预测方面的工作。

1.2.1 词表示学习

在自然语言处理中，人们往往认为如果两个词语有较为相似的上下文词语，则这两个词语之间的语义较为相近[28-29]。因此，在自然语言建模中，建模词语与词语之间的结构关系时，默认结构关联的词语之间具有较强的语义关系。

词汇是语言最基本的组成单位，如何把词汇转换成计算机能理解的语言是自然语言处理的一个重要研究任务。最早的词语表示方法为独热表示方法，独热表示为一个高维度稀疏向量，其中只有一个分量为 1，其余都为 0，词典的大小为独热表示向量的维度大小[30-31]。因为用独热表示的向量不能体现词汇之间的语义关系，且容易形成维数灾难，所以这类方法并没有得到广泛的应用。此外，深度学习中的输入和输出为矩阵形式，而独热表示由于其高维度的特性，也被深度学习技术丢弃使用。为了降低词语的表示向量维度，后续研究中通过减少词典中词语的数量来降低表示向量的维度[32-34]。例如，仅仅使用语料中的高频词语作为词典中的词语构建类似于独热的表示向量。但是，通过该方式生成的向量依然是一个高维度稀疏的向量。随后，研究的方向在于如何对构建的矩阵进行降维，降维后的矩阵中，每一行的向量为每一个词语的表示向量，该矩阵可以被降维到较低的维度，如 50 维、100 维、200 维等。将高维度稀疏的向量改进成低维度向量，不但可以体现词汇间的语义关系，而且具有一定的泛化能力。目前，常用的降维算法有奇异值分解（singular value decomposition，SVD）[35]方法、主成分分析（principal component analysis，PCA）[36]方法和隐含狄利克雷分布（latent Dirichlet allocation，LDA）[2,37]方法等。

上述的独热表示、改进型独热表示、降维的表示方法均采用统计方法进行构建，因而在实际的基于自然处理的各类任务中效果不佳。因此，基于神经网络的自然语言建模方法被提出，最早的基于神经网络的语言建模方法为 Bengio 等提出的神经概率语言建模方法[5]。随后，Chen 等[38]、Miikulainen 和 Dyer[39]、Xu 和 Rudnicky[40]、Mnih 和 Hinton[41]、Turian 等[42]、Socher 等[43]将通过神经网络语言建模的方法应用于实际的自然语言处理任务，其性能超越了之前的方法。不同于之前的研究工作，Bengio 等提出的神经概率语言模型包含多个隐藏层，即神经网络模型具有很深的深度，在训练大型语料库时，常表现为训练时间长、训练过程复杂等特点。为了缩短训练时间，提升训练效率，文献[44]～文献[49]对神经概率语言模型的训练过程提出了一些改进方法，但是这些改进并没有很大幅度地提升训练效率，有些方法甚至通过损失训练精度提升训练速度。因此，在 2013 年，Mikolov 等[12-13]在总结前人的神经概率语言模型及改进模型的基础上提出了 Word2Vec 模型。Word2Vec 虽然也是由输入层、隐藏层、输出层构成的，但是其隐藏层的数量为 1，在隐藏层也仅仅是进行简单的计算。因此，其训练时间短，模型简单，非常适用于大型语料库的语言建模。

Word2Vec 是一类分布式词表示学习算法，称其为“分布式”的主要原因是其学习所得向量中的每个元素值均是通过神经网络不断地调整神经元中的值和不同神经元之间的连边权重（反向传播）而得到的。随后，Word2Vec 在自然语言文本分类[50]、文本分词[51]、情感计算[52-53]、句子级的表示学习[54]、文档级的表示学习[55-56]等任务中被广泛使用。

分布式词表示学习将词语与词语之间的结构关系映射到低维度实向量，旨在更好地表达词汇之间的语义关系。通过语言建模，可以计算两个词语之间的语义相似度，也可以进行词语语义聚类等，在这些任务中，将词语的表示向量作为一个整体进行计算和处理。但是，现有的一些研究也开始聚焦词表示向量中的每一维度的值与词语的结构、语义之间的关联[56-59]，通过研究这种细粒度的关系，可以更好地指导我们提出性能更好的语言建模模型。

在 Word2Vec 算法受到广泛重视和应用以后，Levy 和 Goldberg[19]证明了基于负采样优化的 SGNS 的实质是矩阵分解移位正点间互信息（shifted positive pointwise mutual information，SPPMI）矩阵。SPPMI 根据正点间互信息（positive pointwise mutual information，PPMI）矩阵构建而得，PPMI 又根据点间互信息（pointwise mutual information，PMI）[60]矩阵构建而得，SPPMI 在 PPMI 的基础上添加了负采样参数。Turney 和 Littman 实验验证了通过 SVD 分解 PPMI 矩阵可以得到比 SGNS 更好的词相似度评测结果。在文献[61]和文献[62]中，学者证明了 SVD 分解 SPPMI 的效果同样好于 SGNS。最后，Hamilton 等提出建议，应该先用 SVD 分解 SPPMI[63-64]获得词表示向量，如果性能不佳，再考虑使用 SGNS 获得词表示向量。

到目前为止，基于神经网络建模语言模型有很多延伸模型。例如，基于词语全局特征建模的 GloVe 模型[65]。GloVe 是一种用于获取词表示向量的无监督建模算法，该算法首先构建了一个有限步内的词语共现矩阵，然后基于共现矩阵和需要学习的表示向量构建了一个学习目标函数，也称代价函数。需要注意的是，GloVe 受到了 Word2Vec 的启发，但是 GloVe 并没有使用神经网络进行建模，而 Word2Vec 采用的是一个标准的三层神经网络模型。在 Word2Vec 学习建模过程中主要是考量词语的局部属性，即上下文词关系，GloVe 改进了 Word2Vec 算法，将词语的全局属性嵌入词向量中，因而可以从词语的全局属性推断出词语的语义关系[66]。因此，GloVe 算法从词语的全局角度出发，着重建模词语的全局语义信息，而 Word2Vec 算法从上下文结构出发，着重建模词语的局部语义信息。虽然基于全局属性得到的语义关系更准确，但是建模词语的全局属性需要较高的计算代价。而且，在中文语言中，词语的语义信息往往通过前后几个词语就可以得出，只有多义词的语义信息需要从全局角度进行分析。不同于 Word2Vec，一些基于概率语言建模[67]的方法采用最大期望[68]建模语言模型，从而获得词向量。目前，也有一些基于 Word2Vec 框架的改进工作，将句子的句法分析结果与语言建模联合嵌入学习[69-70]。例如，Levy 和 Goldberg[71]将上下文词语对改进为上下文词语的依存关系，Chen 等[72]将词的解释信息作为词的约束添加到 Word2Vec 的目标函数中，从而用解释信息优化词表示向量。以上基于神经网络的词表示学习方法为了语言建模效率提出了各类结构简单、性能优越的词表示学习框架。

目前，词表示学习领域提出一些结构复杂、训练困难但是性能优异的词表示学习算法，这类任务也被称为预训练模型，如 GPT[73]、Bert[74]、elmo、ERNIE[75]。这些预训练模型旨在通过增大训练数据量、增加模型容量、提升计算能力等方面的投入，提升预训练模型的性能。例如，Bert 的训练参数达到了 1 亿左右，而 GPT3 的训练参数达到了 1 750 亿。Bert 训练需要几十到几百块的图形处理器（graphics processing unit，GPU），而 GPT3 训练需要更多的 GPU，单次训练 GPT3 需要巨大的开销。目前，基于 GPT3 训练的开放类智能问答、文本摘要、客服领域、文本生成等均能达到最优的水平，但是在某些专业领域却不尽如人意。例如，在医学领域的智能问答中，基于 GPT3 的回答可能会误导患者服用不对症的药物，或者在心理辅导中缺乏人文关怀等。总之，词表示学习算法完成了从简单到复杂、从低开销到高开销的模型改进过程，从而实现了对大规模语料库中词语语义关系的更深层次的建模和学习。

1.2.2　网络表示学习

1. 研究进展

网络表示学习，又名图嵌入，旨在将网络中的节点与其邻居节点之间的关系压缩为低维度、实值、稠密的表示向量形式。

按照网络表示学习的学习性质，网络表示学习可分为如下几类。

（1）基于谱方法的网络表示学习

基于谱方法的网络表示学习通过计算关系矩阵得到特征值，将特征值按序构造网络表示向量。关系矩阵一般就是拉普拉斯矩阵。基于谱方法的网络表示学习强烈依赖于关系矩阵的构建。基于谱方法（spectrum method）的时间复杂度（time complexity）和空间复杂度（space complexity）较高。基于谱的网络表示学习方法主要是 Balasubramanian 和 Schwartz 提出的 Isomap[76]、Sun 等提出的 HSL[77]、Gong 等提出的 SLE[78]、Han 和 Shen 提出的 PUFS[79]等。这类方法初期被用做聚类分析，还未被应用于标签预测等任务[80]。

（2）基于最优化的网络表示学习

基于最优化的网络表示学习先设定一个学习目标函数，更新参数使学习的目标函数取值最大化或最小化。基于最优化的网络表示学习中最经典的优化算法是Jacob等提出的LSHM[81]。LSHM设置了两个学习目标函数：一个用于学习网络表示向量（networks representation vectors），另一个用于优化建模所得的表示向量。

（3）基于概率生成模型的网络表示学习

基于概率生成模型的网络表示学习算法通常是基于特定算法模拟和实现网络数据的产生过程，从而学习得到节点的表示向量，即概率图模型。最常用的算法为Nallapati等提出的Link-PLSA-LDA[82]，Chang和Blei提出的RTM[83]，Le和Lauw提出的PLANE[84]等。

（4）基于力导向绘图的网络表示学习[85]

顾名思义，基于力导向绘图的网络表示学习算法旨在在节点和边之间添加相互作用力，通过数据维度降维算法将网络中的节点与网络中的连边显示在2D或3D空间中，其本质上是一类网络可视化算法。常见的力导向绘图算法有Fruchterman和Reingold提出的FR-layout[86]、Kamada和Kawai提出的KK-layout[87]。这类方法往往被用于网络可视化[88]。

（5）基于神经网络模型的网络表示学习

根据隐藏层的数量可以将神经网络分为深层神经网络（deep neural networks）和浅层神经网络（shallow neural network）[89-90]。基于神经网络的网络表示学习方法一般需要设计合适的损失函数，通过误差反向传播法求梯度（gradient），对模型中的参数进行优化。这一类方法速度更快，效率更高，在网络表示学习各类任务中表现更好。网络表示学习可以采用浅层神经网络建模和学习，也可以通过深层神经网络建模和学习。网络的拓扑结构为图，如果在图上采用深度学习中的相关技术，如卷积神经网络、循环神经网络等，则该类技术称为图神经网络。不同的文献将基于神经网络的网络表示学习算法分类不同，本书中将网络表示学习分类为基于随机游走的网络表示学习和基于非随机游走的网络表示学习，而后者往往称为图神经网络方法[91]。神经网络方法在图像、视频、自然语言处理等领域取得了众多的研究成果，其性能超过了以往传统的方法和算法。因此，将神经网络方法从这些领域引入复杂网络领域，可以使面向复杂网络的一些任务获得更好的性能[92-94]。

受到Word2Vec的启发，DeepWalk[16]充分利用了网络结构中的随机游走（random walk，RW）序列信息。DeepWalk[16]使用了Word2Vec的Skip-Gram模型或连续词袋（continuous bag-os-words，CBOW）模型，并使用了hierarchical softmax或negative sampling优化方法加速模型的训练过程。基于DeepWalk的网络表示学习算法，Perozzi等提出了WALKLETS[95]，Hussein等提出了JUST[96]，Li等提出了DeepCas[97]，Pan等提出了TriDNR[98]，Grover和Leskovec提出了node2vec[99]，Yang等提出了Plantoid[100]，Li等提出了DDRW[101]，Yanardag和Vishwanathan提出了DGK[102]，Tu等提出了CNRL[103]，Sun等提出了CENE[104]，Fang等提出了HSNL[105]等。

网络表示学习算法的输入并非全是网络节点上的随机游走序列，有些是网络的结构或谱特征等，这类网络表示学习算法主要分为基于谱域卷积和基于空域卷积两类。在一些文献中，将这类方法统称为图神经网络方法①。图神经网络主要采用卷积神经网络、循环神经网络、自编码器[106-107]等深度学习技术引入复杂网络研究领域。为了在网络结构上能够使用卷积神经网络，输入的特征不再是当前节点与上下文节点对，而是网络的归一化拉普拉斯特征矩阵。这类方法为基于谱域的图卷积神经网络（graph convolutional network，GCN）[108-109]。另外，一类图卷积神经网络采用节点特征聚合函数将邻居节点的特征聚合到当前中心节点，从而作为当前中心节点的特征使用，采用这类方法的图神经网络称为基于空域的图卷积神经网络。采用深度学习中的自编码器结构的图神经网络称为图自编码器（graph autoencoder，GAE）[110-111]，采用深度学习中循环神经网络的图神经网络称为图循环神经网络（graph recurrent neural network，GRNN）[112]，采用深度学习中的增强学习技术的图神经网络称为图增强学习（graph reinforcement learning，GRL）[113]。GCN、GAE、GRE 等技术均是将网络表示学习从浅层神经网络扩展到了深度神经网络，因此，需要采用深度神经网络中的相关技术优化建模和学习过程。在网络表示学习领域，基于这三类算法框架，后续又提出了一些基于深度学习技术的图神经网络算法。例如，基于 GCN 的改进算法包括 Atwood 和 Towsley 提出的 DCNN[114]、Zhuang 和 Ma 提出的 DGCN[115]、Ying 等提出的 DiffPool[116]、Velickovic 等提出的 GATs[117]、Xu 等提出的 JK-Nets[118]、Schlichtkrull 等提出的 R-GCNs[119]、Ying 等提出的 PinSage[120]、Chen 等提出的 FastGCN[121]，以及文献[122]中所提出的基于方差降维的图神经网络算法等。基于 GAE 的改进算法包括 Tian 等提出的 SAE[123]、Wang 等提出的 SDNE[124]、Cao 等提出的 DNGR[125]、Berg 等提出的 GCMC[126]、Tu 等提出的 DRNE[127]、Bojchevski 和 Gunnemann 提出的 G2G[128]、Zhu 等提出的 DVNE[129]、Pan 等提出的 ARGA/ARVGA[130] 等。基于 GRNN 的改进算法包括 Ma 等提出的 DGNN[131]、Monti 等提出的 RMGCNN[132]、Manessi 等提出的 Dynamic GCN[133]等。基于 GRL 的改进算法包括 You 等提出的 GCPN[134]、Cao 和 Kipf 提出的 MolGAN[135]等。

基于矩阵分解的网络表示学习算法是给定网络结构特征矩阵，对特征矩阵进行分解达到降维的效果，从而得到节点的表示向量。基于神经网络的网络表示学习算法虽然在性能上有一定的优势，且非常适用于大规模网络表示学习任务。但是，神经网络训练方法需要大量的数据输入才能使模型更加准确。在现实生活中，某些网络的规模较小。此时，使用基于神经网络表示学习方法需要比基于矩阵分解的网络表示学习更高的计算开销。矩阵分解算法被广泛应用于推荐系统中，仅仅是分解单个特征矩阵并不能得到较好的推荐效果，因此，基于异构信息网络[136]的推荐系统被不断地提出。例如，Zhao 等在 KDD2017 上发表了基于多特征矩阵联合分解的推荐系统[137]，其推荐效果优于单个特征的推荐效果。不论是基于矩阵分解的方法还是基于神经网络的方法，基于多个特征矩阵融合的推荐系统目前仍是推荐系统中的主流方法[138-140]。

事实上，部分基于浅层神经网络的网络表示学习算法实质上是分解网络的结构特征矩阵。例如，起初 Levy 和 Goldberg[19]、Levy 等[20]证明 Word2Vec 方法实质上是分解 SPPMI

① 从本书角度来看，在图结构数据上采用神经网络方法学习节点表示向量的方法均可被称为网络表示学习或图神经网络。另外，图是网络的拓扑结构，因此，网络表示学习也可称为图表示学习或图嵌入学习。

矩阵。随后，Yang 和 Liu 提出 DeepWalk 算法实质上是分解网络结构特征矩阵[21]。MMDW 将分类算法中的最大间隔方法引入网络表示学习中优化学习得到的网络表示向量，使网络表示学习算法训练得到的网络表示向量中既包含网络随机游走序列中的上下文结构特征，又包含网络节点的类别标签信息。Wang 等[141]基于矩阵分解方法，将网络的社团结构特征和网络随机游走序列的上下文节点结构特征融入网络表示向量。另外，Shaw 和 Jebara 提出的 SPE[142]、Ou 等提出的 HOPE[143]、Cao 等提出的 GraRep[144]和 M-NMF[144]、Flenner 和 Hunter 提出的 Deep NMF[145]、Nie 等提出的 ULGE[146]、Roweis 和 Saul 提出的 LLE[147]、Pang 等提出的 FONPE[148]等也是通过分解矩阵获得网络节点表示向量的。

经过上面的分析可知，网络不仅包含结构等内部信息，还包含网络节点的标签信息、社团划分等外部信息。在网络表示学习过程中，考虑将这些外部信息通过联合建模方法嵌入网络表示学习框架中，提升网络表示学习性能的方法称为基于多视图特征联合建模的网络表示学习。在网络表示学习任务中，有学者已经提出了众多高性能网络表示学习算法。但是，有一些问题仍然未能得到很好的解决。例如，①增量学习：如果网络表示学习算法被用于实际的推荐系统等任务中，需要解决随着社交网络规模的增长，如何避免重复训练模型，从而提出简洁高效的网络表示学习增量模型，这非常重要；②图像、文本的结合：现有的众多网络表示学习主要通过网络的结构特征、网络节点文本信息、社团信息、标签信息等特征进行联合建模，而网络多媒体技术与网络表示学习技术结合的框架却鲜有提出；③应用：现阶段网络表示学习主要研究其机理和模型改进，但是对网络表示学习的应用研究较少，主要原因是受到应用场景限制。

现有的网络表示学习算法主要研究的是其拓扑结构为简单图的复杂网络表示学习，但是对基于超图的超网络表示学习研究较少。Zhou 和 Huang[149]提出了 HyperGraph 网络表示学习算法，因其受限于矩阵计算，该算法不适用于大规模的网络表示学习任务。另外，文献[150]～文献[152]分别提出了一类超网络结构特征建模的新方法。此外，基于动态网络的网络表示学习算法[153]研究也处于初期阶段，成果较少，而基于动态网络的超网络表示学习更是鲜有成果。

2. 应用进展

网络表示学习的应用最为成功商业化的案例是推荐系统，而推荐系统在网络表示学习领域中可被抽象为链路预测任务，即根据用户和商品之间的历史数据计算用户与未来购买商品之间的概率。在传统的商品推荐中最常用的算法为基于矩阵分解的推荐算法，在基于网络表示学习的商品推荐中需要将用户和商品之间构建连边，从而计算未连边的用户与商品之间在未来的连接概率。为了对链路预测有完整的知识系统，本书给出了如下的链路预测研究现状。

网络中的链路预测是指基于网络的结构信息，预测网络中不存在连边的节点之间在未来网络演化中产生连边的概率。在计算两个节点未来的连接概率时，主要是将计算连接概率的问题转换为计算节点之间的相似性问题。因此，在链路预测任务中，计算节点相似性是重要的计算过程。现有的计算节点相似性的方法主要有基于局部特征相似性指标、基于路径特征相似性指标和基于随机游走的相似性指标等。

（1）基于局部特征相似性指标

通过节点局部信息计算相似性指标，最简单的方法为共同邻居（common neighbors，CN）[154]，即两个节点共同邻居越多，则这两个节点在未来的连接概率越高。另外两种基于局部信息得到的相似性指标为 AA（adamic-adar）指标[155]和资源分配（resource allocation，RA）指标[156]。在共同邻居的计算基础上，考虑两端节点度的影响，从不同的角度以不同的方式又可产生 6 种相似性指标，即 Salton 和 Mcgill 提出的余弦相似性指标（Salton 指标）[157]、Real 和 Vargas 提出的 Jaccard 指标[158]、Sorensen 提出的 Sorenson 指标[159]、大度节点有利指标（hub promoted index，HPI）[160]、大度节点不利指标（hub depressed index，HDI）[161]及 Leicht 等提出的 LHN-I 指标[162]。因为 CN 基于局部信息，所以其计算简单，获得的信息较少，预测精度稍差于 AA 和 RA 等链路预测算法。

（2）基于路径特征相似性指标

基于路径的相似性指标有 3 个，分别为局部路径（local path，LP）相似性指标、Katz 提出的 Katz 指标[163]和 Leicht 等提出的 LHN-II 指标[162]。LP 在 CN 的基础上考虑了 3 阶邻居节点之间的相似性，如果两个节点所连接的 3 阶节点越相似，则这两个节点越相似。在社交网络中，如果两个人从未相识，但是他们的朋友相互认识，则这两个人在未来有很大概率相识。LHN-II 指标和 Katz 指标考虑的邻居节点的数量相较于 LP 更多，即可能考虑 2 阶邻居的相似性、3 阶邻居的相似性、n 阶邻居的相似性等。Katz 指标和 LHN-II 指标考虑的是两个节点之间的所有路径长度上的邻居节点，在计算过程中，大的路径长度值越大，被赋予较小权重值，反之，被赋予较大权重值，其主要原因是越高阶的邻居节点对相似度值影响越小。LHN-II 指标在 Katz 指标的基础上考虑了路径数量的期望值。

（3）基于随机游走的相似性指标

基于随机游走的相似性指标算法主要是通过随机游走进行定义，主要包括平均通勤时间（average commute time，ACT）[164]、余弦相似性指标（Cos+）[165]、局部随机游走（local random walk，LRW）[166]及有叠加效应的随机游走指标（superposed random walk，SRW）[95]。ACT 为节点从 x 随机游走到节点 y 的平均步数，两个节点之间的平均步数越小，则两个节点在未来的连接概率越高。ACT 中的随机游走是一类全局随机游走。在全局角度计算随机游走步数有很高的计算复杂度，为此提出了基于局部的随机游走方法，并将其应用于链路预测，该算法为 LRW。Cos+主要通过计算两个节点向量之间的内积来衡量节点之间的相似性。SRW 也是基于随机游走的节点相似性评估方法，该方法中设置了随机游走粒子返回上一跳节点的概率，并采用马尔可夫转移概率矩阵衡量两个节点之间的相似性。

另外，还有一些链路预测算法不适宜归入以上 3 类链路预测方法中，如矩阵森林指数（matrix-forest index，MFI）[167]、自洽相似性指数[168]、基于偏好的相似性指标[169]、基于朴素贝叶斯模型的指标，其中基于朴素贝叶斯模型的指标主要有 LNBAA、LNBCN、LNBRA[170]等，这 3 类方法主要通过角色权重函数衡量不同邻居节点的影响。

基于相似性的方法是链路预测中比较简单的一种评估方法，与之相对应的复杂框架是基于似然分析的链路预测方法。在反映真实世界的网络中，节点可以按照某种属性分类为一个组群，组群中的节点可以再按某种属性聚类，网络中的节点根据各种属性形成一种层次聚类。因此，Clauset 等[171]提出了一种简单的类似于族谱树的层次结构链路预测算法，该算法计算复杂度较高。随机分块模型是具普适性的模型之一，该模型将节点聚类为多个组群，每个组群中的节点级别相同，群组之间的联系是节点之间相连与否的依据，该算法较适用于节点的属性对节点间连接有较大影响的情况。潘黎明[172]提出了闭路模型的概念，即在已知网络结构中，该模型先定义一个哈密顿量作为阈值，然后对网络中的连边计算其相似度，再把哈密顿量和该连边的相似度比较来判断该连边是否存在。结果显示，闭路模型比随机分块模型和层次结构模型有更好的预测性能。

基于网络表示学习算法的链路预测算法也是一类基于节点相似性的链路预测算法。采用网络表示学习算法可以获得每个节点的表示向量，之后使用余弦相似度等方法计算两个节点之间的相似度值。该相似度既包括已存在连边的节点对之间的相似度值，也包括不存在连边的节点对在未来的连接概率。在理论上，本书中介绍的基于随机游走的网络表示学习算法和基于图神经网络的方法均可以进行链路预测任务。例如，杨燕琳等[173]提出了一类高阶近似的链路预测算法，曹蓉等[174-175]将网络表示学习的算法思想引入链路预测任务中，从而提升了链路预测任务的性能。同时，通过网络表示学习算法思想，在链路预测的过程中考虑了节点的文本属性。目前，也有一些研究工作[176-179]将网络表示学习算法引入推荐任务中，从而提升推荐系统的性能。

链路预测不但可以预测未知和未来边，而且还可以删除干扰因素导致的网络中的虚假边，即重构网络得到网络的真面目。在纷繁复杂、信息过载的互联网世界中，用户如何准确地找到自己所需要的信息是研究的热点问题。于是，搜索引擎、推荐系统、用户推荐、商品推荐等服务应运而生，为用户提供有用的信息和便捷服务。研究如何提供高精度、低消耗的链路预测算法在现实生活中越来越重要。基于传统方法的链路预测算法虽然在计算速度上有优势，基于网络表示学习的链路预测算法在精度上有优势，在不同的计算环境和应用场景下需要根据响应速度、计算要求、部署环境等要求选择合适的链路预测算法。

1.3 本书研究内容

针对改进网络表示学习的多种方法，本书主要思想是考虑利用多种信息而不是仅仅通过网络结构来进行网络表示学习，即通过使用联合学习模型来改进网络表示学习算法的性能。多视图网络表示学习是指将网络的不同信息（网络的各种属性与网络结构）嵌入网络表示学习框架，也指将其他研究领域的高性能表示学习算法嵌入网络表示学习框架，此处的多视图是指网络的多种属性视图，也指多种建模技术。例如，本书中考虑联合网络结构与其他网络信息提升网络表示学习的性能，如节点的文本信息、已存在连边的节点之间的连边权重、未存在连边的节点在未来的连接概率、节点与节点之间的高阶关系（节点树形关系层次树）等。在将节点的文本特征融入网络表示学习框架方面，本书还引入了知识表示学习中的多元关系建模技术，或者基于诱导矩阵补全（inductive matrix completion，IMC）的矩阵分解技术等。

在网络表示学习应用任务中，本书把网络表示学习的思想和框架用于词表示学习。表示学习在深度学习中有着举足轻重的地位，对各个领域表示学习的算法进行改进具有很好的价值，所以本书把网络表示学习的思想和模型应用到词表示学习中，进而改进词表示学习算法框架，使自然语言处理任务性能得到进一步的提升。虽然网络表示学习的输入是网络数据，而词表示学习的输入是句子，但网络表示学习的框架与词表示学习的框架相似。网络表示学习通过随机游走，把网络数据变成节点序列并抽象成句子进行网络结构建模。相反，也可以把文本中的词语看作节点，把通过随机游走获得的当前词语的上下文词语看作节点的邻居节点。所以，作为表示学习的两个子集，两者之间通过随机游走算法建立很强的关联性。

本书各章内容如下：

第 1 章中主要介绍网络表示学习的研究背景、研究内容、研究现状。

第 2 章主要介绍网络表示学习中的 DeepWalk，同时介绍词表示学习中的 Word2Vec。因为，Word2Vec 和 DeepWalk 具有相似的底层结构，但是后期的研究和改进却沿着两种不同的方向开展。因此，基于 Word2Vec 提出了一些词表示学习的新算法、新思想。同样，第 2 章基于 DeepWalk 提出了一些词表示学习的新算法、新思想。当然，一些词表示学习算法和网络表示学习算法未采用 Word2Vec 和 DeepWalk 的思想，而是另辟蹊径地提出了新的解决方案。通过先了解 Word2Vec 的底层原理，再了解 DeepWalk 的底层原理，可以对本书中的算法框架有一个非常清晰的认知。

第 3 章主要介绍两类针对随机游走的改进算法，从而提升了 DeepWalk 在网络表示学习中的性能，即改进了随机游走节点的选择过程、改进了随机游走策略和节点选择过程，具体研究内容介绍如下。

1）改进上下文节点选择过程。3.1 节提出的 EPDW 是对 DeepWalk 的进一步改进，其主要是引入随机游走节点概率累积和轮盘赌法，从而选择随机游走中的下一跳节点，该方法虽然也是等概率选择下一跳节点，但是能较为合理、有效地选择下一跳节点，避免了直接从邻居节点中随机选取一个节点作为随机游走的下一跳节点的问题。通过网络节点分类任务及节点可视化任务上验证提出的算法，仿真实验结果表明，EPDW 使网络节点分类性能提升率优异，并且可以使相同类型的节点强凝聚，不同类别的节点之间有明显的边界。因此，该算法有更优异的网络可视化性能，对网络表示学习算法的研究提供一定的理论指导意义。

2）改进随机游走策略和节点选择过程。DeepWalk 利用随机游走策略来获得连续的节点序列，该随机游走过程所消耗的时间规模较小，在选择下一跳节点时采用伪随机数获得邻居节点的 id，进而导致该方法精度不高。node2vec 对 DeepWalk 的随机游走过程进行了改进，为当前节点的邻居节点设置了 3 类随机游走概率，使学习网络结构的性能得到了一定程度的提升，可是到下一跳节点的游走概率不应仅限于 3 类。基于此，3.2 节提出了基于偏好随机游走的 DeepWalk——PDW，为当前中心节点的每条边赋予一个游走概率，同时将无向网络转换为有向网络。该算法定义了返回上一跳节点的抑制系数 p 和所走过路径的衰减系数 q 来控制随机游走过程，并且引入了 Alias 方法完成节点的非等概率抽样。实验结果表明，在 3 类引文网络数据集的网络节点分类和可视化任务中，相比 DeepWalk 和 node2vec，PDW 的性能较优。

第 4 章主要介绍了如何将网络结构特征和网络节点的文本特征进行联合学习，以及网络结构特征和网络节点之间的层次关系联合学习。第 4 章的目标在于研究如何给网络结构特征编码的同时还能嵌入网络的其他属性信息，但是，第 4 章主要研究如何同时建模两类不同的特征信息，具体提出了文本特征关联的最大隔 DeepWalk、节点文本特征多元关系建模、节点层次树多元关系建模，具体研究内容介绍如下。

1）文本特征关联的最大隔 DeepWalk。现有的大多数网络表示算法仅基于网络结构学习表示向量，但是，忽略了与节点相关的外部信息（即文本内容、社区和标签）。同时，学习到的表示形式通常缺乏对节点分类和链路预测任务的高效判别能力。因此，4.1 节通过提出一种新颖的半监督算法，即文本关联的最大隔 DeepWalk——TMDW，克服了上述挑战。TMDW 基于 IMC[27]，将节点文本内容和网络结构整合到网络表示学习框架，然后使用节点的类别标签优化学习得到的网络表示向量。为了整合上述任务，4.1 节提出了一种新颖而有效的网络表示学习框架，该框架易于扩展并生成具有区分能力的表示向量。最后，使用节点多分类任务评估模型。实验结果表明，TMDW 在 3 个真实数据集中的表现优于其他对比算法。TMDW 的可视化结果表明，与其他无监督方法相比，TMDW 模型更具区分能力。

2）节点文本特征多元关系建模。表示学习的目的是将研究对象之间的关系编码为低维度的、可压缩的、分布式的表示向量。网络表示学习的目的是压缩网络节点之间的结构关系。知识表示学习的目的是对知识库中的实体和关系进行建模。4.2 节首先将知识表示学习的思想引入网络表示学习中，提出了一种多关系数据优化的网络表示学习算法——MRNR，该算法将节点间的多元关系建模引入网络表示学习建模中，同时，采用一种高阶变换策略来优化学习得到的网络表示向量。多关系数据（三元）能够有效地指导和约束网络表示学习的过程。实验结果表明，该算法能够很好地学习网络表示向量，在网络分类、可视化和案例研究分析等任务中都比 4.2 节提出的其他对比算法有更好的性能。

3）节点层次树多元关系建模。过去 20 年，以互联网技术为代表的信息技术迅猛发展，现实世界中的不同事物之间的联系越来越紧密，使整个世界可以抽象成一个复杂网络。网络中的节点聚类、节点分类、链路预测等都是网络分析的重要研究任务。然而，在当前的网络分析任务中仍然存在计算速度低、计算成本高等问题。网络表示学习算法的出现为网络分析任务提供了一个新的思路，该方法旨在将网络中的每一个节点学习为一个低维度、稠密的分布式表示向量，从而将表示向量用于网络科学中的任务。4.3 节将网络结构层次特征和网络多关系建模应用到网络表示学习中，从而提出了一个新颖的网络表示学习算法，即 HSNR，并在 Citeseer、Cora 和 Wiki 这 3 个数据集中对 HSNR 进行了验证。实验结果表明，该算法能够有效提升网络节点的分类性能，并进一步验证了树形结构层次树和三元组建模方法的有效性和实用性。4.3 节中提出的 HSNR 对网络科学其他分析任务有重要的借鉴意义。

第 5 章主要介绍网络的 3 个特征视图如何联合建模。本书在第 4 章中已经介绍了网络结构特征与网络节点的文本特征、网络节点的层次关系联合建模，主要是两个特征视图同时联合建模，第 5 章主要介绍 3 个特征如何同时建模。第 5 章主要介绍了两个工作，即基于 IMC 的三元特征矩阵融合策略和三元特征矩阵融合策略与网络表示学习，具体研究内容介绍如下。

1）基于 IMC 的三元特征矩阵融合策略。网络表示学习在网络数据挖掘中扮演着重要的角色。现有的网络表示学习算法可以基于结构特征、节点文本、节点标签、社区信息等进行训练。但是，目前缺乏利用网络未来演化结果来指导网络结构建模的算法。因此，5.1 节基于链路预测算法对网络的未来演化进行建模，将节点之间的未来连接概率引入网络表示学习任务中，同时也将已存在连边的节点的边权重信息融入建模过程。5.1 节将边权重信息与不存在连边的节点的未来连接概率称为权重信息。为了使网络表示向量包含更多的特征因子，还将节点的文本特征嵌入网络表示向量中。在上述两种优化方法的基础上，5.2 节提出了一种新的网络表示学习算法，即基于三元特征联合优化的网络表示学习算法——TFNR，可有效地将网络结构特征、节点文本特征和权重信息嵌入低维度的网络表示向量中。TFNR 可以有效地避免网络结构稀疏问题。实验结果表明，该算法在 3 个真实引文网络数据集中的网络节点分类和可视化任务中表现良好。

2）三元特征矩阵融合策略与网络表示学习。基于 SGNS 的 DeepWalk 算法被证明是分解网络结构特征矩阵。此外，现有的大多数网络表示学习旨在编码网络的结构特征视图，即基于单视图特征的网络表示学习算法。然而，网络除了拥有自身的结构特征，还拥有丰富的文本特征和连边权重等特征。因此，5.2 节主要提出了一类多视图融合的网络表示学习算法——MVENR。该算法主要基于 SGNS 网络表示学习算法是矩阵分解的事实，将网络结构特征、网络节点的文本特征矩阵、网络连边的权重特征等信息进行融合，从而统一地编码到低维度的表示向量空间。MVENR 在稀疏网络中可以弥补网络结构特征不充分的问题，从而提升稀疏网络的表示学习性能。实验结果表明，如果网络特征信息比较充分，网络表示学习中简单的矩阵分解算法也能达到与神经网络同等的效果。

第 6 章主要介绍网络表示学习的应用。目前，网络表示学习被成功地应用于各类网络任务，如淘宝将网络表示学习算法应用于商品推荐，并取得了较好的性能。网络表示学习是将网络的结构特征压缩为低维度的表示向量。因此，网络表示学习的输出向量能够应用于各类机器学习任务，如推荐系统、可视化、节点分类、链路预测等。第 6 章不是将网络表示学习的输出向量应用于机器学习任务，而是将网络表示学习的思想应用于词表示学习，用于提升词表示学习的性能。第 6 章主要介绍基于描述信息约束的词表示学习，具体研究内容介绍如下。

词表示学习在语言模型中非常重要，词表示向量可以被用于进行词语之间的语义类推、相似度计算、文本分类、语义理解、篇章理解等任务。词表示学习是将词语和上下文词的关系编码到一个低维度的表示向量空间中。但是现存的一些词表示学习方法存在不足，即只将词语和上下文词之间的结构关联考虑了进去，没有考虑词语的句法信息及含有的语义信息。基于此，本节提出了一类新颖的词表示学习算法——DEWE。该算法既考虑了词语的结构信息，也考虑了词语的语义信息，通过和其他算法进行对比，证明了该算法是可行的且性能优于其他算法。

第 2 章　Word2Vec 与 DeepWalk

2.1　Word2Vec

自然语言处理、文本的理解和分类等任务从刚开始的基于规则的方法发展为基于统计的方法。目前，在自然语言处理领域，神经网络的方法受到广泛重视。此处的神经网络方法分为浅层神经网络方法和深层神经网络方法，而深层神经网络方法称为深度学习方法。深度学习方法在图像处理等领域获得了极大的成功。因此，将深度学习方法引入自然语言处理领域，同样可以获得各类任务性能的提升。众所周知，神经网络的输入和输出为矩阵，矩阵的每一行即为一个低维度、压缩和实值的稠密向量。

基于向量化的学习目标是目前神经网络方法的主要本质。词表示学习的目标是为语料中的每个词语赋予一个唯一表示向量，该向量中既可以包含词语与上下文词语之间的结构关系，也可以包含词语本身的语义信息。词表示学习最后的目标是学习得到词表示向量，该向量可以被用于进行各类机器学习任务，如相似度计算、语义理解、文本分类、实体识别等。

需要注意的是，现有研究结果表明，通过卷积神经网络训练得到的句子表示向量与通过词向量变换得到的句子表示向量，在句子分类任务中性能几乎等同。例如，在句子分类任务中，可以直接通过卷积神经网络学习得到每条句子的表示向量，也可以先通过训练语料得到每个词语的表示向量，然后通过对句子中每个词语的列向量求和后再取平均，或者列向量取最大值，或者列向量取最小值的方法获得每条句子的表示向量。这两类方法在句子分类任务中性能差异也可以忽略。用哪种方法去获得句子的表示向量，取决于平台和语料库的大小。如果目前有一个公开的词语表示向量数据集，而该数据集是在非常庞大的语料库中进行训练后所得到的，则为了使用方便，可以直接通过词向量求句子表示向量。

目前，词表示学习可分为独热表示、基于分布式假设的表示（如 distributional representation）和基于神经网络的表示（如 distributed representation）。独热表示即 One-Hot 表示，该类表示具有很高的表示维度，维度大小为语料词典的大小。另外，One-Hot 表示的向量空间中只有一个元素值是 1，而其余的元素值全为 0。因此，该类表示无法表示词语之间的语义信息，进而导致无法用 One-Hot 表示向量计算两个词语之间的相似度值。重要的是，神经网络的输入是低维度的表示向量组成的矩阵，而 One-Hot 表示具有高维度特性，无法直接被用于神经网络模型。因此，One-Hot 表示方法被逐渐取代是技术发展的必然过程。基于分布式假设的表示基于这样一个假设，即如果两个词拥有相同或相似的上下文词语，那么这两个词应该也是相同或相似的。该假设是一个分布式假设，该分布可以从统计的角度进行分析，如可以通过主题模型来获得每个词的表示向量，而该表示向量中的每一个元素值是基于统计的方法计算而得的。从其名称可以得知，基于神经网络的表示向量中的每一维度的值通过神经网络训练而得，即该值为神经网络中的神经元中存储的值。假如神经网络的隐藏层的最后一层有 100 个神经元，则该表示向量的维度即为 100。在神经网络模型中，最后一层即为输出层，该层的神经元个数往往与文本的类型数目相关。distributed representation 没有采用统计方法，因此没有了统计学上的分布意义。此处的“distributed”应该理解为“分散”。因为，在神经网络的同一层中的神经元之间不进行信息传递，同一层的神经元更多地是与上一层中的神经元进行信息传递。同一层神经元之间是相互独立的，而 distributed representation 的值即为同一层表示向量中的值。因此，distributed representation 理解为分散式的表示向量较为合适。目前，distributed representation 是词表示学习中最为常用的词表示学习方法，其学习得到的词表示向量在文本分类、语义理解等任务中性能优于 distributional representation 方法。需要注意的是，一些文献将 distributed representation 翻译为分布式表示。在此背景下，研究时需要对 distributed representation 从神经网络的角度进行分析，而不应该从统计的角度进行分析。

2013 年，Mikolov 等[12-13]提出了著名的 distributed representation learning 方法，其简称为 Word2Vec。Word2Vec 学习得到的表示向量是一个低维度、稠密、实值的表示向量，该向量可直接被应用于各类与文本相关的机器学习任务中，如语义理解、文本分类、实体识别、指代消歧等。Word2Vec 的提出得益于神经概率语言模型。神经概率语言模型包含 4 层，即输入层、投影层、隐藏层和输出层。神经概率语言模型具有很深的层数，因此神经概率语言模型拥有较多的训练参数，即使训练较小的语料也需要较长的时间。于是，Mikolov 等改进了神经概率语言模型，该模型仅仅由 3 层神经网络组成。因此，学习的参数数量被缩减了很多，对于较大的语料，可以在较短的时间内建模完成。

Word2Vec 学习得到的词表示向量的数学运算被认为是词语之间的“造句”或“推理”。目前，在词表示学习任务中，常用例子为

$$\boldsymbol{r}_{\text{king}} - \boldsymbol{r}_{\text{man}} + \boldsymbol{r}_{\text{woman}} = \boldsymbol{r}_{\text{queen}} \tag{2-1}$$

式中，$\boldsymbol{r}$ 表示词语的表示向量。式（2-1）表明“king”的表示向量减去“man”的表示向量，再加上“woman”的表示向量，最后的结果是“queen”的表示向量。那么，为何会出现这类现象呢？通过仔细观察式（2-1）可以发现，“man”和“woman”是经常搭配出现或者有很高的概率共现的词语，“king”和“queen”也是经常搭配出现或者有很高的概率共现的词语。因此，该类现象出现的主要原因是，现有基于神经网络的词表示学习方法往往通过当前词语与其上下文词语组合成新的词对输入神经网络模型中进行训练。结果，神经网络模型能够使出现于词对中的当前词语与其上下文词语被赋予具有这类性质的表示向量，即该表示向量在表示向量空间中具有较近的空间距离。那么，不出现在词对中的当前词语与其上下文词语被赋予较远的空间距离。此处的空间距离可

以用余弦相似度或欧几里得空间距离衡量。

基于统计的语言建模通常先设定一个目标函数，然后优化该目标函数，之后基于训练语料可以得出一组该目标函数的最优参数组合，最后使用这组参数组合进行预测。在基于统计的语言建模中，目标函数往往设置为

$$L = \log \prod_{w \in C} p(w \mid \text{Context}(w)) \tag{2-2}$$

式中，w 定义为语料中的一个词语；Context(w)为词语 w 的上下文词语；C 表示整个语料。该目标函数是在上下文词语出现的情况下最大化词语 w 出现的概率。

但是在实际的基于统计的语言建模中，将式（2-2）写成如下最大对数似然形式：

$$L = \sum_{w \in C} \log p(w \mid \text{Context}(w)) \tag{2-3}$$

从式（2-3）中可以发现，基于统计的语言建模主要在于如何计算 $p(w \mid \text{Context}(w))$。

其实，基于神经概率模型的语言建模的目标函数也是式（2-3）。但是基于统计的语言建模与基于神经概率模型的语言建模在计算 $p(w \mid \text{Context}(w))$ 时有差别。前者从统计学角度出发计算该式的值，而后者从神经网络的角度出发计算该式的值。需要注意的是，后述内容中介绍的 Word2Vec 采用的也是该目标函数。

神经概率语言模型的深度比较深。因此，训练语料需要较长的时间和计算资源。于是，修改了神经概率语言模型的 Word2Vec 被提出。Word2Vec 有两种训练模型，即 Skip-Gram 模型和 CBOW 模型。为了加速模型训练过程，Word2Vec 提供了两种优化方法，即 HS 方法和 NEG 方法。为了使后续章节中的内容更加容易理解，下面分别对 Skip-Gram 模型和 CBOW 模型，以及两种优化方法进行详细介绍。

2.1.1　NEG

负采样的过程是在语料中获取一个词语作为当前中心词语的上下文词语。负采样的目标是给予高频率的词语一个较高的被选中概率，给予低频率的词语一个较低的被选中概率。该目标较为容易理解，但是在 Word2Vec 中如何实现该过程需要进行如下的详细阐述。

设置 D 为语料的词典（该词典是经过去重处理后的词典，与前文中的语料 C 不同），然后为词典中的每个词定义一个长度 len(w)，即

$$\text{len}(w) = \frac{[\text{counter}(w)]^{0.75}}{\sum_{u \in D} [\text{counter}(u)]^{0.75}} \tag{2-4}$$

式中，counter(w)是求词语 w 在整个语料 C 中出现的次数；counter(u)是求词语 w 在词典 D 中出现的次数。式（2-4）的原理是，在分子上先统计每个词语在整个语料中出现的次数，然后在分母上将词典中每个词语出现的次数求和，分子除以分母的作用是归一化处理，使所有词语的 len(w) 求和为 1。

式（2-4）对词语中的每个词语赋予了一个概率，使该词典中概率较大的词语被选中的机会多，而概率较小的词语被选中的机会少。但是，基于词典中每个词语的概率值，

如何选择语料中的词语呢？

在 Word2Vec 中，既然所有词语的概率和为 1，则将所有的词语投影到一个长度为 1 的区间，如图 2-1 所示。

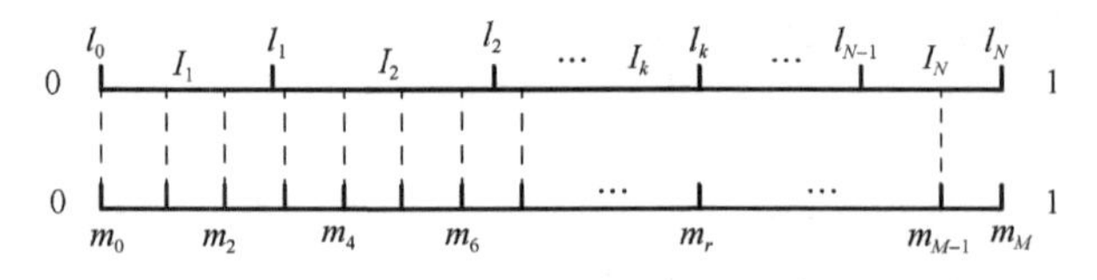

图 2-1　负采样示例图

由式（2-4）可得，$l_k=\sum_{j=1}^{k}\text{len}(w_j)$，式中，$k\in[1,N]$，$N$ 表示词典的长度，l_k 表示前面 k 个词语的 $\text{len}(w_j)$ 之和。如图 2-1 所示，l_2 与 l_1 的间距大小即为第二个词语的概率值，如果一个词语在语料中出现的概率越大，则该间距越大。另外，为了选择负采样词语，需要将长度为 1 的区间进行等距离划分。此时，$\{l_j\}_{j=0}^{N}$ 与 $\{m_j\}_{j=0}^{M}$ 之间可以建立投影关系。随后，随机在 $[1,M-1]$ 之间产生一个随机数 r，该随机数对应 m_r。然后，m_r 对应图 2-1 中的 I_k，该 I_k 恰好对应词典中某个词语的概率值。该过程简单叙述为随机产生一个随机数，该随机数投影到哪个区域，哪个区域所代表的词语则被选中作为负采样词语。

2.1.2　HS

HS 的主要目标是将 $p(w|\text{Context}(w))$ 的计算转换为条件概率的连续乘积形式。在基于 HS 优化的 Word2Vec 中，输出层的输出是一棵 Huffman（哈夫曼）树。

一棵 Huffman 树具有以下特点。

1）不存在度为 1 的节点。

2）叶子节点数目为 m 个，则总的节点数目为 $2m-1$。

3）度为 2 的节点数目等于叶子节点数目减去 1。

4）Huffman 树交换非叶子节点之后仍然是 Huffman 树。

5）Huffman 树不唯一。

图 2-2 所示为一棵 Huffman 树示例。

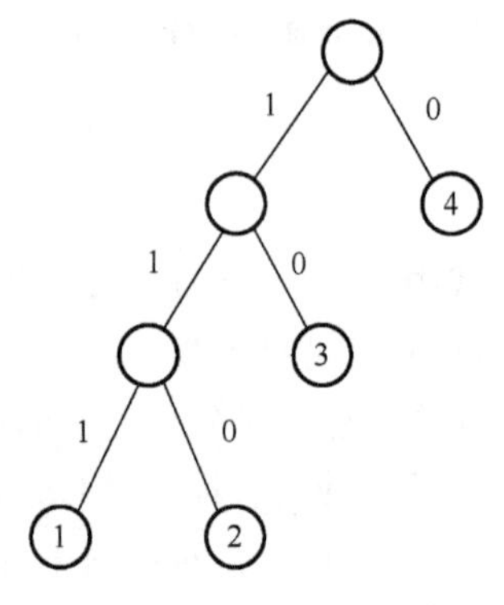

图 2-2　Huffman 树示例

Huffman 树的提出是为了给最常使用的节点赋予最短的编码。在图 2-2 中，为节点 4 赋予编码 0，为节点 3 赋予编码 10，为节点 2 赋予编码 110，为节点 1 赋予编码 111。从这 4 组编码可以发现，Huffman 树的编码都不能互相作为前缀出现，从而使每个节点都具有一个唯一的编码。

Huffman 编码在信息安全领域起到了重要的作用，为数据传输、数据压缩存储提供了重要的理论支撑。那么，在 HS 中又是如何将 Huffman 树引入其框架中的呢？

在前述内容中已经提到，Word2Vec 是一个 3 层的神经网络模型，由输入层、投影层和输出层组成。如果 Word2Vec 采用 HS 优化其模型，加速模型的训练速度，则需要将 Huffman 树放置在输出层，具体框架如图 2-3 所示。

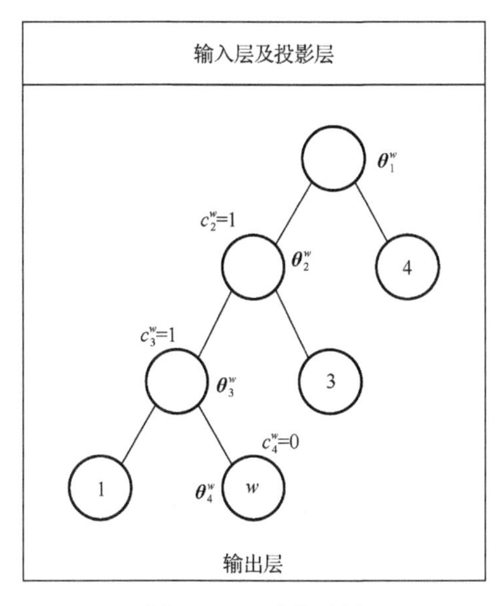

图 2-3　HS 优化示例

从图 2-3 中可以发现，基于 HS 优化的 Word2Vec 算法仍然是一个 3 层的神经网络。但是在输出层的 Huffman 树上做了一些改进。例如，在非叶子节点上添加了不同的表示向量 $\boldsymbol{\theta}_1^w$、$\boldsymbol{\theta}_2^w$、$\boldsymbol{\theta}_3^w$ 和 $\boldsymbol{\theta}_4^w$。在 Huffman 树的路径上并未做任何改进，仍然采用左边的路径编码为 1，右边的路径编码为 0。

HS 在构建 Huffman 树的过程中，首先是将整个语料划分了两个集合，然后对这两个集合再一次进行划分，之后一直持续该过程，直到集合中仅仅存在一个词语。此时，整个语料的 Huffman 树构建完成。在叶子节点上存储词典中的每一个词语，在非叶子节点存储某一类词语的集合。每个叶子节点具有一个唯一的编码，该编码包含了该叶子节点中存储词语的类别信息。Huffman 树的构建将词典大小为 V 的集合转换为深度为 $\log V$ 的 Huffman 树。

当构建完成 Huffman 树之后，每个叶子节点中存储的词语的具体信息便构建完成，之后可以使用这些信息计算语言模型的目标函数。对式（2-2）可以采用 HS 进行优化，则式（2-2）中的 $p(w|\text{Context}(w))$ 可通过下式计算：

$$p(w|\text{Context}(w))=\prod_{j=2}^{d^w}p(c_j^w\,|\,\boldsymbol{x}_w,\boldsymbol{\theta}_{j-1}^w) \tag{2-5}$$

式中，

$$p(c_j^w\,|\,\boldsymbol{x}_w,\boldsymbol{\theta}_{j-1}^w)=[\sigma(\boldsymbol{x}_w^{\mathrm{T}}\boldsymbol{\theta}_{j-1}^w)]^{1-c_j^w}\cdot[1-\sigma(\boldsymbol{x}_w^{\mathrm{T}}\boldsymbol{\theta}_{j-1}^w)]^{c_j^w} \tag{2-6}$$

其中，c_j^w 表示词语 w 在 Huffman 树中的编码值，其值为 0 或 1；$\boldsymbol{\theta}$ 表示非叶子节点所对应的需要学习的表示向量；σ 为 Sigmoid 函数；d^w 表示从根节点到叶子节点的深度；$\boldsymbol{x}_w$ 为投影层的表示向量，该表示向量是对上下文词语的词向量进行求和的结果。需要注意的是，在输出层的 Huffman 树中，叶子节点对应词典中的词语，非叶子节点对应集合。

式（2-5）与图 2-3 形象地展示了 HS 的主要思想，即对于词典中每个词语（Huffman 树中的叶子节点）必然存在从根节点到叶子节点的路径，且该路径是唯一的。对于每一个非叶子节点都进行一次二分类，在二分类中，必然存在一个分类概率，即分为左边类别的概率和右边类别的概率。因此，将从根节点到叶子节点路径上的每个二分类概率相乘，可得到最终的 $p(w|\text{Context}(w))$ 值。

式（2-5）中的 $p(w|\text{Context}(w))$ 在每次计算时仅有两个值可选择，即 $\sigma(\boldsymbol{x}_w^{\text{T}}\boldsymbol{\theta}_{j-1}^w)$ 和 $1-\sigma(\boldsymbol{x}_w^{\text{T}}\boldsymbol{\theta}_{j-1}^w)$。例如，对于图 2-3 中的节点 w 需要进行 3 次二分类。

第一次二分类结果为

$$p(c_2^w \mid \boldsymbol{x}_w, \boldsymbol{\theta}_1^w) = 1-\sigma(\boldsymbol{x}_w^{\text{T}}\boldsymbol{\theta}_1^w)$$

第二次二分类结果为

$$p(c_3^w \mid \boldsymbol{x}_w, \boldsymbol{\theta}_2^w) = 1-\sigma(\boldsymbol{x}_w^{\text{T}}\boldsymbol{\theta}_2^w)$$

第三次二分类结果为

$$p(c_4^w \mid \boldsymbol{x}_w, \boldsymbol{\theta}_3^w) = \sigma(\boldsymbol{x}_w^{\text{T}}\boldsymbol{\theta}_3^w)$$

因此，计算词语 w 的 $p(w|\text{Context}(w))$ 只需要将上面 3 个二分类结果相乘即可。

2.1.3　CBOW 模型

在前述内容中，主要介绍了 Word2Vec 的两种优化方法，即 NEG 方法和 HS 方法。在阐述 CBOW 模型之前，需要了解当前词语与上下文词语的基本知识。例如，句子“西宁市是青海省的省会城市”，如果分词得到的结果为“西宁市 是 青海省 的 省会 城市”，假如当前中心词语为“青海省”，窗口大小设置为 5，则当前中心词语左边的上下文词语为“西宁市”和“是”，右边的上下文词语为“的”和“省会”。综合起来，“青海省”的上下文词语为“西宁市”、“是”、“的”和“省会”。因此，Word2Vec 的原始输入虽然是句子，但是，模型的输入是<当前中心词语,上下文词语>组对。在本例中，输入的是<青海省,西宁市>、<青海省,是>、<青海省,的>和<青海省,省会>。随着滑动窗口往后移动，<当前中心词语,上下文词语>组对会越来越多。Word2Vec 模型中的 CBOW 模型和 Skip-Gram 会根据<当前中心词语,上下文词语>组对的重现不断地调整词语与词语之间的向量空间距离，使<当前中心词语,上下文词语>组对重现越多的词语对在向量空间中拥有更近的距离，该距离可以通过欧几里得距离或余弦公式衡量。

有了优化方法基础之后，本节中主要介绍 Word2Vec 的 CBOW 模型，该模型框架如图 2-4 所示。

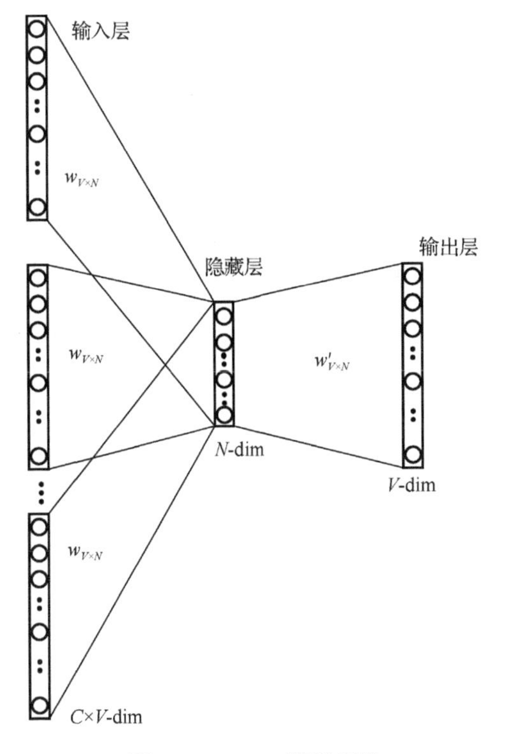

图 2-4　CBOW 模型框架

从图 2-4 中可以发现，CBOW 模型通过上下文词语预测当前词语出现的概率。CBOW 模型的目标函数为

$$L=\sum_{w\in C}\log p(w|\text{Context}(w)) \tag{2-7}$$

CBOW 模型的目标函数与基于统计的语言建模拥有相同的形式，但是两者在本质上却有区别。CBOW 模型通过神经网络的方法计算 $p(w|\text{Context}(w))$，而基于统计的语言建模方法往往通过统计的工具计算 $p(w|\text{Context}(w))$。

综上，基于 HS 优化的 CBOW 模型的目标函数为

$$\begin{aligned}L&=\sum_{w\in C}\log p(w|\text{Context}(w))\\&=\sum_{w\in C}\log\prod_{j=2}^{d^w}p(c_j^w|\boldsymbol{x}_w,\boldsymbol{\theta}_{j-1}^w)\\&=\sum_{w\in C}\sum_{j=2}^{d^w}(1-c_j^w)\cdot\log[\sigma(\boldsymbol{x}_w^{\mathrm{T}}\boldsymbol{\theta}_{j-1}^w)]+c_j^w\cdot\log[1-\sigma(\boldsymbol{x}_w^{\mathrm{T}}\boldsymbol{\theta}_{j-1}^w)]\end{aligned} \tag{2-8}$$

基于 NEG 优化的 CBOW 模型的目标函数为

$$
\begin{aligned}
L &= \log G \\
&= \log \prod_{w \in C} g(w) \\
&= \sum_{w \in C} \log g(w) \\
&= \sum_{w \in C} \log \prod_{t \in \{w\} \cup \mathrm{NEG}(w)} \left\{ [\sigma(\boldsymbol{x}_w^{\mathrm{T}} \boldsymbol{\theta}^u)]^{L^w(t)} \cdot [1-\sigma(\boldsymbol{x}_w^{\mathrm{T}} \boldsymbol{\theta}^u)]^{1-L^w(t)} \right\} \\
&= \sum_{w \in C} \sum_{t \in \{w\} \cup \mathrm{NEG}(w)} \left\{ L^w(t) \cdot \log[\sigma(\boldsymbol{x}_w^{\mathrm{T}} \boldsymbol{\theta}^u)] + (1-L^w(t)) \cdot \log[1-\sigma(\boldsymbol{x}_w^{\mathrm{T}} \boldsymbol{\theta}^u)] \right\}
\end{aligned} \tag{2-9}
$$

式中，t 为上下文词语中的某个词语。式（2-9）中，定义了基于 NEG 优化的 CBOW 模型的目标函数，即

$$G = \prod_{w \in C} g(w) \tag{2-10}$$

类似于式（2-2）和式（2-3），将式（2-10）写成如下最大对数似然形式：

$$G = \log \prod_{w \in C} g(w) \tag{2-11}$$

式中，

$$g(w) = \prod_{t \in \{w\} \cup \mathrm{NEG}(w)} p(t \mid \mathrm{Context}(w)) \tag{2-12}$$

其中，$\mathrm{NEG}(w)$ 表示词语 w 负采样集合。最后，优化的核心还是落实在了如何计算 $p(w \mid \mathrm{Context}(w))$。

不论采用 NEG 进行优化，还是采用 HS 进行优化，计算 $p(w \mid \mathrm{Context}(w))$ 仍然是最重要的工作，也是这两种优化方法的优化途径。基于 HS 优化的 $p(w \mid \mathrm{Context}(w))$ 计算见式（2-5），而 NEG 优化的 $p(w \mid \mathrm{Context}(w))$ 计算方法为

$$p(t \mid \mathrm{Context}(w)) = [\sigma(\boldsymbol{x}_w^{\mathrm{T}} \boldsymbol{\theta}^t)]^{L^w(t)} \cdot [1-\sigma(\boldsymbol{x}_w^{\mathrm{T}} \boldsymbol{\theta}^t)]^{1-L^w(t)} \tag{2-13}$$

式（2-6）和式（2-13）有着相似的形式。只是其中的部分参数不一样。例如，$L^w(t)$ 为负采样的结果，当 $t = w$ 时，采样结果为正样本，此时 $L^w(t) = 1$，否则，当 $t \neq w$ 时，采样结果为负样本，此时 $L^w(t) = 0$；$\boldsymbol{x}_w$ 为投影层的表示向量，该表示向量是上下文词语的词向量进行求和的结果；$\boldsymbol{\theta}$ 为带训练参数。

2.1.4 Skip-Gram 模型

Skip-Gram 模型和 CBOW 模型的建模方向刚好相反。CBOW 模型是通过上下文词语出现的概率预测当前中心词语出现的概率，而 Skip-Gram 模型是通过当前中心词语出现的概率预测上下文词语出现的概率，具体框架如图 2-5 所示。

图 2-5 与图 2-4 有着相反的结构，因此，在计算 $p(w \mid \mathrm{Context}(w))$ 时，也存在相反的形式。因此，Skip-Gram 模型的 $p(w \mid \mathrm{Context}(w))$ 计算形式为 $p(\mathrm{Context}(w) \mid w)$，该 $p(\mathrm{Context}(w) \mid w)$ 可理解为通过当前中心词语 w 预测 $\mathrm{Context}(w)$ 出现的概率。其中，$\mathrm{Context}(w)$ 不是一个词语，而是由几个上下文词语组成的集合。

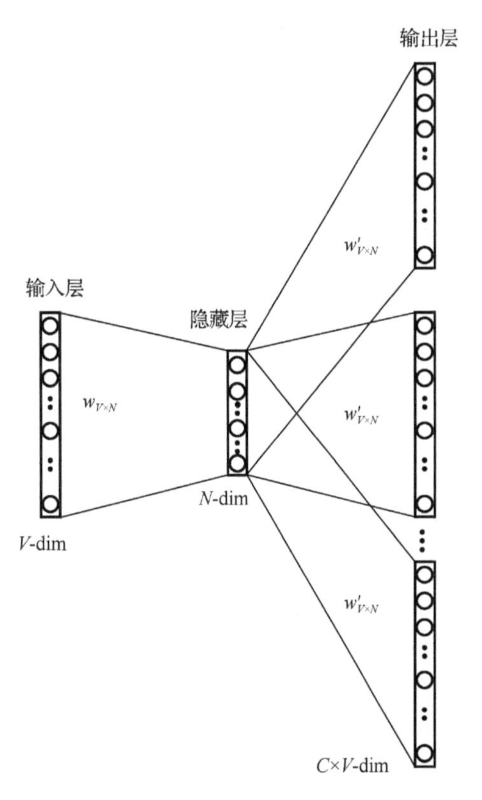

图 2-5　Skip-Gram 模型框架

因此，Skip-Gram 模型的重点在于如何计算 $p(\text{Context}(w)|w)$，在基于 HS 优化的 Skip-Gram 模型中，定义 $p(\text{Context}(w)|w)$ 为

$$p(\text{Context}(w)|w)=\prod_{t\in\text{Context}(w)} p(t|w) \tag{2-14}$$

式中，

$$p(t|w)=\prod_{j=2}^{d^t} p(c_j^t|\boldsymbol{x}_w,\boldsymbol{\theta}_{j-1}^t) \tag{2-15}$$

式（2-14）与式（2-5）有着相似的形式，因为，基于 HS 优化的模型结构和框架不变，其公式形式不会发生变化。此时，$p(c_j^t|\boldsymbol{x}_w,\boldsymbol{\theta}_{j-1}^t)$ 的计算式为

$$p(c_j^t|\boldsymbol{x}_t,\boldsymbol{\theta}_{j-1}^t)=[\sigma(\boldsymbol{x}_w^{\mathrm{T}}\boldsymbol{\theta}_{j-1}^t)]^{1-c_j^t}\cdot[1-\sigma(\boldsymbol{x}_w^{\mathrm{T}}\boldsymbol{\theta}_{j-1}^t)]^{c_j^t} \tag{2-16}$$

综上，对式（2-14）取对数似然后，基于 HS 优化的 Skip-Gram 模型的目标函数为

$$\begin{aligned}L&=\sum_{w\in C}\log\prod_{t\in\text{Context}(w)} p(t|w)\\&=\sum_{w\in C}\log\sum_{t\in\text{Context}(w)}\prod_{j=2}^{d^t} p(c_j^t|\boldsymbol{x}_w,\boldsymbol{\theta}_{j-1}^t)\\&=\sum_{w\in C}\sum_{t\in\text{Context}(w)}\prod_{j=2}^{d^t}(1-c_j^t)\cdot\log[\sigma(\boldsymbol{x}_w^{\mathrm{T}}\boldsymbol{\theta}_{j-1}^t)]+c_j^t\cdot\log[1-\sigma(\boldsymbol{x}_w^{\mathrm{T}}\boldsymbol{\theta}_{j-1}^t)]\end{aligned} \tag{2-17}$$

基于 NEG 优化的 Skip-Gram 模型的目标函数为

$$G=\prod_{w\in C}g(w) \tag{2-18}$$

式中，

$$g(w)=\prod_{t\in\text{Context}(w)}\ \prod_{u\in\{t\}\cup\text{NEG}(t)}p(u\mid w) \tag{2-19}$$

其中，

$$p(u\mid w)=[\sigma(\boldsymbol{x}_w^{\mathrm{T}}\boldsymbol{\theta}^u)]^{L^t(u)}\cdot[1-\sigma(\boldsymbol{x}_w^{\mathrm{T}}\boldsymbol{\theta}^u)]^{1-L^t(u)} \tag{2-20}$$

u 为上下文词语中的某个词语。对式（2-18）取对数，则基于 NEG 优化的 Skip-Gram 模型的目标函数为

$$\begin{aligned}L&=\log G\\&=\log\prod_{w\in C}g(w)\\&=\sum_{w\in C}\log g(w)\\&=\sum_{w\in C}\log\prod_{t\in\text{Context}(w)}\prod_{u\in\{t\}\cup\text{NEG}(t)}\left\{[\sigma(\boldsymbol{x}_w^{\mathrm{T}}\boldsymbol{\theta}^u)]^{L^t(u)}\cdot[1-\sigma(\boldsymbol{x}_w^{\mathrm{T}}\boldsymbol{\theta}^u)]^{1-L^t(u)}\right\}\\&=\sum_{w\in C}\sum_{t\in\text{Context}(w)}\sum_{u\in\{t\}\cup\text{NEG}(t)}\left\{L^t(u)\cdot\log[\sigma(\boldsymbol{x}_w^{\mathrm{T}}\boldsymbol{\theta}^u)]+(1-L^t(u))\cdot\log[1-\sigma(\boldsymbol{x}_w^{\mathrm{T}}\boldsymbol{\theta}^u)]\right\}\end{aligned} \tag{2-21}$$

需要注意的是，在一些文献中将基于 NEG 进行优化的 Skip-Gram 模型简称为 SGNS 模型，SGNS 模型的目标函数也可以定义为

$$L(S)=\frac{1}{|S|}\sum_{i=1}^{|S|}\sum_{i-t\leqslant j\leqslant i+t,j\neq i}\log\Pr(w_j\mid w_i) \tag{2-22}$$

式中，S 为词典；$\Pr(w_j\mid w_i)$ 定义为

$$\Pr(w_j\mid w_i)=\frac{\exp(\boldsymbol{w}_j^{\mathrm{T}}\boldsymbol{w}_i)}{\sum_{v\in V}\exp(\boldsymbol{w}^{\mathrm{T}}\boldsymbol{w}_i)} \tag{2-23}$$

其中，$\boldsymbol{w}_i$ 和 $\boldsymbol{w}_j$ 分别为词语 w_i 及 w_j 的两个表示向量；$\boldsymbol{w}$ 为上下文词语中的向量之和。

2.2 DeepWalk

Word2Vec 是建模语言模型，其词向量并不是 Word2Vec 的最终目标，即 Word2Vec 仅仅是建模语言模型，而词向量是建模过程中的一个副产品。该副产品直接影响自然语言处理的发展，自此之后，各类词向量表示学习模型被不断地提出。例如，Bert 和 GPT 等技术将词表示学习从浅层神经网络引入深度神经网络，在各类自然语言处理任务中发挥了重要的作用。

词表示学习获得了极大的成功，促进了其他领域的发展。例如，在复杂网络领域，之前的社团划分、链路预测、可视化分析等任务均是采用统计的方法进行的研究，大多

数改进算法也仅仅是改进了统计公式的某种形式，在本质上并没有得到改善。因此，提出复杂网络预处理算法极为重要，其能够将复杂网络的结构特征进行编码，然后将编码后的特征直接输入神经网络中进一步训练，或者直接输入机器学习算法中开展各类任务，这种从本质上的改进能够推动复杂网络领域的发展。

词表示学习是将词语与上下文词语之间的结构关系嵌入低维度、稠密、实值的表示向量中，网络表示学习是将当前节点与上下文节点的结构关系嵌入低维度、稠密、实值的表示向量中。词表示学习面向语言，网络表示学习面向网络，两者之间的最终目标是相同的，只是给模型输入的特征不相同。因此，如果网络表示学习想要从词表示学习中借鉴其模型框架，必须要改变网络表示学习的输入，使其输入与词表示学习的输入一致。因此，网络表示学习的代表算法 DeepWalk 便进行了这一尝试。DeepWalk 是从 Word2Vec 中获得了灵感，将网络上的随机游走序列当作自然语言中的句子，从而在不改动 Word2Vec 模型框架的情况下能够使用 Word2Vec 建模网络结构特征。

2.2.1　语言与网络

在 DeepWalk 相关原始文献中，Perozzi 通过实验仿真的方法证明了在维基百科语料上的词语词频在双对数坐标上服从幂律分布。同时，在网络上，如果将随机游走序列当作句子，然后同样统计每个节点出现的次数，该次数同样在双对数坐标上服从幂律分布。重要的结果是语言模型上展现的幂律分布和网络模型上展现出来的幂律分布非常相似。因此，Perozzi 从实验的角度证明了可以将网络中的随机游走序列当作语言模型中的句子使用，该成果打破了语言和网络之间的壁垒，将语言处理中的算法和模型使用到网络建模中，从而为网络数据挖掘、网络分析与可视化等任务提供重要的技术支撑。

2.2.2　随机游走

随机游走在复杂网络中并不是一个较为高深的技术，是一门非常基础的知识。所谓的“随机”指的是从当前节点到下一跳节点之间完全不考虑节点重要性，也不考虑下一跳节点的概率，从当前节点完全以等概率的方式从邻居节点选择下一跳节点。为了更加详细地介绍 DeepWalk，本节主要介绍随机游走中的步长和游走策略。

图 2-6 所示为一个网络原始结构。

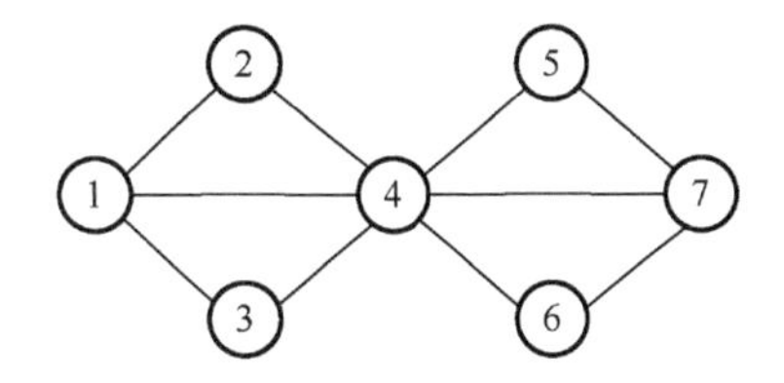

图 2-6　网络原始结构

在图 2-6 中，如果当前中心节点为 1，则随机游走路径如图 2-7 所示。

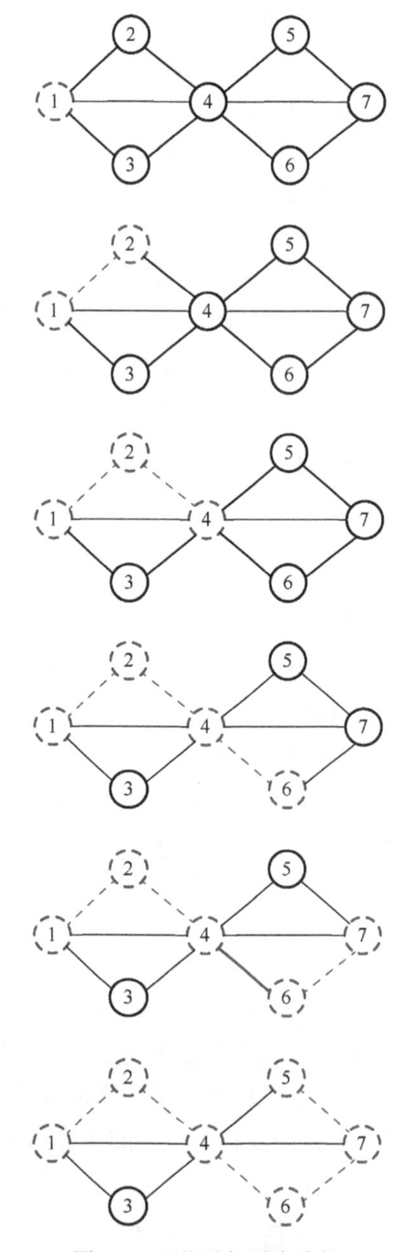

彩图 2-7

图 2-7　网络随机游走路径

如图 2-7 所示，如果随机游走粒子从节点 1 出发，则下一跳节点有 3 个选择，即节点 2、节点 3 和节点 4。此时，随机游走粒子等概率地从节点 1 的邻居节点中选择一个节点作为下一跳节点。在图 2-7 中，随机游走粒子选择了节点 2 作为下一跳节点。当随机游走粒子处于节点 4 时，随机游走粒子有 6 个选择。此时，随机游走粒子可以返回节点 1，因为，在随机游走的过程中没有限制不能重新游走已经游走过的节点。

图 2-7 中的随机游走序列步长为 5，但是实际的 DeepWalk 可以将步长设置为 40 或

者更大。具体步长为多少时性能最好取决于数据集等各种因素。另外，在 DeepWalk 中，每个节点可以选择多条随机游走序列，如可以为图 2-7 中的节点 1 设置 10 条随机游走序列。如果网络数据集中有 1 000 个节点，则最后随机游走序列数量总共为 10 000 条。DeepWalk 将这 10 000 条游走序列当作语言模型中的句子。之后可以调用 Word2Vec 中的 CBOW 模型或 Skip-Gram 模型建模节点与节点之间的结构关系。

2.2.3　模型建模

DeepWalk 改进了 Word2Vec 的输入，即将网络结构上的随机游走序列当作语言模型中的句子。但是底层同样采用了 Word2Vec 的两个实现模型，即 CBOW 模型和 Skip-Gram 模型。同样，也可以使用 Word2Vec 的两种优化方法，即 NEG 方法和 HS 方法。因此，DeepWalk 可以有两种实现模型和两种优化方法，在具体任务中可有 4 种选择。

算法 2-1 是 DeepWalk 的原始伪代码。

算法 2-1：DeepWalk

输入：图 $G(V,E)$，窗口尺寸 s，输出维度 d，每个节点的随机游走序列数量 m，随机游走长度 l

输出：节点的网络向量表示矩阵 $\boldsymbol{\Phi}$

1．随机初始化 $\boldsymbol{\Phi}=\mathbf{R}^{|V|\times d}$
2．for I = 0 to m do
//将节点随机排列
3．$O=\text{Shuffle}(V)$
4．for $v_i \in O$
5．$R=\text{RandomWalk}(G,v_i,l)$
6．$\text{SkipGram}(\boldsymbol{\Phi},R,s)$
7．end for
8．end for

从算法 2-1 中可以发现，DeepWalk 生成了随机游走序列之后，将随机游走序列输入 Word2Vec 的 Skip-Gram 模型中，从而在模型上简化了实现过程。但是该思想对网络表示学习产生了重要的影响，以至一些网络表示学习综述文献将网络表示学习分类为基于随机游走的网络表示学习和基于非随机游走的网络表示学习。基于非随机游走的网络表示学习一般采用卷积神经网络、循环神经网络、自编码器等模型框架学习节点的表示向量。

综上，基于 NEG 优化的 CBOW 模型的目标函数为

$$
\begin{aligned}
L &= \log G \\
&= \log \prod_{v \in C} g(v) \\
&= \sum_{v \in C} \log g(v) \\
&= \sum_{v \in C} \log \prod_{t \in \{v\} \cup \mathrm{NEG}(v)} \left\{ [\sigma(\boldsymbol{x}_v^{\mathrm{T}} \boldsymbol{\theta}^u)]^{L^v(t)} \cdot [1-\sigma(\boldsymbol{x}_v^{\mathrm{T}} \boldsymbol{\theta}^u)]^{1-L^v(t)} \right\} \\
&= \sum_{v \in C} \sum_{t \in \{v\} \cup \mathrm{NEG}(v)} \left\{ L^v(t) \cdot \log[\sigma(\boldsymbol{x}_v^{\mathrm{T}} \boldsymbol{\theta}^u)] + (1-L^v(t)) \cdot \log[1-\sigma(\boldsymbol{x}_v^{\mathrm{T}} \boldsymbol{\theta}^u)] \right\}
\end{aligned} \tag{2-24}
$$

基于 HS 优化的 CBOW 模型的目标函数为

$$
\begin{aligned}
L &= \sum_{v \in C} \log p(v \mid \mathrm{Context}(v)) \\
&= \sum_{v \in C} \log \prod_{j=2}^{d^v} p(c_j^v \mid \boldsymbol{x}_v, \boldsymbol{\theta}_{j-1}^v) \\
&= \sum_{v \in C} \sum_{j=2}^{d^v} (1-c_j^v) \cdot \log[\sigma(\boldsymbol{x}_v^{\mathrm{T}} \boldsymbol{\theta}_{j-1}^v)] + c_j^v \cdot \log[1-\sigma(\boldsymbol{x}_v^{\mathrm{T}} \boldsymbol{\theta}_{j-1}^v)]
\end{aligned} \tag{2-25}
$$

基于 NEG 优化的 Skip-Gram 模型的目标函数为

$$
\begin{aligned}
L &= \log G \\
&= \log \prod_{v \in C} g(v) \\
&= \sum_{v \in C} \log g(v) \\
&= \sum_{v \in C} \log \prod_{t \in \mathrm{Context}(v)} \prod_{u \in \{t\} \cup \mathrm{NEG}(t)} \left\{ [\sigma(\boldsymbol{x}_v^{\mathrm{T}} \boldsymbol{\theta}^u)]^{L^t(u)} \cdot [1-\sigma(\boldsymbol{x}_v^{\mathrm{T}} \boldsymbol{\theta}^u)]^{1-L^t(u)} \right\} \\
&= \sum_{v \in C} \sum_{t \in \mathrm{Context}(v)} \sum_{u \in \{t\} \cup \mathrm{NEG}(t)} \left\{ L^t(u) \cdot \log[\sigma(\boldsymbol{x}_v^{\mathrm{T}} \boldsymbol{\theta}^u)] + (1-L^t(u)) \cdot \log[1-\sigma(\boldsymbol{x}_v^{\mathrm{T}} \boldsymbol{\theta}^u)] \right\}
\end{aligned} \tag{2-26}
$$

基于 HS 优化的 Skip-Gram 模型的目标函数为

$$
\begin{aligned}
L &= \sum_{v \in C} \log \prod_{t \in \mathrm{Context}(v)} p(t \mid v) \\
&= \sum_{v \in C} \log \sum_{t \in \mathrm{Context}(v)} \prod_{j=2}^{d^t} p(c_j^t \mid \boldsymbol{x}_v, \boldsymbol{\theta}_{j-1}^t) \\
&= \sum_{v \in C} \sum_{t \in \mathrm{Context}(v)} \sum_{j=2}^{d^t} (1-c_j^t) \cdot \log[\sigma(\boldsymbol{x}_v^{\mathrm{T}} \boldsymbol{\theta}_{j-1}^t)] + c_j^t \cdot \log[1-\sigma(\boldsymbol{x}_v^{\mathrm{T}} \boldsymbol{\theta}_{j-1}^t)]
\end{aligned} \tag{2-27}
$$

式（2-24）～式（2-27）介绍了基于 NEG 优化的 CBOW 模型和 Skip-Gram 模型的目标函数，以及基于 HS 优化的 CBOW 模型和 Skip-Gram 模型的目标函数。该目标函数与 Word2Vec 的 CBOW 模型和 Skip-Gram 模型的目标函数具有相同的形式，唯一变化的是将词语变量 w 修改为了节点变量 v。因此，在理论上表明了 DeepWalk 和 Word2Vec 的底层实现模型是相同的，而改进在于修改了 Word2Vec 的上层输入。

2.3　Word2Vec 与 DeepWalk 的关系

经过前述内容的分析和讨论，本章基本已经梳理清楚了 DeepWalk 和 Word2Vec 之间的关联，图 2-8 更加详细地展示了两者之间的关系。

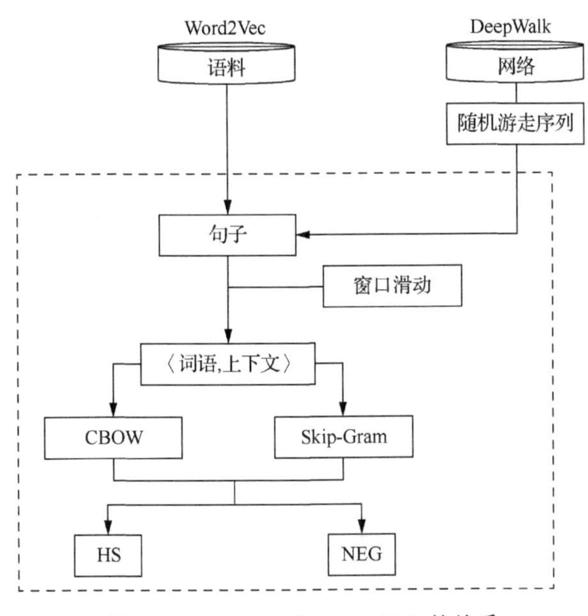

图 2-8　Word2Vec 与 DeepWalk 的关系

注：虚线框中的内容在 Word2Vec 和 DeepWalk 中相同。

从图 2-8 中可以发现，DeepWalk 和 Word2Vec 的输入不同，Word2Vec 的输入为语料，而 DeepWalk 的输入为随机游走序列。为了能够更加便捷地使用 Word2Vec 的底层模型，DeepWalk 将网络结构上的随机游走序列当作语言模型中的句子。DeepWalk 的最大贡献在于，打破了网络与语言之间的领域鸿沟，之后的算法可以在网络建模中使用语言建模思想，也可以在语言建模中使用网络建模的思想；Word2Vec 的最大贡献在于减少了神经概率模型的深度，仅仅用 3 层的神经网络模型就可以训练出与多层神经网络几乎同等效果的语言模型。因此，在语言建模领域，Word2Vec 具有重要的意义；而在网络建模领域，DeepWalk 具有重要的意义。

第3章　网络表示学习中的随机游走

3.1　改进上下文节点选择过程

3.1.1　问题描述

自然语言中的词表示学习主要是将词语与其上下文结构之间的关系嵌入一个低维度向量空间，而 Word2Vec[12-13]是经典的词表示学习算法之一。Word2Vec 主要用于语言模型构建，词表示向量是语言建模的中间结果。Word2Vec 将传统的用若干隐藏层训练得到的语言模型简化为由输入层、单个隐藏层、输出层构成的语言模型，使语言建模的训练时间大幅度缩短。因此，Word2Vec 的性能在各类自然语言处理任务中得到较大提升。

语言建模比较成功的是基于浅层神经网络的语言建模方法，而在网络结构建模中，可以用语言建模的思想刻画网络结构，因此出现了网络表示学习算法。词表示学习的目标是将词语与其上下文词语之间的结构关系压缩到低维度表示向量空间，使相似性较大的词语在向量空间中有较近的距离。然而，网络与语言之间共性较小，存在较大差距。因此，研究者们将网络结构转换为语言结构进行训练，受到 Word2Vec 框架的启发，Perozzi 等提出 DeepWalk 模型[16]。Word2Vec 算法的输入是自然语言中的句子，使用该算法训练网络表示学习模型时，需要将网络结构转换成语言模型中的句子。所以，DeepWalk 中句子可通过网络中的随机游走节点序列模拟。获得网络随机游走节点序列需要满足一定条件，即网络随机游走序列转换而成的句子与语言模型中的句子具有一定程度的相似语言学规律。利用随机游走策略，Perozzi 等[16]得到网络中的句子。为了验证随机游走序列等同于语言中的句子，Perozzi 等在 YouTube 数据集与维基百科文本上进行对比分析，发现在网络中得到的句子，其节点出现的频次呈现幂律分布，同时维基百科文本中词语的频次也呈现幂律特性，而且基于这两个数据集的节点与词语之间的幂律分布的图形基本一致。所以，Perozzi 等[16]采用随机游走算法在复杂网络节点上随机游走，将随机游走获得的随机游走序列当作语言模型中的句子。网络表示学习算法在网络特征挖掘效率方面有显著成效，并被用于处理各种图结构相关的机器学习任务中，如网络节点可视化[8]、网络节点分类问题[8]、复杂网络链路预测[9]和个性化推荐系统[10]等。

在复杂网络理论体系中，无标度网络是符合实际复杂系统的一类特征明显的复杂网络，无标度网络的独特性在于网络中的大多数节点偏向于与其度值较小的节点构成连边，而少数节点则趋向于与大度节点之间建立连边关系，导致的结果是少数节点拥有大量的连边，大多数节点拥有少量的连边。所以，无标度网络[179]指的是具有此类特征，并且其节点度值呈现幂律特性的网络。过去几十年，在复杂网络的无标度特性研究方面涌现出丰富的成果[180]。在现实世界中，大多数网络模型为无标度网络，如电力网络、社交网络、科研合作网等。目前，有许多研究是关于无标度网络模型构建及其生长机制方面的[181-183]。其中，优先连接机制是较为经典的无标度网络模型算法，该模型中每次新添加的新边与已经存在的大度节点进行连接。但这种连边取决于一定的概率，并非度值越大，边越多。因此，在无标度网络模型构建过程中，节点的选择将考虑概率累积和中的轮盘赌法，从而使新旧节点建立关联。

在复杂网络生成算法中，需要在新节点和已有节点之间建立关系。随机游走时，随机游走粒子在当前节点的邻居节点里随机选择下一跳节点。由此可见，这两种处理任务中都需要在已有的节点中选择节点。本节以复杂网络生成规律算法为基础，采用轮盘赌法，使随机游走较为合理地选择游走的下一跳节点。基于此，本节提出了一种改进上下文节点选择的网络表示学习算法，即 EPDW，该网络表示学习算法是一种结构简单、高性能的网络表示学习算法，其底层机制与 DeepWalk 相同，均采用浅层神经网络模型，即包括输入层、单个隐藏层、输出层，但与 DeepWalk 的区别在于，EPDW 优化了 DeepWalk 中随机游走节点的选择方法。EPDW 首先获取当前节点的所有邻居节点，之后，将当前节点游走到其所有邻居节点的概率均设置成 1；然后根据其邻居节点数量归一化其概率值，并且基于归一化后的概率值按照升序的节点编号次序计算节点的概率累积和，序号最大的节点的概率累积和等于 1；最后运用轮盘赌法在上述累积和中选择下一跳节点。以此类推，直到全部网络节点均遍历此过程。

3.1.2　模型框架

1. DeepWalk 介绍

DeepWalk 是经典的网络表示学习算法之一，其算法由输入层、单个隐藏层、输出层 3 层神经网络构成，主要用于揭示和挖掘大规模网络的结构特征。DeepWalk 与 Word2Vec 拥有相同的学习结构和框架，因此，DeepWalk 与 Word2Vec 的算法底层相同。Word2Vec[12-13]是经典的词表示学习算法，该算法将词语与其上下文词语之间的结构关系嵌入一个低维向量空间，从而使在结构上紧密关联或者在语义上极为相近的词语在向量空间中的距离较近。DeepWalk 与 Word2Vec 的底层模型主要由 CBOW 模型和 Skip-Gram 模型组成。另外，这两个算法提供了 NEG 和 HS 两个不同的优化方法。CBOW 模型根据当前词语的上下文来预测其输入词语出现的概率，而 Skip-Gram 模型根据给定的输入词预测其上下文词语出现的概率。因为在训练表示向量或语言模型的词语表示时，可以在两种模型中择其一，或者在两种优化算法中择其一，所以可以选择 4 种训练模型。

CBOW 模型利用当前节点的上下文节点预测其网络表示模型，其学习目标是使对数似然函数最大化，即

$$L(v)=\sum_{v\in C}\sum_{\xi\in\{v\}\cup v\in \mathrm{NEG}(v)}\log p(\xi\mid \mathrm{Context}(v)) \tag{3-1}$$

式中，

$$p(\xi\mid \mathrm{Context}(v))=[\sigma(\boldsymbol{x}_v^{\mathrm{T}}\boldsymbol{\theta}^{\xi})]^{L^v(\xi)}\cdot[1-\sigma(\boldsymbol{x}_v^{\mathrm{T}}\boldsymbol{\theta}^{\xi})]^{1-L^v(\xi)} \tag{3-2}$$

其中，$\sigma(x)$ 指 Sigmoid 函数，定义域为 $(-\infty,+\infty)$，其值域为(0,1)；$\boldsymbol{x}_v$ 表示 Context(v) 中所有节点的表示向量和；$\boldsymbol{\theta}^{\xi}$ 表示当前节点 ξ 的待训练向量。Context(v) 指当前节点 v 的上下文节点；NEG(V) 指对当前节点 v 的负采样。例如，对于 Context(v)，存在于上下文中的节点 v 是一个正样本；不在上下文节点中的节点为负样本，而且 NEG(v) $\neq$ null。我们将

$$L^v(\xi)=\begin{cases}1, \xi=v \\ 0, \xi\neq v\end{cases} \tag{3-3}$$

作为对节点 ξ 的采样结果，节点 ξ 的正样本采样结果设置为 1，节点 ξ 的负样本采样结果设置为 0。

将式（3-2）代入式（3-1），可得到

$$L(v)=\sum_{v\in C}\sum_{\xi\in\{v\}\cup v\in \mathrm{NEG}(v)}\{L^v(\xi)\cdot\log[\sigma(\boldsymbol{x}_v^{\mathrm{T}}\boldsymbol{\theta}^{\xi})]+(1-L^v(\xi))\cdot\log[1-\sigma(\boldsymbol{x}_v^{\mathrm{T}}\boldsymbol{\theta}^{\xi})]\} \tag{3-4}$$

式（3-1）和式（3-4）是 CBOW 模型的目标函数，且其使用的优化方法是 NEG 优化。如果采用 HS 方法优化 CBOW 模型，式（3-4）并不适用。本节将基于 CBOW 模型和负采样优化方法作为 EPDW 的基本框架，训练网络表示向量。负采样优化的目标是对于随机游走序列，出现频次较高的节点尽可能被选中；出现频次较低的节点，应以较大概率不被选中。在负采样方法中，首先非等距划分区间[0,1]，且每段的距离表示节点在随机游走序列中出现的概率。非等距划分的段进行首尾连接，使这些片段构成一个坐标值为 1 的坐标。最后，在坐标中生成一个随机数使之落入，距离较大的片段以较大概率被选中，反之亦然，从而对给定节点实现负采样过程。该过程与复杂网络建模中的优先连接机制类似，即与轮盘赌法类似。

2. 游走节点等概率随机选择

基于 Word2Vec，研究者们提出了 DeepWalk 算法，为了将 Word2Vec 的算法思想引入 DeepWalk 中，需要将网络模型转化为语言模型。以随机游走模型为基础，Perozzi 等[16]得到网络节点上的句子，使得到的句子与语言模型的句子有相似的特征。DeepWalk 在随机游走中采样下一跳节点时采用在邻居节点中随机采样的策略。在该策略中，在每次选择下一跳节点时，选择当前节点的邻居节点，且这些邻居节点是被等概率选择的。为了更好地理解 DeepWalk，下面给出一个简单的实例，如图 3-1 所示。

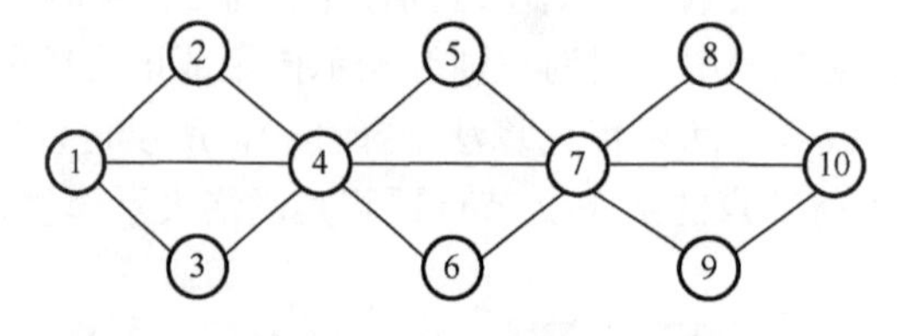

图 3-1　网络结构

如图 3-1 所示，该网络有 10 个节点，12 条边。DeepWalk 需要设置节点随机游走序列数量及每条随机游走序列长度。节点随机游走序列数量是指从源节点出发经过的路径

数，一般设置为 10。每条随机游走序列长度表示游走序列所包含的节点数目，一般设置为 40。为了更加容易理解 DeepWalk 随机游走策略，在图 3-1 所示的网络中，设定源节点为节点 1，随机游走序列数量为 3，随机游走序列长度设置为 5，则得到的游走序列如图 3-2 所示。

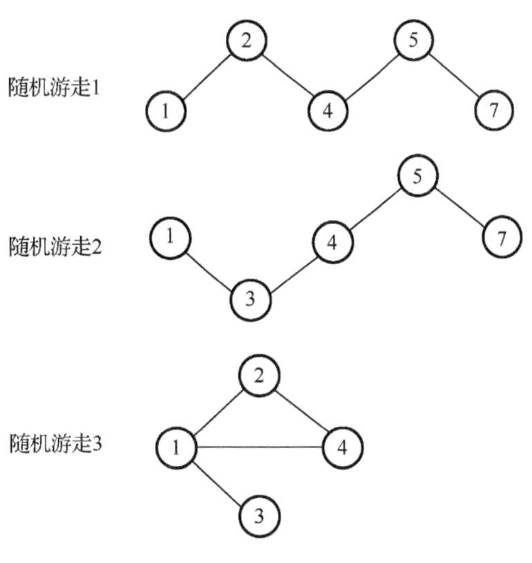

图 3-2　随机游走过程

由图 3-2 可知，此次随机游走将节点 1 作为源节点，即随机游走从节点 1 开始，可知存在多条随机游走序列，图中仅展示了 3 条序列。在图 3-2 中，第一条游走序列与第二条游走序列采用了类似深度优先的游走方式，即没有返回上一跳节点；在第三条游走序列中，从节点 1 开始游走，经过其邻居节点，即节点 4、节点 2、节点 1、节点 3。在上述随机游走中，其序列经过的节点数量是 5，随机游走序列数量为 3。因此，若图 3-2 完成随机游走过程，得到的随机游走序列总数是 30 条，且随机游走序列的长度均是 5。对于所有节点，有两种方法可以产生随机游走序列：①对全部节点实现一遍随机游走，然后重复该过程，即对全部节点先完成第一遍随机游走，再完成第二遍随机游走，直到完成其随机游走序列数量；②先在第一个节点上开始游走，直到完成设定的随机游走序列数量；然后在第二个节点上游走，直到完成其随机游走序列数量。依此类推，直到全部节点都完成此过程。

DeepWalk 等概率选择下一跳节点，对于当前节点而言，被选中的节点可能是当前节点的邻居节点，也可能为已游走过的上一跳节点。所以，本节研究的重点是如何在当前节点的邻居节点中等概率选择下一跳节点。通过分析 DeepWalk 代码，发现 DeepWalk 随机选择下一跳节点时，使用 random 包中的 choice 函数，该函数对于选择列表、元组及字符串等是随机的。如果没有设定每个项的被选概率，则 choice 函数认为每个项是等概率被选中的，并且所有被多次选中项的频次为均匀分布。choice 函数如果给出每个被选项的概率值，则会根据指定概率返回一个随机项。另外，在 random 源码中分析发现，choice 函数先生成一个随机的整数，即为 choice 函数中输入元素的下标值，然后通过下标返回的随机项是输入的列表或元组中的值。总之，DeepWalk 的主要思想是基于当前节点返回其邻居节点，并产生一个随机整数，其最大值为邻居节点数目，且由此随机数返回一个邻居节点，并将此节点作为下一跳节点。

在随机游走过程中，即便下一跳节点被选中是完全随机的，但度值大的节点被选中的概率仍然比度值小的节点大。本节将在后续的内容中做全面的实验以解释这一现象，并且实验结果表示节点被选中的概率与节点的度为正相关。

在复杂网络中，采用轮盘赌法生成的网络具有无标度网络的相关拓扑特性，如网络度分布服从幂律分布，大量节点的度较小，较少的节点却有较大度等。为了使下一跳节点的选择更合理，可以考虑在随机游走中将服从网络生长规律的相关算法引入或者在游走过程中仿照网络的生长规律。因此，本节尝试在随机游走策略中引入轮盘赌法，其主要以度值累积和为基础。为了与 DeepWalk 做对比，本节设定从当前节点游走到其所有邻居节点的概率都是相同的。假设当前节点有 4 个邻居节点，则轮盘赌法的流程如图 3-3 和图 3-4 所示。

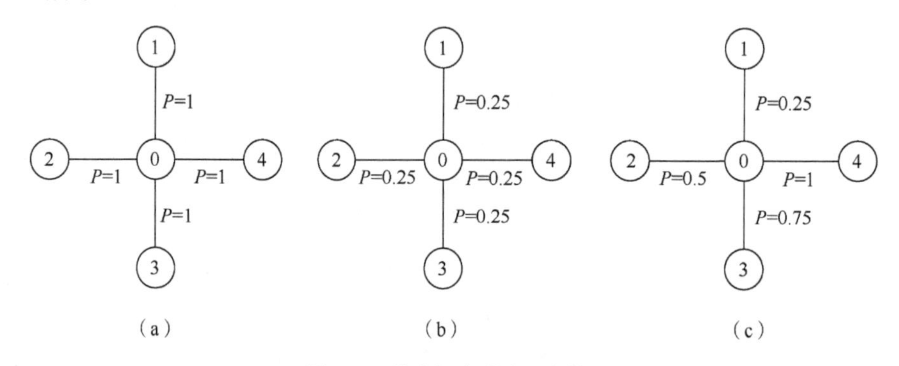

图 3-3　节点概率累积和图例

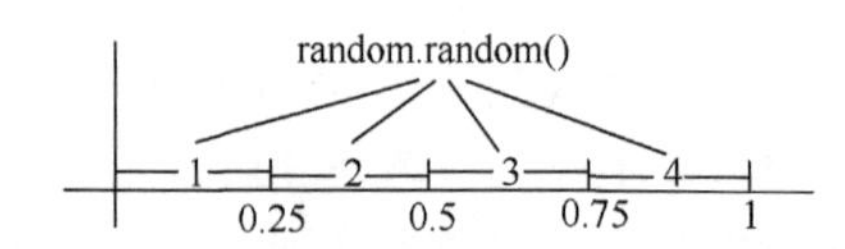

图 3-4　轮盘赌法选取游走节点图示

从图 3-3 中可以发现，节点 0 有 4 个邻居节点，分别为节点 1、节点 2、节点 3、节点 4。假设当前时刻随机游走粒子将节点 0 作为源节点，则此时存在 4 个下一跳节点。此时，DeepWalk 采用随机策略，将选取节点 0 的 4 个邻居节点中的其中一个节点作为下一跳节点。与 DeepWalk 不同，本节所提出的 EPDW 采用轮盘赌法的思想先赋予每个节点以等同概率。在图 3-3（a）中，由节点 0 开始，可以游走到其 4 个邻居节点中的任何一个节点，并将其概率均设置为 1。然后将节点的游走概率值按照其邻居节点的数量归一化为 0.25，如图 3-3（b）所示。在图 3-3（c）中，网络中的节点按照节点编号进行升序排列，随后得到节点的概率累积和，其主要工作思想如下：如果节点 1 的累积概率是 0.25，节点 2 的累积概率为节点 2 的概率与节点 1 的概率之和，则节点 2 的累积概率是 0.5。依此类推，节点 3 和节点 4 的累积概率分别为 0.75 和 1。最后，将网络中所有节点的累积概率转换成坐标，如图 3-4 所示。由轮盘赌法随机产生一个伪随机数，其范围为 0～1。此时，产生的随机数与图 3-4 的坐标值对照匹配，假设得到的随机数为 0.6，则将节点 3 作为下一跳节点。

上述过程即为采用轮盘赌法选择随机游走下一跳节点的关键流程。设定随机游走序列数量与随机游走序列长度两个参数的值，然后就可以对整个网络实现随机游走，从而获得网络上随机游走的句子形式。将得到的句子输入 Word2Vec，可以得到该句子的每个节点的网络表示向量。为了更加详细地阐述提出的 EPDW 主要流程，本节给出了如下的算法伪代码。

算法 3-1：EPDW

输入：图 G，随机游走序列长度 l，随机游走序列数量 n，表示向量长度 s

输出：节点的网络表示向量

```
G = read_edgelist(G)
// set the weight of each edge as 1
for edge in G.edges()
   G[edge[0]][edge[1]][ 'weight'] = 1
end for
walks = []
nodes = list(G.nodes())
for walk_iter in range(n)
   random.shuffle(nodes)
   for node in nodes
      walk = [node]
      while len(walk) < l
         cur = walk.getLastOne()
         cur_nbrs = sorted(G.neighbors(cur))
         if len(cur_nbrs) > 0
            unnormalized_probs = []
            snode = sorted(cur_nbrs)
            for dst_nbr in snode
               unnormalized_probs.append(G[cur][dst_nbr]
['weight'])
            end for
               norm_const = sum(unnormalized_probs)
               normalized_probs=normalize(unnormalized_probs)
               b=cumsum(normalized_probs)
               y=random(0,1)
               c=[where(b>y)]
               walk.append(snode[c[0]])
            end if
      end while
   end for
```

```
    end for
    walks.append(walk)
    network_embeddings = word2vec(walks, s)
```

如以上算法所示，EPDW 的关键步骤主要包括三步。①加载网络结构，计算网络中每个节点的直接邻居节点数，并将每条边的权重设置为 1。②首先根据当前节点的邻居节点数归一化设定随机游走概率；其次计算所有节点的概率累积和；最后使用轮盘赌法产生 0～1 的随机数，进而在累积和坐标中选出下一跳节点。循环以上步骤，直到网络中全部节点均实现随机游走过程。③利用 Word2Vec 训练所得的随机游走序列，获得每个节点的最终表示，即网络表示向量。

3.1.3　实验分析

1. 数据集

网络表示学习算法通常采用网络节点分类任务验证其性能，一般使用的数据集是社交网络或引文网络。因此，本节使用 Citeseer[①]、Cora[②]和 DBLP[③]（V4）这 3 个引文网络数据集，这 3 个引文网络数据集的拓扑指标如表 3-1 所示。

表 3-1　数据集拓扑指标

数据集	节点数	边数	类别	平均度	网络直径	平均路径长度	密度	平均聚集系数
Citeseer	3 312	4 732	6	2.857	28	9.036	0.001	0.257
Cora	2 708	5 429	7	4.01	19	6.31	0.001	0.293
DBLP	3 119	39 516	4	25.339	14	4.199	0.008	0.259

如表 3-1 所示，本节所采用的引文网络数据集——Citeseer、Cora 和 DBLP 的节点数基本相同，但是连边数量差异较大，Citeseer 数据集的边数为 4 732 条，Cora 数据集的边数为 5 429 条，DBLP 数据集的边数为 39 516 条。3 个引文网络数据集拥有的节点数基本相同，而在边数上相差较大，由此可知，网络的边数对其平均度及平均路径长度有重要影响，且边数增多导致平均度增大，而平均路径长度与边数成反比。另外，分析表 3-1 可以发现，Citeseer 数据集和 Cora 数据集较 DBLP 数据集表现出稀疏性，而 DBLP 数据集相对于 Citeseer 数据集和 Cora 数据集较稠密。

综上，本节选用的 3 个引文网络数据集是 3 个不同指标的引文网络数据集，这表明本节所使用的 3 个数据集能够充分验证网络表示学习算法的优劣性。本节对 DBLP 数据集进行了数据处理，删除了其孤立节点，使 3 个数据集中的节点数量均保持在 800 个左右。本书中对 DBLP 数据集均有此操作。

① https://linqs.soe.ucsc.edu/data.

② https://people.cs.umass.edu/mccallum/data.html 或 https://linqs.soe.ucsc.edu/data.

③ http://arnetminer.org/citation.

2. 对比算法

（1）DeepWalk[16]

DeepWalk 主要用于挖掘大规模网络结构特征和网络表示学习相关任务。该算法主要使用 CBOW 模型和 Skip-Gram 模型来训练节点与节点之间的上下文结构关系，并且提供了 NEG 和 HS 两个不同的优化方法来加速模型拟合。DeepWalk 将随机游走序列作为自然语言模型中的句子。

（2）LINE[184]

LINE 是一种基于邻域相似假设的算法，可将超大规模信息网络结构快速嵌入低维度向量空间。DeepWalk 虽然也适用于规模巨大的网络表示学习任务，但是在超大规模的网络表示学习中，其训练速度受到其随机游走策略的限制，耗时较多，所以 DeepWalk 不适宜训练超大规模的网络表示学习相关任务。LINE 是对 DeepWalk 算法中节点相似度的衡量方式的改进，仅考虑了节点与节点的一阶相似性或二阶相似性。因此，LINE 的训练速度优于 DeepWalk。

（3）HARP[185]（DeepWalk）

网络表示学习算法除从节点与节点的直接联系中挖掘结构特征外，还涉及从网络节点之间的高阶关系中挖掘结构特征。HARP 将网络中存在的固有模体进行收缩，收缩后的原始节点组被抽象为一个新的节点，从而实现节点之间高阶特征建模过程。收缩后的网络仍然使用 DeepWalk 建模节点之间的结构关系，简称为 HARP（DeepWalk）。

（4）DeepWalk+NEU[186]

NEU 是有别于 HARP 的一类高阶特征编码的网络表示学习算法。HARP 为一个高阶网络表示学习框架，其元算法是已有的任意低阶网络表示学习算法。但是，NEU 是一个矩阵转换器，其输入是各类低阶网络表示学习算法的输出。然后通过矩阵转换，将低维度的网络表示向量转换为高维度的网络表示向量。HARP 和 NEU 的相同之处是均基于其他算法完成高阶网络表示学习过程。DeepWalk+NEU 表示是使用 DeepWalk 训练节点的网络表示，然后使用 NEU 进行高阶转换。

（5）GraRep（K=3）[144]

GraRep 与 HARP 和 NEU 均不相同，GraRep 显式地构建了不同阶的网络特征矩阵，然后将不同阶的特征矩阵分解后进行拼接。在本节中设置阶数为 3，即获得节点的 1 阶、2 阶和 3 阶相似性。不同阶的特征矩阵通过邻接矩阵和对角矩阵的多次相乘实现。

（6）node2vec[99]

node2vec 与本节中提出的 EPDW 类似，其改进了 DeepWalk 的随机游走策略，即将无权无向图修改为局部的加权无向图。权重为随机游走粒子从当前节点游走到邻居节点的游走概率。其游走概率只有 3 类，即返回游走序列中的上一跳节点的游走概率、游走到与上一跳节点有边相连的节点（固定该概率为 1）的概率、游走到与上一跳节点无边相连的节点的概率。node2vec 从这 3 类游走概率中按照概率分布选择游走的下一跳节点。

3. 实验设置

针对本节中网络节点分类的实验，本节将所选用的对比算法，如 DeepWalk、DeepWalk+NEU、node2vec、HARP（DeepWalk）、LINE 的网络表示向量均设置为 100。另外，node2vec 和 DeepWalk 需要设定随机游走序列数量及随机游走序列长度。所以，在本节的网络节点分类和网络节点可视化展示实验中，随机游走序列数量设置为 10，每条随机游走序列长度设置为 40。此外，GraRep 的阶数 K=3，每一阶网络表示的向量长度为 100。DeepWalk、node2vec、HARP（DeepWalk）及 DeepWalk+NEU 这 4 个算法基于 CBOW 模型建模网络结构，并使用 NEG 进行优化，将 NEG 的阈值设置为 5。在文献[99]中，node2vec 将广度优先游走倾向参数设置为 0.5，将深度优先游走倾向参数设置为 0.25，在此参数下，node2vec 更加偏向于深度优先游走。为了衡量各 NRL 的性能，本节选用了不同比例的训练集，将训练集比例设置为 10%,20%,⋯,90%。对于 EPDW，将随机游走序列长度 l 分别设置为 40、60 和 80，并进行网络节点分类性能比较。本节中每组实验重复 10 次，并且将 10 次实验的平均值作为实验的最终结果。需要注意的是，本节和之后的章节均将平均准确率作为衡量网络节点的分类性能的指标。

4. 实验结果与分析

网络表示学习算法一般使用网络节点分类任务作为衡量性能的指标，因此，本节提出的 EPDW 使用 Citeseer、Cora、DBLP 这 3 个引文网络数据集进行了网络节点的分类任务，以此衡量 EPDW 的性能。这 3 个网络数据集所拥有的节点数基本相同，但边数相差较大，从而模拟了不同密度的网络结构。为了合理、公平地对比分析，比较各类算法并分析其性能，本节基于 CBOW 模型训练 DeepWalk、node2vec、HARP 等几个对比算法，并且为这几个算法均设置相同的随机游走序列长度及随机游走序列条数量。本节提出的 EPDW 主要是对 DeepWalk 的改进，因此本节对比算法没有采用与文本特征、标签、社区等特征联合建模的网络表示学习算法，而是选取一些与 DeepWalk 高度相关的算法。本节针对网络节点分类所进行的实验结果如表 3-2～表 3-4 所示。

表 3-2　Citeseer 数据集中的网络节点分类性能对比

算法名称	10%	20%	30%	40%	50%	60%	70%	80%	90%	平均
DeepWalk	0.476	0.502	0.519	0.523	0.537	0.532	0.538	0.539	0.546	0.524
LINE	0.412	0.446	0.479	0.492	0.522	0.535	0.539	0.533	0.539	0.500
HARP（DeepWalk）	0.489	0.503	0.508	0.507	0.513	0.513	0.503	0.518	0.530	0.509
DeepWalk+NEU	0.485	0.512	0.525	0.539	0.535	0.547	0.546	0.544	0.559	0.532
GraRep（K = 3）	0.451	0.510	0.534	0.542	0.549	0.558	0.555	0.552	0.542	0.533
node2vec	0.508	0.526	0.543	0.545	0.557	0.562	0.556	0.562	0.566	0.547
EPDW（l = 40）	0.519	0.538	0.552	0.558	0.569	0.571	0.575	0.579	0.583	0.560
EPDW（l = 60）	0.513	0.534	0.549	0.558	0.566	0.571	0.571	0.572	0.586	0.558
EPDW（l = 80）	0.505	0.536	0.546	0.551	0.557	0.562	0.563	0.572	0.573	0.552

表 3-3　Cora 数据集中的网络节点分类性能对比

算法名称	10%	20%	30%	40%	50%	60%	70%	80%	90%	平均
DeepWalk	0.676	0.721	0.745	0.751	0.767	0.767	0.774	0.781	0.777	0.751
LINE	0.643	0.684	0.701	0.713	0.733	0.758	0.756	0.777	0.795	0.729
HARP（DeepWalk）	0.656	0.685	0.708	0.710	0.709	0.708	0.712	0.728	0.729	0.705
DeepWalk+NEU	0.693	0.747	0.761	0.773	0.778	0.786	0.788	0.794	0.791	0.768
GraRep（$K=3$）	0.726	0.773	0.783	0.794	0.794	0.803	0.803	0.807	0.799	0.787
node2vec	0.693	0.732	0.741	0.756	0.761	0.766	0.765	0.775	0.774	0.751
EPDW（$l=40$）	0.725	0.759	0.768	0.776	0.780	0.787	0.789	0.792	0.797	0.775
EPDW（$l=60$）	0.724	0.754	0.765	0.775	0.774	0.780	0.780	0.781	0.788	0.769
EPDW（$l=80$）	0.719	0.749	0.761	0.767	0.771	0.773	0.780	0.784	0.783	0.765

表 3-4　DBLP 数据集中的网络节点分类性能对比

算法名称	10%	20%	30%	40%	50%	60%	70%	80%	90%	平均
DeepWalk	0.767	0.795	0.808	0.812	0.821	0.816	0.826	0.832	0.826	0.811
LINE	0.733	0.752	0.769	0.774	0.781	0.787	0.789	0.801	0.805	0.777
HARP（DeepWalk）	0.787	0.801	0.808	0.811	0.808	0.813	0.811	0.810	0.818	0.807
DeepWalk+NEU	0.809	0.816	0.821	0.838	0.839	0.838	0.839	0.845	0.840	0.832
GraRep（$K=3$）	0.816	0.831	0.843	0.841	0.840	0.844	0.852	0.855	0.851	0.841
node2vec	0.832	0.831	0.833	0.836	0.848	0.849	0.843	0.848	0.848	0.841
EPDW（$l=40$）	0.841	0.845	0.848	0.853	0.850	0.853	0.856	0.859	0.862	0.852
EPDW（$l=60$）	0.845	0.853	0.857	0.860	0.861	0.861	0.859	0.862	0.864	0.858
EPDW（$l=80$）	0.841	0.850	0.854	0.857	0.857	0.860	0.862	0.866	0.865	0.857

基于表 3-2～表 3-4 的数据，可以观察到如下内容。

1）在 Citeseer、Cora、DBLP 这 3 个引文网络数据集中，与其他基线模型相比较，EPDW 表现出较好的网络节点分类性能。与 DeepWalk 相比，EPDW 在 Citeseer、Cora、DBLP 这 3 个引文网络数据集中的性能最高提升率达到 6.8%、3.19%及 5.79%，最少提升了 5.34%、1.86%及 5.05%。该结果充分说明，EPDW 对于改进随机游走中的等概率选择下一跳节点是有效且合理的，也表明在网络表示学习中引入概率累积和的轮盘赌法，使选择随机游走过程中的下一跳节点更加有效。

2）EPDW 设置随机游走序列长度为 40、60、80。实验结果表明，在 Citeseer 和 Cora 等比较稀疏的网络中，网络节点分类的准确率较高的随机游走序列长度反而较小。当随机游走序列长度取值较大时，在网络节点分类任务中表现出了较差的准确率。Citeseer 网络和 Cora 网络的直径为 28 和 19，所以随机游走序列长度越长，其序列中就越有可能加入其他一些类别的节点。如果同一个类别内的所有节点均在一个随机游走序列中，那么网络节点分类会表现出最佳的准确率。对于 DBLP 数据集，虽然网络直径只有 14，但是其平均度为 25.339，虽然其随机游走序列长度达到 80，但是随机游走粒子仍然以较大概率在离中心节点较近的附近节点中进行采样，而以较小的概率游走到其他类别节点。因此，网络比较稀疏时，随机游走序列长度应该设置为较小的值，而在相对稠密的网络中，随机游走序列长度的值应该设置较大。另外，并没有发现最优的随机游走序列长度，只有通过反复实验才可能找到较适合且针对该类网络的最佳随机游走序列长度。

3）node2vec 通过返回上一跳节点的概率值、随机游走粒子游走到与上一跳节点之间有连边的节点，随机游走粒子游走到与上一跳节点之间没有连边节点的概率值这 3 类不同的随机游走概率值来选择游走粒子的下一跳节点。在后面两种概率中，每种概率下均至少会有一条可供选择的游走路径。通过设定以上第二种与第三种概率的不同值，可以实现随机游走粒子以广度或者深度优先方式游走。因此，node2vec 与 EPDW 的相同之处是均改进了 DeepWalk 的随机游走策略，但是本节提出的 EPDW 性能较 node2vec 更优。通过实验发现，主要原因在于寻找广度优先与深度优先游走中的平衡参数非常困难，不但需要大量仿真实验对这两个参数进行调整，而且针对不同特性的数据集需要设置不同的参数值。EPDW 采用等概率选取策略，正好可以有效避免这一问题。

4）LINE 可用于大规模信息网络表示学习任务，该算法主要思想是通过节点的一阶或二阶相似度来建模网络结构。因此，LINE 提升网络表示学习的速度是通过牺牲相应的精准度来实现的。高阶特征编码的网络表示学习算法通过不同的方式将网络节点之间的高阶关系编码到网络表示向量中。例如，HARP 通过持续缩放网络结构从而获得不同阶的节点关系；GraRep 显式地构建不同阶的网络特征矩阵，然后将不同阶的特征矩阵分解后进行拼接。NEU 是一个矩阵转换器，其输入是各类低阶网络表示学习算法的输出，然后通过矩阵转换，将低维度的网络表示形式转换为高维度的网络表示形式。这类高阶的网络表示学习算法的目标主要在于充分地挖掘大规模网络的结构特征信息，从而提升算法在网络表示学习任务中的性能。但本节实验结果显示的数据表明，EPDW 的网络节点分类性能明显优于这些高阶特征编码的网络表示学习算法，主要原因是这些高阶特征编码的网络表示学习算法难以准确刻画不同阶的特征权重，以及如何将不同阶的网络结构特征嵌入统一的网络表示向量空间。因此，简单的拼接和迭代不一定会使算法性能比改进随机游走策略的算法性能更优。

5. *游走序列分析*

EPDW 是对 DeepWalk 随机游走过程的改进。虽然是等概率选取当前节点的邻居节点，但 EPDW 采用了等概率随机选择方式，该选择方法不同于 DeepWalk。EPDW 算法将轮盘赌法引入其中，首先将游走粒子游走到其每个邻居节点的概率均设置为 1，根据其邻居节点的数量归一化概率值。基于归一化后的概率值，按照节点编号的升序依次计算节点的概率累积和，且随机生成一个 0～1 的数，并返回随机数落点处的概率累积和，然后根据得到的概率累积和选择其邻居节点。以上为本节采用的等概率节点选择方法的主要流程。虽然与 DeepWalk 同样采用等概率的方法选择节点，但 EPDW 在计算方式及算法性能上有较大不同。因此，随机游走采用这两种方法对于网络完成随机游走后得到的游走序列也不全相似。本节实验将每个节点在随机游走序列中的出现次数，即节点出现频次进行统计。之后，在 Citeseer、Cora、DBLP 这 3 个引文网络数据集中按照节点编号从小到大的次序将每个节点出现的频次进行可视化，具体结果如图 3-5 所示。

彩图 3-5

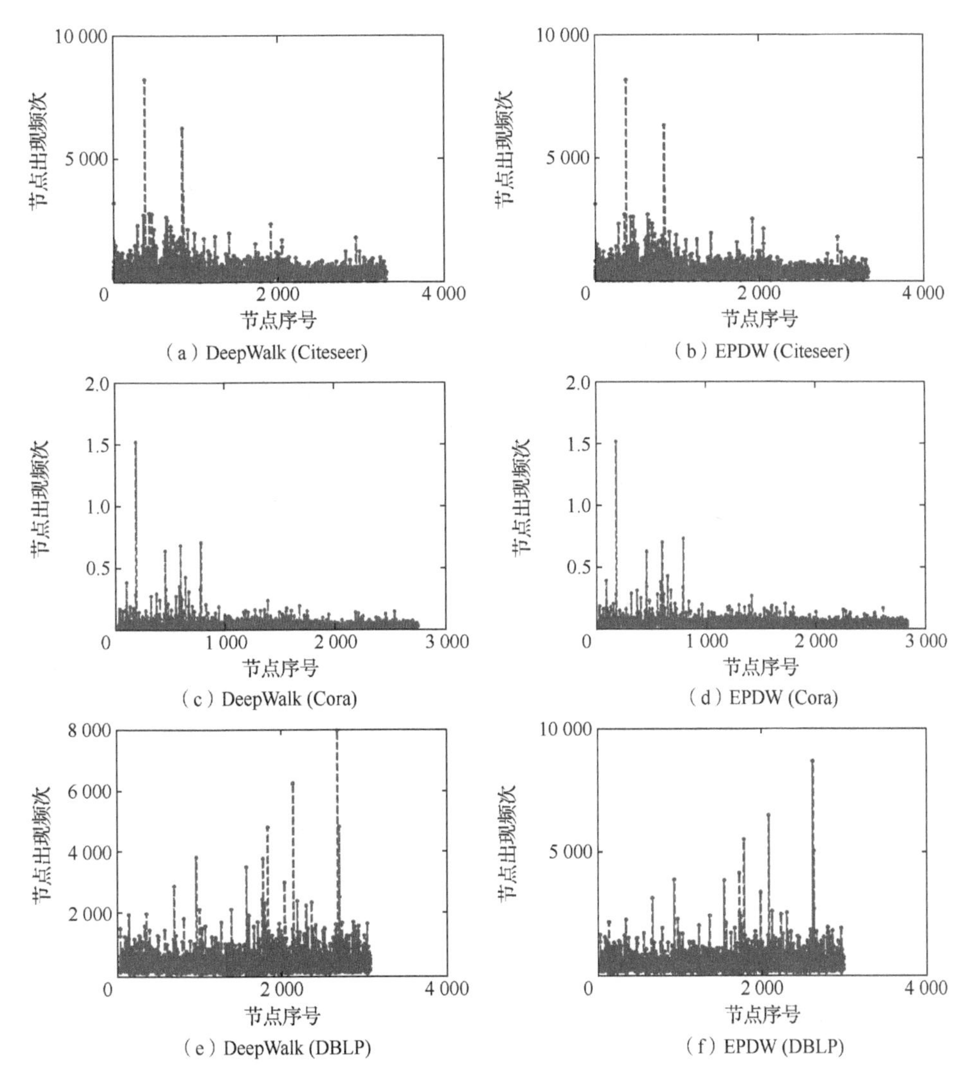

（a）DeepWalk (Citeseer)　（b）EPDW (Citeseer)

（c）DeepWalk (Cora)　（d）EPDW (Cora)

（e）DeepWalk (DBLP)　（f）EPDW (DBLP)

图 3-5　随机游走序列中节点出现频次统计

如图 3-5 所示，横坐标为从小到大排序的节点序号，纵坐标表示节点出现频次。由 DeepWalk 所产生的节点出现频次如图 3-5（a）、（c）和（e）所示，由 EPDW 所产生的节点出现频次如图 3-5（b）、（d）和（f）所示。通过横向对比发现，在 DeepWalk 和 EPDW 所产生的游走序列中，其所有节点在游走序列中的出现频次均呈现出某种分布特征。该结果表明，等概率条件下选择随机游走中的下一跳节点时，网络中的所有节点被选中的概率基本是近似的。但是，虽然节点被选中的概率近似，实际上被选中的频次之间又存在一定的差值。简单统计 3 个数据集中节点 1 到节点 5 的被选中频次，具体如表 3-5 所示。

表 3-5　随机游走序列中部分节点出现频次统计

节点 id	Citeseer		Cora		DBLP	
	DeepWalk	EPDW	DeepWalk	EPDW	DeepWalk	EPDW
1	254	285	113	105	1 277	1 233
2	195	171	374	374	1 513	1 488
3	159	154	255	274	620	544
4	125	142	113	120	191	185
5	626	616	193	207	283	256

在表 3-5 中，尽管 DeepWalk 与 EPDW 中节点的出现频次大致相同，但是实际出现的频次之间还是存在一定差值的。虽然表 3-5 列出的仅是节点 1 到节点 5 出现的频次，但是对于整个 Citeseer、Cora、DBLP 数据集的统计结果而言，两个数值之间均存在明显的差异。另外，表 3-5 的数据说明，虽然 EPDW 是基于 DeepWalk 进行改进的，但 DeepWalk 和 EPDW 在分类性能上存在差异。因此，本节所改进的选中下一跳节点的算法与 DeepWalk 中选中下一跳节点的算法有差异，即两者实际数据之间存在既相似又有差异的特性。

为了研究节点被选中的概率与节点度值的相关性，本节统计了 3 个引文网络数据集中的节点度值。将 Citeseer、Cora 和 DBLP 这 3 个引文网络数据集中节点度值按照节点 id 值从小到大进行展示，结果如图 3-6 所示。

彩图 3-6

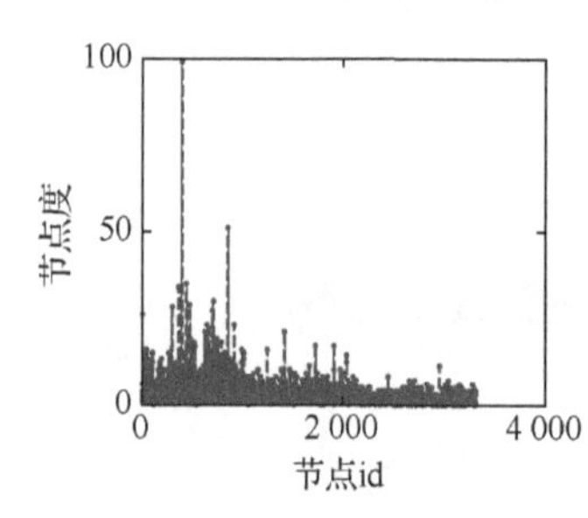

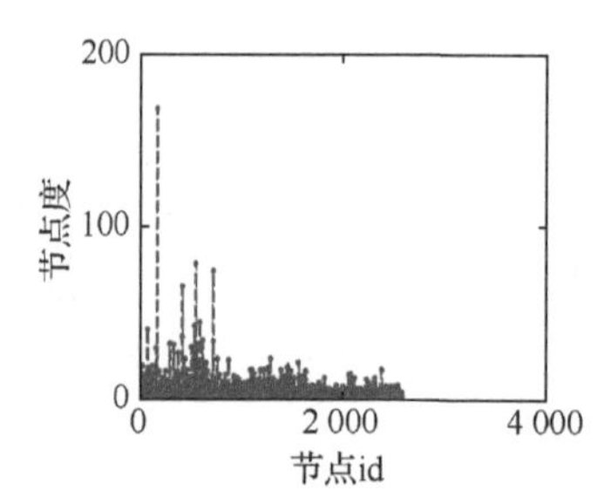

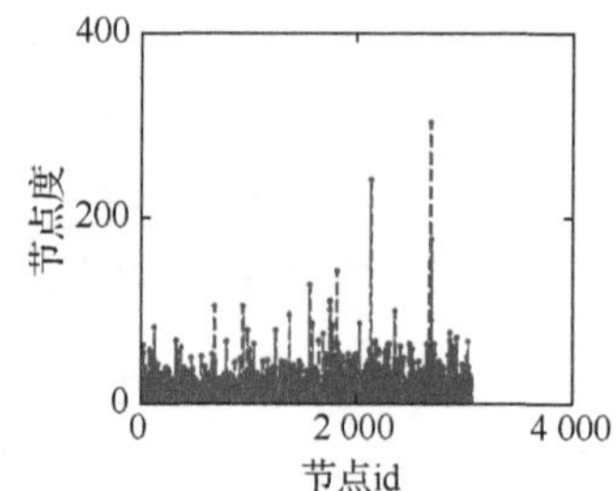

图 3-6　节点度可视化

在图 3-6 中，横坐标表示每个节点从小到大的 id 编号。通过对比图 3-5 和图 3-6 可以发现，网络中节点的度值分布与随机游走过程中节点被选中的频次之间表现出了相似分布。该现象表明，网络节点的度值越大，则该节点就越有可能被选为下一跳节点。同时也表明，节点度大的节点在等概率的随机游走策略中仍然具有一定的优势。

6. 参数分析

在 EPDW 中，需要给定随机游走序列长度值与网络表示向量大小两个参数的值。为了研究随机游走序列长度与网络表示向量这两个算法参数对网络表示学习算法性能的影响，本节将节点表示向量维度与随机游走序列长度设置为若干不同值。然后考虑不设定参数下的网络节点分类准确率，并将二者做对比分析。在随机游走参数影响和网络表示向量长度影响的分析实验中，设置随机游走序列长度为 40，设置网络表示向量长度为 100。在这两个实验中，将训练集和测试集比例均设置为 50%，其结果如图 3-7 所示。

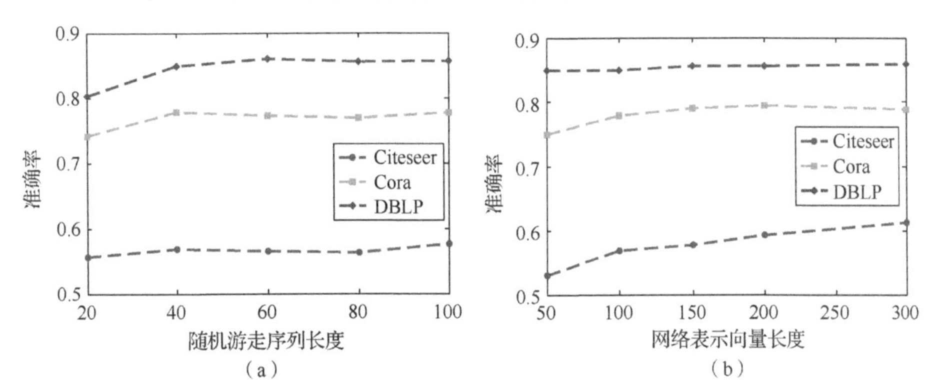

图 3-7　参数分析

从图 3-7 中可以发现，在 Citeseer、Cora、DBLP 这 3 个引文网络数据集中，当随机游走序列长度为 20 时，EPDW 算法的性能最差，但在随机游走序列长度为 40～100 时，其网络节点分类准确率变化逐渐趋于平缓。换言之，当随机游走序列长度为 40 时，在 Citeseer 数据集与 Cora 数据集中，本节提出的 EPDW 表现出较优的性能；而在随机游走序列长度为 60～80 时，EPDW 性能稍有下降；当随机游走序列长度设置为 100 时，EPDW 性能又表现出小幅度的上升趋势。EPDW 在 DBLP 数据集中保持略微上升的网络节点分类性能。该现象表明，在较为稀疏的网络中进行随机游走过程时，其随机游走序列长度不宜设置过长。但是，在相对稠密的网络中，其随机游走序列长度的变化对算法性能影响不大。因为在稀疏网络中，游走序列长度设置过长可能会将其他类别的一些节点引入其中。不过在较稠密的网络中，即便是随机游走序列长度较长，但是其节点整体平均度较大，导致随机游走序列中的节点较大概率是度大节点附近的邻居节点，而且这些邻居节点同属于一个类别的概率也较大。

彩图 3-7

在向量维度大小影响分析中，在 Citeseer、Cora、DBLP 这 3 个数据集中，EPDW 的网络节点分类性能随着网络表示向量长度值的逐渐增长而增长。网络节点分类性能增长率在 Citeseer 数据集中最大，在 Cora 数据集中居中，而在 DBLP 数据集中最为缓慢。该现象表明，越是稀疏的网络，其网络表示向量长度值对网络节点分类性能的影响越大；越是稠密的网络，其向量维度大小对网络节点分类性能的影响越小。

7. 可视化

网络表示学习可通过网络节点分类任务的方法验证其性能，也可以使用节点可视化的方式。在可视化分析任务中，可通过观察不同类别的节点之间边界的清晰度来评价其学习性能。对于网络的节点分类、聚类及可视化等任务而言，学习到的网络表示是否具有较强判别力显得尤为重要。因此，在该实验中，在 Citeseer、Cora、DBLP 这 3 个数据集中，本节将 DeepWalk 和 EPDW 生成的节点表示向量进行可视化分析。本节将不同类别的节点表示成不同颜色，以便于更加直观清晰地区分不同类的节点。另外，我们将在所有类别中随机抽取 4 个类别的节点，并做可视化实验，每个类别中随机选取 200 个节点。基于 *t*-SNE 算法[187]，将随机选取的 800 个节点的网络表示向量降维到二维平面上，具体结果如图 3-8 所示。

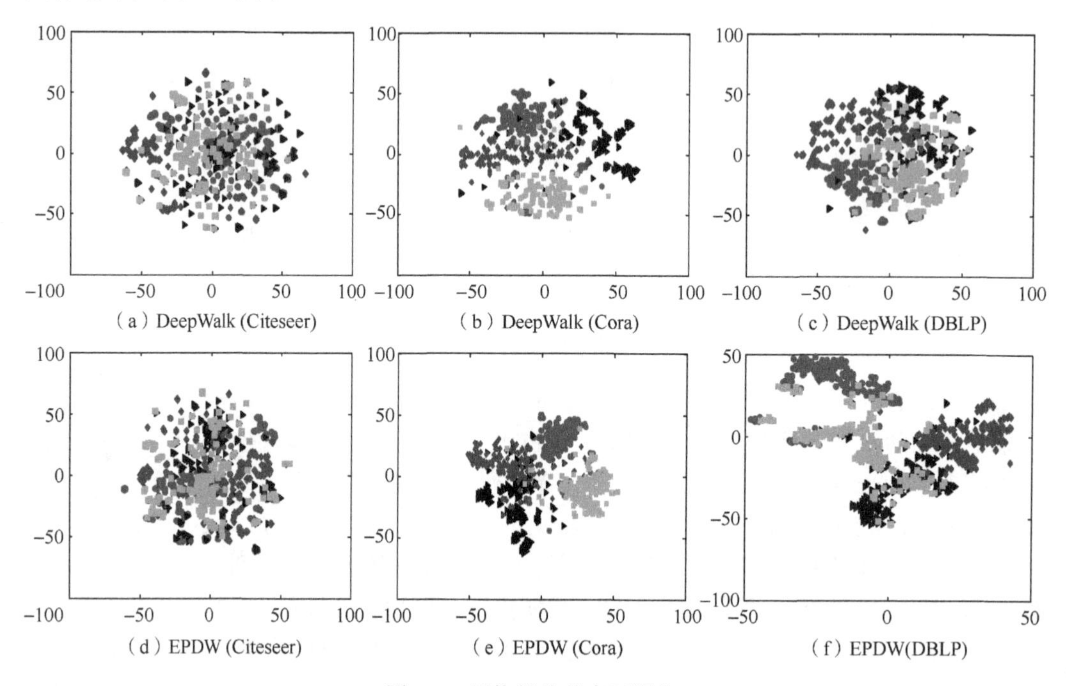

（a）DeepWalk (Citeseer)　（b）DeepWalk (Cora)　（c）DeepWalk (DBLP)

（d）EPDW (Citeseer)　（e）EPDW (Cora)　（f）EPDW(DBLP)

图 3-8　网络部分节点可视化

彩图 3-8

从图 3-8 分析发现，DeepWalk 在 Citeseer 数据集中的可视化效果不太理想，几个类别的节点分布较松散，不容易观察到不同类别节点之间的明显边界。在 Cora 数据集和 DBLP 数据集中的可视化任务中，4 个网络节点类别的节点之间展现出清晰可见的边界。同样，对于 EPDW 而言，其在 Citeseer 数据集中的网络节点可视化性能也较差。但是，相比 DeepWalk 在 Citeseer 数据集中的可视化性能，EPDW 的可视化结果中黑色、红色和蓝色节点分布比较集中，并且初步显示出明显的聚集现象。在 Cora 数据集中，EPDW 展现出明显的边界及更加优异的聚类能力，同类节点之间也表现出极强的凝聚能力，而且不同类别的节点之间，其边界相距较远。EPDW 在 DBLP 数据集中，表现出了与在 Cora 数据集中相似的现象。综上，由 EPDW 产生的网络表示向量具有较强的判别能力，从而能够在网络节点的可视化任务中获得更优异的性能。

3.2　改进随机游走策略和节点选择过程

3.2.1　问题描述

目前，关于网络结构的分析与挖掘的大部分研究是从统计学角度出发的，很少有研究从神经网络角度出发。实际中的网络结构信息稀疏，如果采用神经网络进行研究，则需要大量的网络结构特征信息，这导致神经网络结构很少被应用于网络结构特征的挖掘与分析。网络表示学习中最经典的算法为 DeepWalk，其提出了利用神经网络算法研究网络结构的技术。该算法通过学习网络节点间的关系特征，并将其转换为包含节点关系的低维度、稠密、实值的网络表示向量，进而学习得到的网络表示向量被应用到各类网络实际任务中。另外，该算法是一种基于局部网络结构信息的网络表示学习算法，所生成的局部网络结构特征表示向量仅能表示节点间的低阶关系，而不能表示节点间的高阶关系。除此之外，在网络表示研究领域还存在一些建模网络全局结构特征信息的算法。利用网络表示学习算法生成网络表示向量的过程，其实质是一个网络特征结构转换的过程，也可称为网络结构特征的预处理。通过预处理过程之后得到的网络结构表示向量可被用于各类机器学习模型中，如网络节点分类[8]、个性化推荐[10-11]、链路预测[9]、网络可视化[90]等任务。

DeepWalk 利用随机游走策略选取随机游走粒子的下一跳节点，通过连续的随机选择得到网络的随机游走序列。该过程所消耗的时间规模较小，但计算机每一次随机选择时生成的随机数其实质是伪随机数，进而导致该方法精度不高。node2vec[99]对 DeepWalk 获取节点序列的过程进行了改进，在随机游走过程中为当前中心节点的邻居节点设置了 3 类随机游走概率，分别是返回当前中心节点的上一跳节点的概率、随机游走到与当前中心节点的上一跳节点有连边节点的概率，以及游走到与当前中心节点的上一跳节点未有连边节点的概率，进而获得网络节点的随机游走序列，该算法实质是一个偏好随机游走。node2vec 对于具有同一类游走概率的节点，采用等概率随机游走策略；对于具有不同类游走概率的节点，采用偏好随机游走策略。node2vec 通过设置不同的概率进而控制随机游走粒子是偏向于深度随机游走还是偏向于广度随机游走。在性能方面，node2vec 在节点分类和链路预测任务上优于 DeepWalk。

本节所提出的基于偏好随机游走的网络表示学习算法（PDW）借鉴了 node2vec 的随机游走策略，即采用偏好随机游走策略优化 DeepWalk 中随机游走序列的采样过程。node2vec 为当前节点的邻居节点设置了 3 类随机游走概率，使学习网络结构的性能得到了一定程度的提升，但是当连续游走时，当前节点会不断发生变化，邻居节点也会发生变化，需要重新设置随机游走概率，即需重新计算返回上一跳节点的游走概率和与上一跳节点不相连节点的游走概率，并且也需要设置游走到与上一跳节点相连节点的游走概率为 1。在这种背景下，随着当前节点不断更新，需要不断计算这 3 类随机游走概率，并且当前中心节点有多个某类邻居节点时，将被赋予相同的游走概率，而在这些拥有相同随机游走概率的节点中，node2vec 退化为与 DeepWalk 相同的随机游走方式。基于此，本节考虑基于 DeepWalk 框架，为当前中心节点的每条边赋予一个游走概率，并且相同节点间的随机游走概率按照方向不同被赋予不同的随机游走概率。

具体来讲，本节中提出的 PDW 基于 DeepWalk 做了如下改进：

首先，将无向网络中的每一条无向边改为有向网络中的两条方向相反的有向边。

其次，在游走过程中，PDW 将节点的随机游走概率分为两类，即返回游走序列中上一跳节点的随机概率和游走到上一跳节点以外的节点的随机概率。其中，返回上一跳节点的行走概率称为临时游走概率，旨在抑制随机游走粒子返回上一跳节点。当游走到下一跳节点时，临时游走概率被重置为原始节点之间的游走概率。最重要的是，PDW通过设置衰减系数来降低已经游过节点的游走概率，即通过返回上一跳节点的抑制系数 p 和所走过路径的衰减系数 q 来控制节点的游走过程。当前网络节点之间存在两条单向有向边，因此同一对节点之间存在两种游走概率。此外，PDW 在完成当前节点的游走过程后，网络中所走过路径的衰减的游走概率会被重置为原始设置的游走概率，直到网络中所有节点的所有游走序列都采样完毕。

再次，引入 Alias 方法实现节点的非等概率抽样。

最后，在 3 个引文网络数据集中采用网络节点分类和可视化任务衡量算法性能。最终的实验表明，相比其他改进随机游走策略的网络表示学习算法，PDW 的性能较优。

3.2.2　模型框架

1. DeepWalk 介绍

Word2Vec 是一种基于语言模型的词表示学习算法，其词表示向量由神经网络中的一组参数表示，词表示的大小一般是固定的。该词表示学习模型通过中心词语与其上下文词语的不断重现，从而调整表示向量中的元素值。该算法为得到句子中所需要的<当前中心词语,上下文词语>对，设置了一类滑动窗口，该窗口在句子中连续滑动，通常将窗口大小设置为 5。该算法获取句子中的<当前中心词语,上下文词语>对作为语言模型的输入，之后可采用 CBOW 模型或 Skip-Gram 模型建模词语与上下文词语之间的结构关系。为了提升模型的训练速度和拟合速度，该算法提供了 NEG 和 HS 两类优化方法分别优化 CBOW 模型或 Skip-Gram 模型。

CBOW 模型利用上下文词语最大化当前中心词语的出现概率，Skip-Gram 模型利用当前中心词语最大化上下文词语的出现概率。这两种模型在训练之初为语言模型中的每个词语赋予一个随机初始化的表示向量，然后不断调整词表示，最后使在相同的上下文中出现的词语在向量空间中有较近的空间距离，未出现在同一个上下文中的词语在向量空间有较远的距离。另外，CBOW 模型的训练速度要比 Skip-Gram 模型快。但 CBOW 模型和 Skip-Gram 模型在不同的数据集中表现出不同的精度。在本节中，使用 CBOW 模型来建模结构特征。因此，在语言建模中 CBOW 模型的目标函数为

$$L(w)=\sum_{w\in C}\sum_{u\in\{w\}\bigcup w\in \mathrm{NEG}(w)}\log p(u\mid \mathrm{Context}(w)) \tag{3-5}$$

式中，

$$p(u\mid \mathrm{Context}(w))=[\sigma(\boldsymbol{x}_w^{\mathrm{T}}\boldsymbol{\theta}^u)]^{L^w(u)}\cdot[1-\sigma(\boldsymbol{x}_w^{\mathrm{T}}\boldsymbol{\theta}^u)]^{1-L^w(u)} \tag{3-6}$$

其中，$\mathrm{Context}(w)$ 表示当前词语 w 的上下文词语的集合；$\boldsymbol{x}_w$ 表示 $\mathrm{Context}(w)$ 各词向量的和；$\sigma(x)$ 指 Sigmoid 函数；$\boldsymbol{\theta}^u$ 表示当前词语 u 的待训练向量。另定义

$$L^w(u)=\begin{cases}1, u=w\\0, u\neq w\end{cases} \tag{3-7}$$

作为词 u 的采样标签，其中正样本的采样结果等于 1，负样本的采样结果等于 0。词语 w 的负采样 $\mathrm{NEG}(w)$ 可被看作一个带权采样问题。如果单词频率大，则被选为负样本的概率就大，如果单词频率很小，则被选为负样本的概率就较小。负采样主要是通过产生一个随机数选择语料中的词语，这个过程与轮盘赌法类似。例如，当前中心词语 w 及其上下文词语 $\mathrm{Context}(w)$ 可被当成一个正例，因为该正例真实存在于语料中。如果把负采样的大小设置为 5，则从语料中随机选择 5 个词语与词 w 构成并不存在的<当前中心词语，上下文词语>对，进而完成对词 w 的负采样过程。除此之外，在式（3-5）中，$\log p(u\,|\,\mathrm{Context}(w))$ 表示利用上下文词语 $\mathrm{Context}(w)$ 预测当前中心词语 u 出现的概率。Skip-Gram 模型利用当前中心词语 u 预测上下文词语 $\mathrm{Context}(w)$ 的出现概率，即为 $p(\mathrm{Context}(w)\,|\,u)$。计算 $\log p(u\,|\,\mathrm{Context}(w))$ 和 $\log p(\mathrm{Context}(w)\,|\,u)$ 为 Word2Vec 算法的重点。

DeepWalk 基于 Word2Vec，可对大规模网络进行表示学习。该算法起源于语言建模，打破了网络与语言模型之间的“鸿沟”。在大部分已经提出的基于机器学习的算法中，语言模型有自己的算法体系，网络模型也有自己的算法体系，两类模型间相对比较独立，相互借鉴很少。Perozzi 等[16]将语言模型中的经典词表示学习算法引入网络，进而提出了在网络上机器学习性能表现较好的 DeepWalk。该算法可应用于大规模网络中的各类机器学习任务，其时间复杂度和算法精度优于基于最优化、图谱、力导向和概率生成等传统的网络嵌入算法[89]。该算法把利用随机游走策略得到的节点序列当作语言模型中的一个句子。为了证明得到的节点序列可以是一个语言模型的句子，Perozzi 等以 YouTube 网络为例，在该网络中随机游走。然后，获得每个节点的随机游走序列，从而作为语言模型的语料，并统计出每个节点在整个语料库中的出现频次。结果表明，节点频次服从幂律分布。此外，Perozzi 等针对维基百科网页中的每个单词出现的频次进行统计，发现单词出现的频次也服从幂律分布。最重要的是，节点的幂律分布与单词的幂律分布大致相同。通过实验，Perozzi 等证实了网络中的随机游走序列可以被当作语言模型中的句子。DeepWalk 和 Word2Vec 的底层框架相同，只是 DeepWalk 在 Word2Vec 中增加了一个随机游走节点序列获取过程。所以 DeepWalk 和 Word2Vec 具有相同的目标函数，即基于负采样优化的 CBOW 模型实现的 DeepWalk，其目标函数为

$$L(v)=\sum_{v\in C}\sum_{\xi\in\{v\}\cup v\in\mathrm{NEG}(v)}\log p(\xi\,|\,\mathrm{Context}(v)) \tag{3-8}$$

式中，

$$p(\xi\,|\,\mathrm{Context}(v))=[\sigma(\boldsymbol{x}_v^{\mathrm{T}}\boldsymbol{\theta}^{\xi})]^{L^v(\xi)}\cdot[1-\sigma(\boldsymbol{x}_v^{\mathrm{T}}\boldsymbol{\theta}^{\xi})]^{1-L^v(\xi)} \tag{3-9}$$

其中，v 为网络中的节点；$\mathrm{Context}(v)$ 为游走序列上当前中心节点 v 的上下文节点；其余参数表达含义与式（3-5）和式（3-6）相同。

2. 偏好随机游走

DeepWalk 采用随机游走策略以获得网络节点随机游走序列，并将其输入 CBOW 模型或 Skip-gram 模型中建模上下文结构关系，进而得到网络特征表示向量。为了获取节点随机游走序列，DeepWalk 从当前中心节点的邻居节点中选取一个节点作为随机游走

例子的下一跳节点。图 3-9 所示为一个简单的无向图，为了解释节点随机游走过程，图 3-10 给出了一些随机游走过程示例。

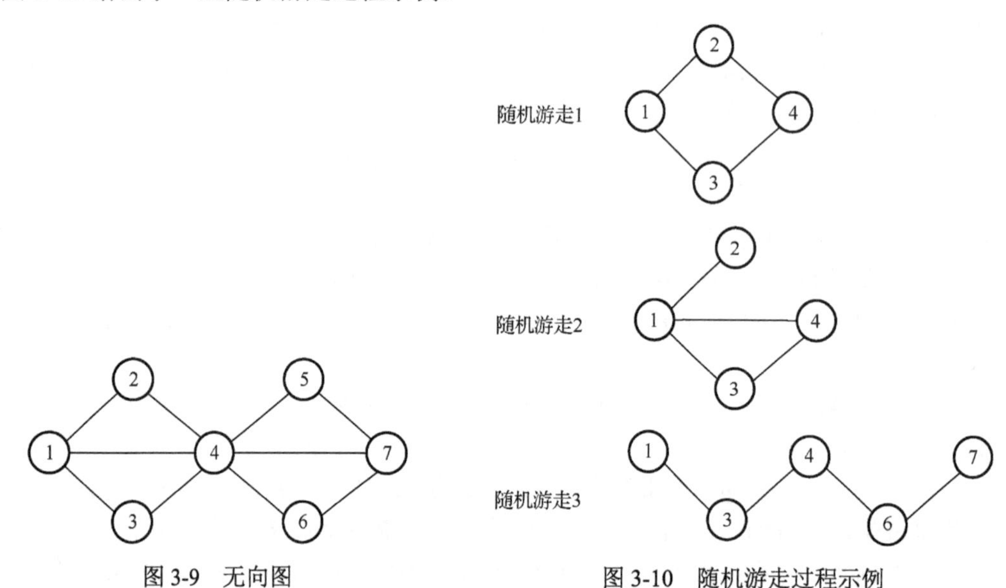

图 3-9　无向图　　　　图 3-10　随机游走过程示例

从图 3-9 可以得知，图中有 7 个节点和 8 条边。假设随机游走粒子目前在节点 1，随机游走序列长度为 5，则随机游走序列数量为 3。

如图 3-10 所示，节点 1 的 3 个随机游走序列为{1，3，4，2，1}、{1，4，3，1，2}、{1，3，4，6，7}。在随机游走时，随机游走粒子是可以返回当前中心节点的上一跳节点的，且到达相邻节点的概率是相等的。DeepWalk 采用 Python 内置的 choice 函数来随机选择概率相等的下一跳节点。

本节所提出的 PDW 是基于偏好随机游走策略的一种算法，并且偏好随机游走被定义为偏向于游走与当前节点有强相关性的节点。首先，给出一个基于图 3-9 的偏好随机游走示例；其次，将无向图转换为加权有向图，即将一条无向边转换为两条单向有向边，权值表示节点之间的关联度。本节使用 LRW[166]度量两个节点之间的相关性，图 3-11 所示为其具体结果。

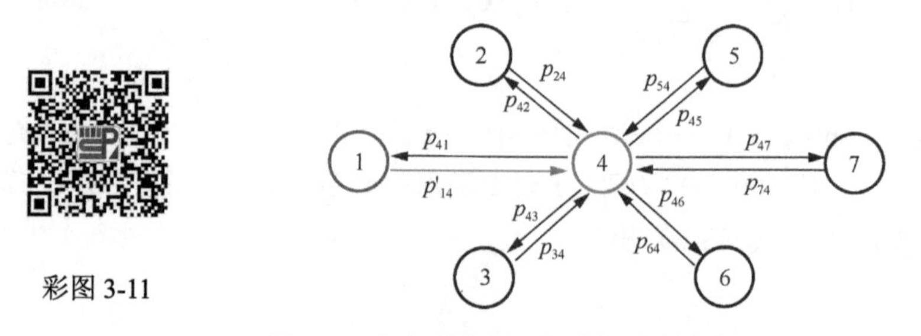

彩图 3-11

图 3-11　加权双向图上的随机游走过程（游走到节点 4）

如图 3-11 所示，当随机游走粒子从节点 1 移动到节点 4 时，PDW 会衰减其已经游走过的边的游走概率，这与日常生活中的情况非常吻合。例如，第二次去一个地方的概率小于第一次去一个地方的概率。然而，若这个地方非常受人欢迎，第二次应该更有可能再次去该地方而不是其他地方。基于该假设，为无向图初始化分配一个合理的权值非常重要，且每次衰减的比率也很重要。在图 3-11 中，当从节点 1 移动到节点 4 时，确定节点 4 是已经游走过的节点，因此需要衰减节点 1 到节点 4 的边概率，进而得到该条边的一个新游走概率，即 $p'_{14} = p_{14} - p_{14}q$ 。因此，网络中已经被游走过的边的概率（权重）衰减公式为

$$p'_{uv} = p_{uv} - p_{uv}q \tag{3-10}$$

式中，p_{uv} 表示原始的边随机游走概率；p'_{uv} 表示更新后的边随机游走概率；q 表示衰减系数。该衰减过程随着随机游走序列中节点的变化而不断地被初始化，即每当随机游走粒子从不同的节点开始随机游走时，需要在原始的随机游走概率（边权重）上进行衰减，而与之前节点相连接的邻居节点和衰减过的概率（边权重）则恢复到游走之前的概率。此外，游走概率仅仅是单向衰减。例如，节点 1 到节点 4 的游走会发生衰减，但是节点 4 到节点 1 的随机游走概率不会改变。可以形象地理解该过程为，当我们从一个地方 A 到另一个地方 B 时，下次我们走这条路的概率应该衰减。但是，我们从地方 B 回到地方 A 的概率应该保持不变，但这种情况仅限于我们从某个地方 C 返回某个地方 B，排除刚从 A 回到 B 的情形（需考虑抑制返回上一跳节点的情形）。因此，根据现实情况需要将无向网络变成一个双向有向网络。

图 3-11 所示为一个随机游走过程示例。随机游走粒子从节点 4 开始游走，这个过程与节点 1 到节点 4 的游走过程有所不同，因为从节点 4 开始的游走过程则要考虑返回到节点 1 的情况。例如，当我们到一个地方，选择下一个目的地时，应排除我们已经去过的地方，但实际上，我们仍有可能再次选择已经去过的地方，且概率很小。所以在节点游走过程中，为随机游走粒子返回上一跳节点定义一个较小的概率。图 3-12 更详细地解释了这一过程。

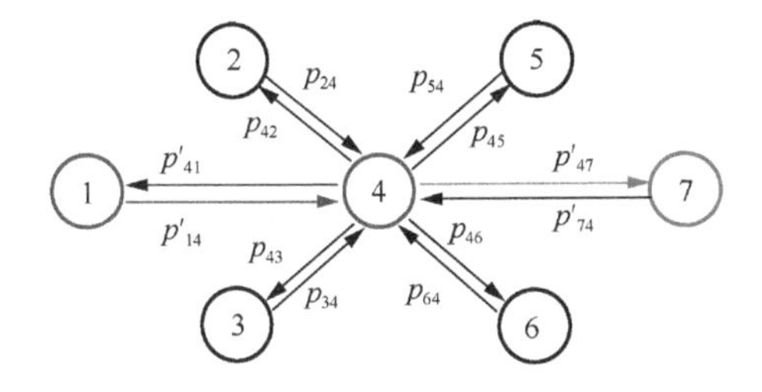

图 3-12 加权双向图上的随机游走过程（游走到节点 7）

彩图 3-12

从图 3-12 中可以看出，当随机游走粒子游走到节点 4 时，有 6 条路径可供选择作为下一跳节点的备选路径，其中存在一条随机游走路径可以返回上一跳节点 1。但是，正如前面提到的，在随机游走中，应该尽量避免返回随机游走序列中的上一跳节点。基于此，定义当前节点到随机游走序列上一跳节点的游走概率衰减 $1/p$ ，即 $p'_{41} = p_{41} - p_{41}(1/p)$。衰减是暂时衰减。在选择下一跳节点时只衰减到达上一跳节点的权重，当游走到下一跳节点时，之前衰减的概率又恢复到之前的游走概率，其本质是抑制随机游走粒子返回上一跳节点。例如，当随机游走粒子从节点 4 游走到节点 7 时，节点 4 对节点 7 的游走概率衰减为 $p'_{47} = p_{47} - p_{47}q$ 。除此之外，恢复节点 4 与节点 1 之间的游走概率，即 $p'_{41} = p_{41}$。所以把当前中心节点返回上一跳节点的临时游走概率定义为

$$p'_{xy} = p_{xy} - p_{xy}(1/p) \tag{3-11}$$

式中，p 表示返回上一跳节点的抑制系数；p_{xy} 表示初始的游走概率；p'_{xy} 表示衰减后的游走概率，它只作用于随机游走粒子在选择下一跳节点时返回序列中上一跳节点的概率。如果随机游走粒子已经游走到了下一跳节点，则取消该抑制，即 $p'_{xy} = p_{xy}$，最后利用式（3-10）对已经游走过的边进行游走概率衰减。

重要的是，上述过程的所有衰减过程都只对一个节点游走过程起作用。例如，当随机游走的次数等于 10 时，游走算法需要从这个节点开始游走 10 次。完成 10 次遍历后，对下一跳节点再次需要游走 10 次。当从不同节点开始游走时，将网络中任意两个节点之间的游走概率重置为初始值。LRW 与全局随机游走不同，它只考虑在有限步内的游走过程，所以比较适合大规模网络中的游走任务。在 LRW 游走中，一个网络中的随机游走粒子从节点 v_x 开始，将 $f_{xy}(t)$ 定义为 $t+1$ 时刻时，随机游走粒子正好游走到节点 v_y 的概率。因此，游走过程的系统演化方程式定义为[166]

$$\boldsymbol{f}_x(t+1) = \boldsymbol{P}^{\mathrm{T}} \boldsymbol{f}_x(t), t \geqslant 0 \tag{3-12}$$

式中，$\boldsymbol{P}$ 为马尔可夫转移概率矩阵，$P_{xy} = a_{xy} / k_x$。如果节点 v_x 和 v_y 有连边，则 $a_{xy} = 1$，否则 $a_{xy} = 0$。k_x 为节点 v_x 的度。$\boldsymbol{f}_x(0)$ 表示 $N \times 1$ 的列向量，其中第 x 个元素的元素值等于 1，其余元素的元素值等于 0。将初始网络资源分布定义为 $q_x = k_x / M$，M 表示网络总边数，则 t 步内两个节点 v_x 与 v_y 间的相似性为

$$s_{xy}(t) = q_x f_{xy}(t) + q_y f_{yx}(t) \tag{3-13}$$

式中，$s_{xy}(t)$ 用来度量在随机游走过程中从当前网络中心节点游走到其邻居节点的游走概率。通过节点之间的链路预测实验验证得到，当 $t = 15$ 时，节点之间的相似性优于其他值。本节介绍了如何生成节点间初始的偏好随机游走概率，在随机游走过程中如何根据随机游走概率进行概率衰减，以及当游走粒子返回上一跳节点时如何对返回上一跳节点的概率值进行临时衰减等（临时抑制）。针对如何根据当前节点与其邻居节点之间的游走概率选择下一跳节点的问题，以下将进行详细阐述。

3. 非等概率节点选择

非等概率节点选择是指随机游走粒子依据给定的随机游走概率从当前随机游走粒子的邻居节点中选取一个节点作为下一跳节点。首先，有下面几种方法容易观察到。

第一种选择算法是用随机数选取。例如，4 个事件的发生概率分别为 0.1、0.2、0.3、0.4，构建数组大小为 100，随机将数组中的 10 个元素定义为事件 1，20 个元素定义为事件 2，30 个元素定义为事件 3，剩下的元素定义为事件 4。构造数组之后，随机生成 1～100 的整数。随机整数在数组中的对应元素即为抽样的事件，该方法的算法复杂度为 $O(1)$，精确度较低。

第二种选择算法是轮盘赌法。例如，如果将 4 个事件的发生概率分布分别设置为 0.1、0.2、0.3、0.4，则 4 个事件的概率累积和分别是 0.1、0.3、0.6、1。接着随机生成一个 0～1 的小数，该数所对应的概率和区间即为所选事件。如果该选择算法采用二分查找，则该算法复杂度为 $O(\log n)$。这种选择算法的性能要比第一种好，但每次需计算累积概率，

导致效率不高。

第三种选择算法是 Alias 方法，该算法复杂度为 $O(1)$，性能较好。该方法先对上述4个事件发生的概率除以其均值 0.25，得到的概率分别是 2/5、4/5、6/5、8/5；然后分割概率值，使每列中的概率和为 1，具体结果如图 3-13 所示。

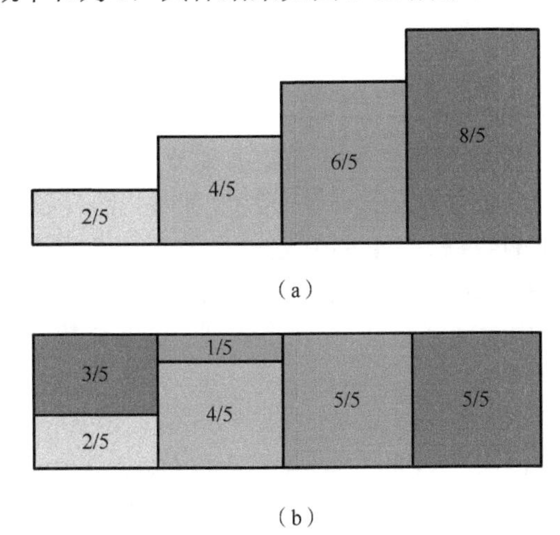

图 3-13 Alias 方法采样示例

如图 3-13 所示，首先将概率利用 Alias 方法转换成了如图 3-13（a）所示的结构。接着用图 3-13（a）构造一个图 3-13（b）所示的1×4的长方形，这个长方形的面积为 4。在构造图 3-13（b）的长方形时，Alias 方法限定每一列至多包含两个事件。这个长方形也称为 Alias 表。该表包含两个数组：一个为概率数组 prabs，数组中的每个元素即在第 i 列中所对应的事件 i 占总面积的百分比，如 $\text{prabs}=\{0.1,0.2,0.3,0.4\}$；另一个数组中的元素是第 i 列不是事件 i 而是其他事件的标号，可将该数组表示为 $\text{Alias}=\{4,3,\text{null},\text{null}\}$。Alias 方法随机生成两个数：第一个随机整数决定使用图 3-13（b）中的哪一列，第二个随机数为 0～1。第二个随机数如果小于 $\text{prabs}[i]$ 存放的值，那么对 prabs 的下标 i 进行采样；该随机数如果大于 $\text{prabs}[i]$，则对 $\text{Alias}[i]$ 进行采样。

基于上述过程对当前节点的下一跳节点进行随机游走采样后，PDW 可以构建上下文节点对。然后将其输入 DeepWalk 所提供的底层模型中，对节点关系进行建模。尽管 PDW 只对 DeepWalk 获得节点序列的过程做了改进，但是 PDW 采用了各种有效的方法来获得适当的下一跳节点，使随机游走序列能够更好地反映网络的结构特征和其他特征。

3.2.3 实验分析

1. 数据集

网络表示学习使用网络节点分类和可视化等机器学习任务来验证其建模网络结构的性能。本节通过对比 PDW 和对比算法在两个任务中的性能，验证 PDW 的有效可行性。网络表示学习使用引文网络数据集、网页链接数据集等网络数据集来验证算法的可行性。利用不同的数据集可以验证算法在不同网络中的稳定性。因此，PDW 基于引文网络数据集验证其有效性。表 3-6 所示为引文网络数据集指标。

表 3-6　数据集指标

数据集	节点数	边数	类别	平均度	网络直径	平均路径长度	密度	平均聚集系数
Citeseer	3 312	4 732	6	2.857	28	9.036	0.001	0.257
Cora	2 708	5 429	7	4.01	19	6.31	0.001	0.293
DBLP	3 119	39 516	4	25.339	14	4.199	0.008	0.259

从表 3-6 可以发现，本节使用的这 3 个数据集节点数较接近，但边数却各有不同。因此，3 个数据集的平均度数并不相同。从平均度和平均路径长度可以发现，相对而言，Citeseer 是一个较为稀疏的数据集，DBLP 是一个较为稠密的数据集，Cora 位于二者之间。因此，使用 3 个网络指标不同的数据集，可以充分验证 PDW 的稳定性和鲁棒性。另外，删除 DBLP 数据集中的部分节点，使每个类别中的节点数量大致保持在 800 个左右。

2. 对比算法

本节所使用的 DeepWalk、LINE、HARP、DeepWalk+NEU、GraRep、node2vec 等对比算法设置与 3.1 节中相同，具体见 3.1 节中实验分析相关内容。

3. 实验设置

首先将网络节点分类和可视化分析实验中的网络表示向量的长度设置为 100。除此之外，需要设置 DeepWalk 和 node2vec 随机游走数量和长度。因此，在网络节点分类、可视化任务中，训练模型中使用的随机游走次数设为 10，随机游走序列长度设置为 40。node2vec 将广度优先遍历参数设置为 0.5，深度优先遍历参数设置为 0.25。使用这参数的组合，发现 node2vec 更倾向于以深度优先遍历的方式获得节点。GraRep 构建了网络结构的 1 阶、2 阶和 3 阶特征矩阵，并将每一阶特征矩阵分解成 100 维向量进行拼接。

在 PDW 中，每走过一条路径都需要衰减其初始的随机游走概率。随机游走粒子在极端条件下是在两个节点间进行来回的随机游走。如果有向边初始权值是 1，经过 20 次游走后，最后一次的游走概率衰减为 0.05，即这条边的权值每游走一次其权值就衰减 0.05 倍。如果衰减速度过于快，则该条边就不太可能被选中再次被游走；如果衰减速度过于慢，很可能会再次选择这条边游走。因此，根据上述原理，当随机游走粒子每次通过一个加权有向边时，该边的游走概率就减少 0.05 倍。因为每次随机游走后得到的随机游走序列可能不同，所以每次随机游走而取得的网络节点分类结果也有可能不同。因此，每个实验重复 10 次，对准确率取平均后作为节点分类任务的最终结果。此外，本节的 PDW、DeepWalk、node2vec 和 HARP 均使用 CBOW 模型对节点之间的结构特征关系进行建模，并采用负采样算法优化训练速度，设置负采样大小为 5。

4. 实验结果与分析

本节验证了 PDW 和各种对比算法在 Citeseer 数据集、Cora 数据集和 DBLP 数据集中的网络节点分类性能。为了更详细地比较和分析算法在不同训练比例下的性能，本节提取 10%,20%,⋯,90%的数据分别作为训练集，测试集为与之对应的其他剩余数据。在

PDW 中，将 p 设置为游走序列返回上一跳节点的抑制系数，将 q 设置为每次游走之后边上权重的衰减系数，PDW 与其他算法在网络节点分类任务中的对比结果，如表 3-7～表 3-9 所示。

表 3-7　Citeseer 数据集中的网络节点分类性能对比

算法名称	10%	20%	30%	40%	50%	60%	70%	80%	90%	平均
DeepWalk	0.476	0.502	0.519	0.523	0.537	0.532	0.538	0.539	0.546	0.523
LINE	0.412	0.446	0.479	0.492	0.522	0.535	0.539	0.533	0.539	0.500
HARP（DeepWalk）	0.489	0.503	0.508	0.507	0.513	0.513	0.503	0.518	0.530	0.509
DeepWalk+NEU	0.485	0.512	0.525	0.539	0.535	0.547	0.546	0.544	0.559	0.532
GraRep（$K=3$）	0.451	0.510	0.534	0.542	0.549	0.558	0.555	0.552	0.542	0.532
node2vec	0.508	0.526	0.543	0.545	0.557	0.562	0.556	0.562	0.566	0.547
PDW（$p=5$，$q=0.05$）	0.532	0.552	0.557	0.563	0.573	0.579	0.580	0.580	0.577	0.566
PDW（$p=10$，$q=0.05$）	0.529	0.550	0.557	0.567	0.563	0.569	0.574	0.574	0.577	0.562
PDW（$p=20$，$q=0.1$）	0.537	0.548	0.554	0.559	0.561	0.570	0.567	0.579	0.572	0.561

表 3-8　Cora 数据集中的网络节点分类性能对比

算法名称	10%	20%	30%	40%	50%	60%	70%	80%	90%	平均
DeepWalk	0.676	0.721	0.745	0.751	0.767	0.767	0.774	0.781	0.777	0.751
LINE	0.643	0.684	0.701	0.713	0.733	0.758	0.756	0.777	0.795	0.729
HARP（DeepWalk）	0.656	0.685	0.708	0.710	0.709	0.708	0.712	0.728	0.729	0.705
DeepWalk+NEU	0.693	0.747	0.761	0.773	0.778	0.786	0.788	0.794	0.791	0.768
GraRep（$K=3$）	0.726	0.773	0.783	0.794	0.794	0.803	0.803	0.807	0.799	0.787
node2vec	0.693	0.732	0.741	0.756	0.761	0.766	0.765	0.775	0.774	0.751
PDW（$p=5$，$q=0.05$）	0.757	0.781	0.794	0.802	0.805	0.810	0.806	0.809	0.810	0.797
PDW（$p=10$，$q=0.05$）	0.760	0.788	0.795	0.800	0.803	0.804	0.818	0.816	0.816	0.800
PDW（$p=20$，$q=0.1$）	0.765	0.786	0.799	0.799	0.802	0.808	0.814	0.817	0.811	0.800

表 3-9　DBLP 数据集中的网络节点分类性能对比

算法名称	10%	20%	30%	40%	50%	60%	70%	80%	90%	平均
DeepWalk	0.767	0.795	0.808	0.812	0.821	0.816	0.826	0.832	0.826	0.812
LINE	0.733	0.752	0.769	0.774	0.781	0.787	0.789	0.801	0.805	0.777
HARP（DeepWalk）	0.787	0.801	0.808	0.811	0.808	0.813	0.811	0.810	0.818	0.807
DeepWalk+NEU	0.809	0.816	0.821	0.838	0.839	0.838	0.839	0.845	0.840	0.832
GraRep（$K=3$）	0.816	0.831	0.843	0.841	0.840	0.844	0.852	0.855	0.851	0.842
node2vec	0.832	0.831	0.833	0.836	0.848	0.849	0.843	0.848	0.848	0.841
PDW（$p=5$，$q=0.05$）	0.829	0.833	0.838	0.839	0.843	0.841	0.850	0.844	0.846	0.840
PDW（$p=10$，$q=0.05$）	0.826	0.833	0.838	0.842	0.842	0.845	0.844	0.853	0.853	0.842
PDW（$p=20$，$q=0.1$）	0.827	0.835	0.840	0.848	0.846	0.842	0.841	0.859	0.851	0.843

由表 3-7～表 3-9 的数据可以观察到如下内容。

1）PDW 基于 DeepWalk 改进了节点序列的获取过程。相较于 DeepWalk，PDW 运行在 Citeseer 数据集中时，节点分类的准确率最低提升了 6.26%，最高提升了 8.22%；PDW 运行在 Cora 数据集中时，节点分类的准确率最低提升了 6.12%，最高提升了 6.52%；PDW 运行在 DBLP 数据集中时，节点分类的准确率最低提升了 3.44%，最高提升了 3.81%。结果表明，PDW 是可行且有效的。

2）node2vec 同样基于 DeepWalk 改进了节点序列的获取过程。因此，该算法的改进思路与提出的 PDW 思想是一致的。从实验结果可以看出，与 node2vec 算法相比，PDW 算法在 Citeseer 数据集中的准确率最低提升了 2.56%，最高提升了 3.47%；在 Cora 数据集中的准确率最低提升了 6.13%，最高提升了 6.52%；在 DBLP 数据集中的准确率提升了 2.38%。实验结果表明，PDW 和 node2vec 虽然都改善了 DeepWalk 获取节点序列的过程，但改进后的算法性能有所不同。PDW 将多种随机游走方案融合在了一起，保留了大部分的网络节点局部结构，因此性能表现更优。

3）与 DeepWalk 相比，随着数据集数据越来越稠密，PDW 对网络节点分类准确率的提升越来越缓慢。和 node2vec 相比，PDW 算法在 Cora 数据集中对节点分类的性能提升最大，在 DBLP 数据集中性能基本相同。node2vec 在 Cora 数据集中的节点分类准确率较差。PDW 在 3 个数据集中均表现出了良好的节点分类准确率。

4）PDW 将随机游走粒子返回上一跳节点的抑制系数 p 设置为 5、10、20，衰减系数设置为 0.05、0.1。从实验结果可以看出，当参数组合不同时，PDW 的节点分类性能改变不大。参数影响分析将在下面的“5. 参数分析”中详细说明。同时还观察到，GraRep 和 NEU 这两种高阶网络表示学习算法可以提升网络节点分类的准确率。但是 HARP 的节点分类准确率没有 DeepWalk 的好。HARP 的性能波动与数据集有关，因为有的数据集适合采用收缩的方法获得高阶特征，有的不适合。

5. 参数分析

PDW 主要有 3 个参数，分别是抑制系数 p、衰减系数 q 和网络结构表示向量的长度 k，具体如下。

1）p：对当前中心节点返回上一跳节点产生抑制作用。p 的变化范围设置为[5,10,15,20,30,50]，q 为固定值 0.05，设置向量长度等于 100，随机游走序列长度等于 40。

2）q：对已经游走过的路径再次游走时，随机游走概率会以一个固定的比例衰减。q 的范围被设置为[0.01,0.03,0.05,0.07,0.1]。将 p 设置为 10，向量长度等于 100，随机游走序列长度等于 40，q 在不断发生变化。

3）k：网络结构表示向量的长度大小。k 的取值范围被设置为[50,100,150,200,300]，p 为固定值 10，q 等于 0.05，随机游走序列长度等于 40。

针对随机游走序列长度，其取值范围被设置为[40,60,80,100]，其他的设置和 p、q 的设置一致。图 3-14 为训练数据集的比率等于 50%时，网络节点分类准确率的变化折线图。

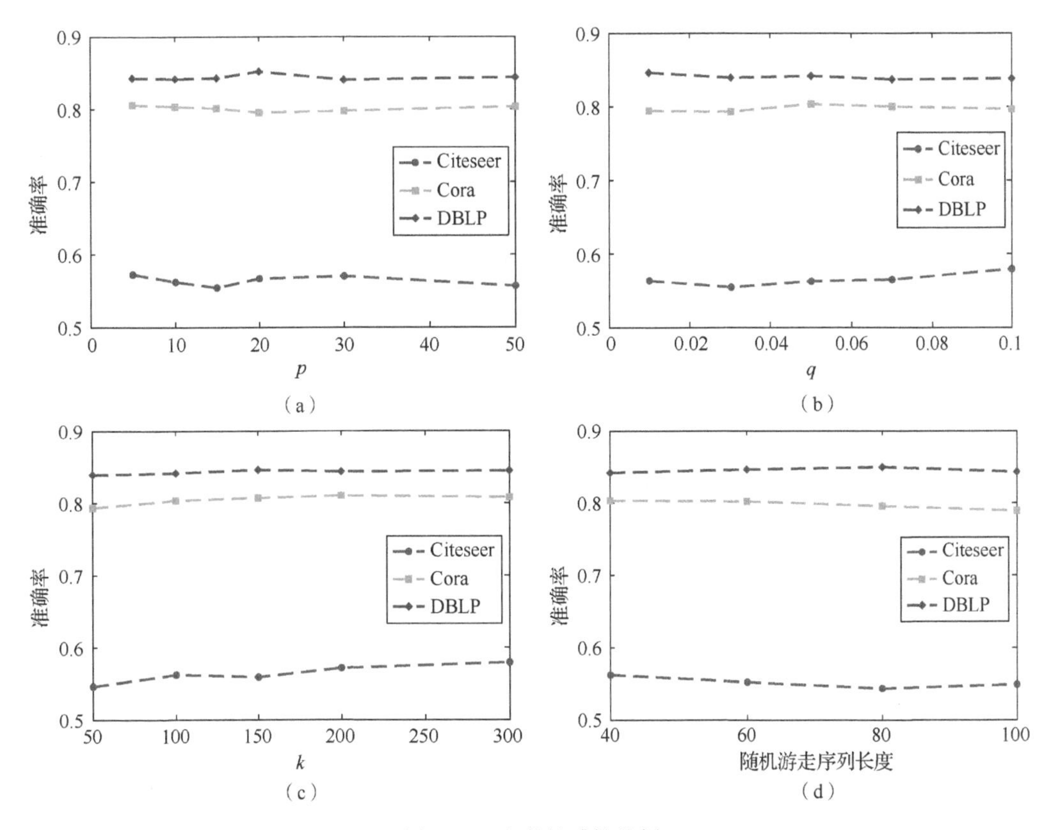

图 3-14　参数敏感性分析

从图 3-14 中可以看出，随着 p 的不断增加，Citeseer 上网络节点分类的准确率出现了较大的波动。当 p 等于 15 时，其性能是最差的；当 p 等于 5 或 20 时，其性能达到最优水平。但 p 在 Cora 数据集和 DBLP 数据集中的性能影响不大。k 和 q 在 Citeseer 数据集中显示逐渐增大，PDW 的性能表现为逐步增大。随机游走越长，PDW 性能越差。在 Cora 数据集和 DBLP 数据集中，PDW 在节点分类任务中几乎不受 k 、q 和随机游走序列长度逐渐增加的影响。实验表明，PDW 参数对稀疏网络数据集的性能影响较大，而 PDW 参数对稠密网络数据集的性能影响较小。另外，各种网络节点分类算法在稠密数据集中的性能差距不大。此外，在稠密数据集中，即使随机游走序列长度设置为较大，随机游走粒子也会在当前中心节点附近的节点上采样。因此，其他类型节点被采样的概率较低。如果在稀疏网络中的随机游走序列长度越长，则其他类别节点被采样的概率就越大。在网络表示学习中使用随机游走算法对同一类节点进行采样，有利于在相同类别的节点之间构造节点对。如果在相同的游走序列中采样不同类型的节点，则会影响网络节点的分类精度。

彩图 3-14

此外，因为 q 对后续遍历同样路径的游走概率进行了控制，所以 q 应小于 0.1。PDW 采用 LRW 策略对所有从源节点到目标节点的随机游走概率进行了评估。原始随机游走概率越大，目标节点和源节点之间的相关性越强。此时，如果 q 很大，经过游走概率衰减之后，则随机游动粒子下一次到这边的概率远远小于它到其他节点的概率，不符合偏好随机游走的初衷和思想。偏好随机游走的初衷是，节点间的 LRW 概率如果较大，则随机游走粒子应在这一条边游走几次，以达到与另一条边相同或小于另一条边的游走概率。

彩图 3-15

为了更形象地观察偏好随机游走采样的节点与节点度的关系，统计 PDW 中每个节点在随机游走序列中的频率，并统计 3 个数据集中各节点的度数。实验中，p 设置为 10，q 设置为 0.05，随机游走序列长度设置为 40，网络表示向量维度设置为 100。如图 3-15 所示，根据节点从小到大的编号，给出了不同数据集中节点出现的频次和度。

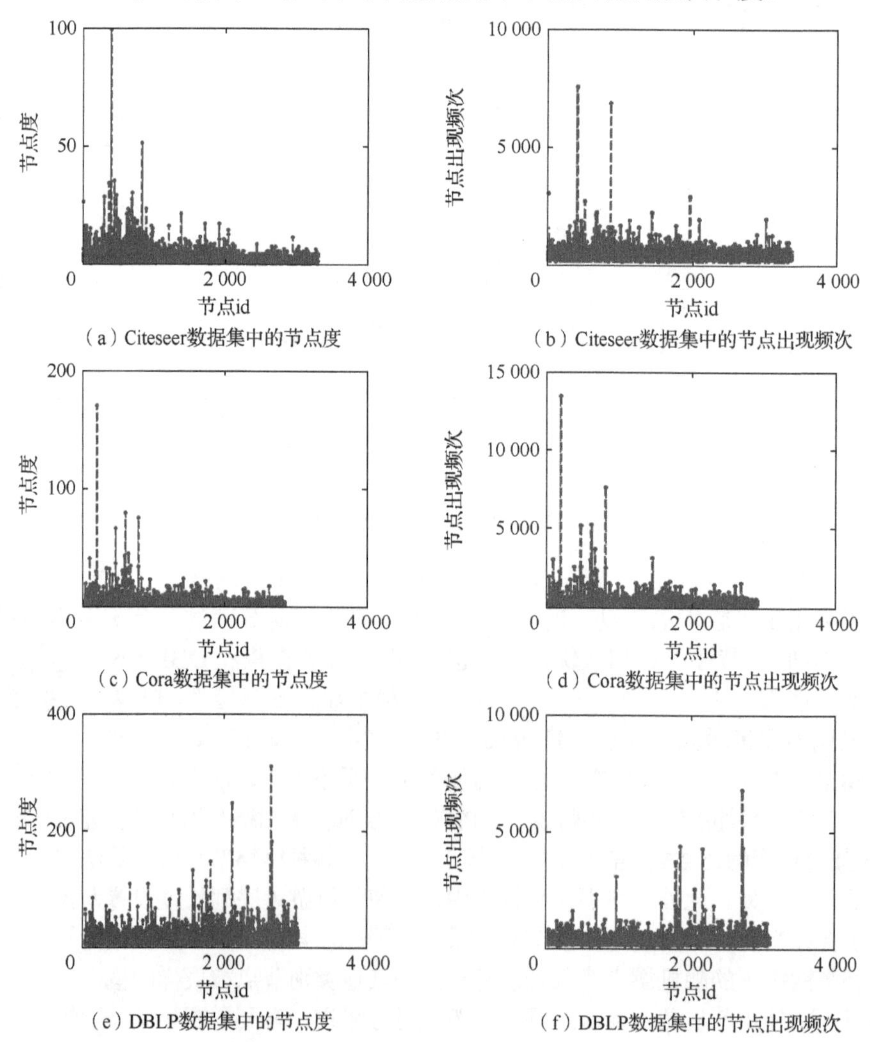

（a）Citeseer数据集中的节点度　（b）Citeseer数据集中的节点出现频次

（c）Cora数据集中的节点度　（d）Cora数据集中的节点出现频次

（e）DBLP数据集中的节点度　（f）DBLP数据集中的节点出现频次

图 3-15　节点度可视化

在图 3-15 中，图 3-15（a）、（c）和（e）是在 Citeseer、Cora 和 DBLP 这 3 个数据集中所有节点的节点度分布可视化。图 3-15（b）、（d）和（f）可视化了 Citeseer 数据集、Cora 数据集和 DBLP 数据集中随机游走序列中节点的出现频次。可以发现，节点度越大，选择该节点游走的概率越大。另外，Citeseer 数据集和 Cora 数据集的度分布与节点出现频次曲线走向趋势很相似，而在 DBLP 数据集中，曲线不是非常相似。这一现象发生的主要原因是 Citeseer 数据集是一个稀疏数据集，每个节点相互的度值差异比较明显，进而导致节点被采样的差异也较小，则被选中为随机游走中下一跳节点的差异就越小。节点度值较大的节点总是被以较大的概率被选中。对于相对稠密的 DBLP 数据集，网络中节点度相差越小，节点被采样的差异就越大，进而导致节点度曲线与节点出现频次曲线差异较大。从图 3-15（e）中可以看出，虽然部分节点的度较大，但大部分节点的度值非常相近。因此，虽然图 3-15（f）中部分节点被选中为下一跳节点的次数较多，但大部分节点的被选中次数非常接近。此外，在图 3-15（e）和（f）中，除部分节点有较高的峰值外，大部分节点坐标值在图中几乎处于同一水平线上。

6. 可视化

网络可视化是度量网络表示学习算法建模网络结构性能的重要方法之一。首先随机选择一些类别的一些节点，接着基于网络表示学习算法训练得到的节点表示，利用 t-SNE[187]将高维度网络表示向量降维为二维网络表示向量，使其在二维平面上可视化。在网络可视化任务中，网络表示学习算法的性能主要通过判断同类别节点是否有聚类现象和不同类别节点是否有明显的分类边界来衡量。因此，从 Citeseer 数据集、Cora 数据集和 DBLP 数据集中随机选取 4 个类别，使用不同的颜色来表示不同类别的节点，随机选取每个类别的 200 个节点做可视化实验，并且将 PDW 中的参数 p 和 q 分别设置为 10 和 0.05，另外，设置网络表示向量长度等于 100，随机游走序列长度设置为 40。图 3-16 所示为具体的可视化结果。

彩图 3-16

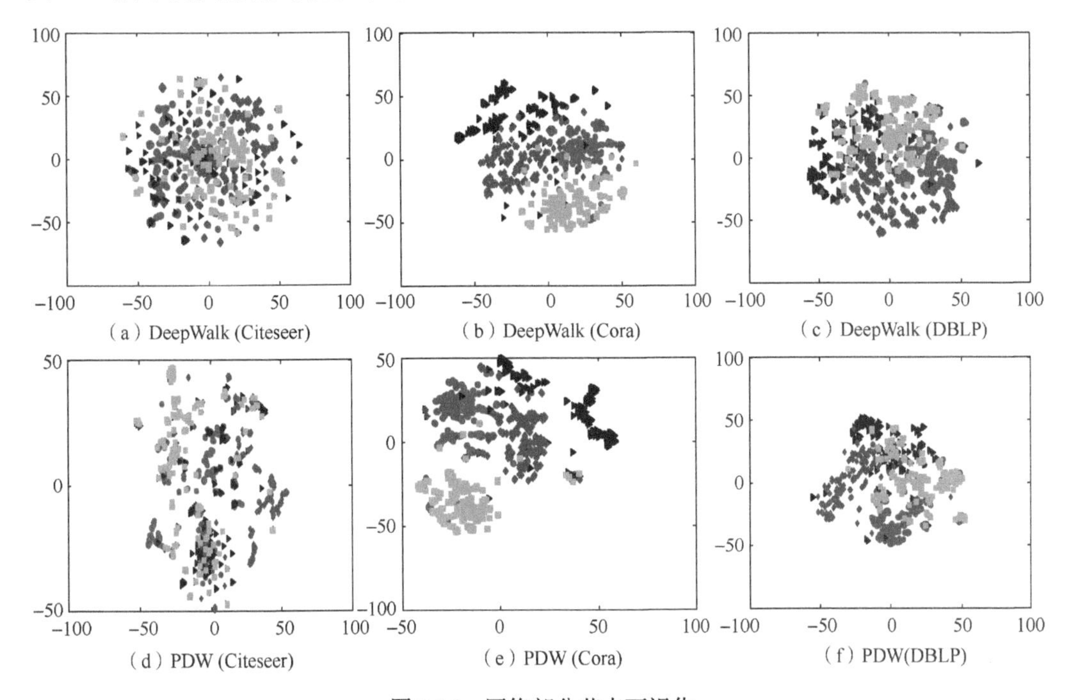

图 3-16　网络部分节点可视化

从图 3-16 中可以看出，DeepWalk 在 Citeseer 数据集中的网络可视化效果较差，同一类别内的节点布局较为混乱，不同类别的节点之间没有明显的边界分类。PDW 优化了 DeepWalk 中的随机游走方法，即使其中一类节点的分布是混沌的，其他 3 类节点之间的分类边界也明显比前者显著。在 Cora 数据集和 DBLP 数据集中，PDW 的可视化效果要优于 DeepWalk，同一类别的节点之间表现出很好的内部凝聚力，不同类别节点之间的边界较为清晰。结果证实，PDW 能够较好地将不同类型的节点划分到对应的向量表示空间中，并为网络节点分类、可视化等任务提供一种性能可靠的辅助分析工具。

第 4 章　二视图特征联合建模

4.1　文本特征关联的最大隔 DeepWalk

4.1.1　问题描述

表示学习的主要目的是解析数据变化中的潜在因素，并将表示对象之间的关系压缩到低维度的表示向量空间，而网络表示学习目的是为各种网络结构生成低维度、压缩和稠密的节点表示向量。网络表示学习已被应用于各种任务，如节点分类、推荐系统、链路预测等。

现有的网络表示方法有两种实现方式：一种是基于纯网络结构挖掘，另一种是基于网络结构与辅助信息的组合方法。辅助信息包括文本内容信息、节点的社区信息、节点的层次关系等。DeepWalk[16]是网络表示学习中最经典的方法，其首先在一个连续的向量空间中嵌入网络节点之间的关系，并将语言建模中的思想引入网络结构的无监督特征提取领域。将随机游走方法用于网络表示学习时[12-13]，DeepWalk 将网络上的随机游走序列视为语言建模中的单词序列。随后，研究学者提出了各类基于 DeepWalk 的变体算法，如 LINE[184]、GraRep[144]、SDNE[124]、node2vec[99]，这些算法均基于网络结构特征学习节点的表示向量，并且已经在多个实际网络中有效验证其性能。网络除了具有结构特征之外，还包含大量的节点文本特征、标签信息和社区信息等。如果对这些特征充分挖掘，则必然能够提升网络表示学习的性能，而且节点的文本特征可以被看作网络结构的补充信息，在某种程度上有助于节点的表示学习。

为了应对上述挑战，一些研究中的算法，如 PTE[188]、CENE[104]、CNRL[103]、TriDNR[98]利用文本特征、社区和标签训练网络表示学习模型。其中，TriDNR 使用两个同样的神经网络来建模基于节点的结构特征、节点与文本特征之间的关系、节点与标签之间的关系。因此，TriDNP 在大规模的网络表示学习任务中性能较差。因为，当节点与文本之间的特征数量非常大时会淹没节点与节点之间的特征，从而影响节点之间的关系建模，并且这 3 类特征之间的比例因子也难以权衡。CENE 采用神经网络方法同时建模节点间和节点与句子之间的关系，其中，CENE 将每个节点所含有的文本进一步分解为句子，然后应用 Wavg、RNN、BiRNN 等方法验证所提出算法的可行性和可靠性。

矩阵分解方法被应用于各种数据挖掘任务，如推荐系统、语言表示学习和降维等。传统的矩阵分解方法将目标矩阵分解为两个或三个矩阵的乘法形式，如主成分分析、奇异值分解、三角分解等。IMC[27]是一种被应用于数据挖掘的新颖高效方法。与 SVD 相同，IMC 的结果是生成几个矩阵的乘法形式。但是，主要区别在于 IMC 需要两个辅助矩阵来分解目标矩阵。实际上，IMC 是一类矩阵分解算法，分解过程中的两个辅助矩阵为分解目标矩阵提供有用信息。

基于 Skip-Gram 的 DeepWalk 性能已在各种网络表示任务中得到了广泛验证。在语言建模中，研究者已经发现带有负采样的 Skip-Gram（SGNS），其本质是隐式分解词上下文矩阵[19]。受 SGNS 模型的启发，DeepWalk 中的 SGNS 模型也被证明是分解网络结构特征矩阵 $\boldsymbol{M} \in \mathbf{R}^{|V| \times |V|}$，式中 $|V|$ 表示节点数，元素项 M_{ij} 表示节点 v_i 随机走到节点 v_j 的概率[21]。在基于网络表示学习中，SGNS 是基于矩阵分解的事实已经有一些出色的研究成果，如 TADW[26]和 MMDW[24]。

最大隔方法通常被用于某些分类任务，如基于支持向量机（support vector machines，SVM）[50]的文本分类等，也经常被用于主题模型。本节研究了如何将节点的文本特征和标签嵌入网络表示学习框架中，并为分类任务生成具有强区分能力的向量，具有重要意义。

基于以上分析，本节提出了文本特征关联的最大隔 DeepWalk，其从节点的文本内容、网络结构和节点标签中学习网络表示向量。由于加入了标签信息，最大隔 DeepWalk 成为一类具有强区分能力的网络表示学习方法，该方法简称为 TMDW。在 TMDW 中，首先删除节点文本中的停用词，用剩余的全部文本构建词典，然后建立文本特征矩阵 $\boldsymbol{N} \in \mathbf{R}^{|V| \times |c|}$，式中 $|c|$ 表示剩余单词数量，矩阵中每个元素表示节点中的文本是否含有词典中的词语，存在设置为 1，否则设置为 0。其后，使用 SVD 分解文本特征矩阵 $\boldsymbol{N} \in \mathbf{R}^{|V| \times |c|}$，获得处理后的文本特征矩阵 $\boldsymbol{T} \in \mathbf{R}^{|V| \times k}$，式中 k 表示文本特征的表示向量维度。随后，使用单位矩阵 $\boldsymbol{E}$ 和文本特征矩阵 $\boldsymbol{T}$ 辅助分解网络结构特征矩阵，分解算法使用 IMC。最后，引入偏置梯度和最大隔优化学习得到的表示向量。网络表示向量的偏置梯度代表训练表示向量应该朝哪个方向进行，该过程可以扩大两个类别向量之间的空间距离。综上，IMC 的集成和应用、偏置梯度的引入、最大隔的引入是 TMDW 的主要工作。

4.1.2 模型框架

DeepWalk 的思想源自 Word2Vec，DeepWalk 基于随机游走策略生成的节点序列建模网络结构，并基于 Skip-Gram 和 HS 优化神经网络模型[44]。与神经语言模型相比，随机游走方法相当于在零碎的词语之间构建语法关系。因此，在语言模型中，随机游走方法的每个序列都可以被看作一个句子。DeepWalk 是一类新颖的网络表示学习方法，虽然其网络节点分类性能超越了以往的传统方法，但是仍然有很大的改进空间。

幸运的是，Yang 和 Liu[21]证明 DeepWalk 实际上是分解矩阵 $\boldsymbol{M} \in \mathbf{R}^{|V| \times |V|}$，式中 M_{ij} 是节点 v_i 随机游走到节点 v_j 的概率值，关于该矩阵中的每个实体元素计算在前文中已有详细介绍，DeepWalk 的矩阵分解过程如图 4-1 所示。

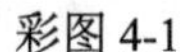

彩图 4-1

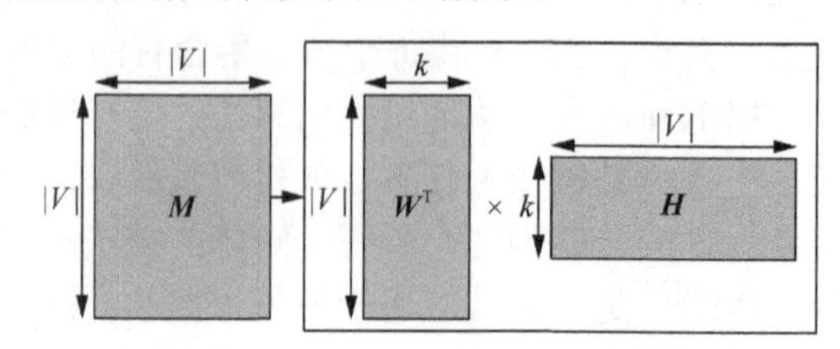

图 4-1 DeepWalk 的矩阵分解形式

如图 4-1 所示，$\boldsymbol{M} \in \mathbf{R}^{|V| \times |V|}$ 被分解为两个矩阵 $\boldsymbol{W} \in \mathbf{R}^{|V| \times k}$ 和 $\boldsymbol{H} \in \mathbf{R}^{k \times |V|}$ 的乘积，式中 $k \ll |V|$。值得注意的是，基于矩阵分解的 DeepWalk 是将分解后的矩阵 $\boldsymbol{W}$ 作为网络表示向量。

IMC 通过两个辅助特征矩阵分解目标矩阵。值得注意的是，IMC 最初是为了通过基因特征矩阵和疾病特征矩阵分解基因-疾病特征目标矩阵而提出的，IMC 的目标与本节研究目标大不相同，但是 IMC 的原理和方法仍可以被应用于本节研究。IMC 将两个已知的特征矩阵作为辅助参数，因此，大多研究通常将其用于基于两个辅助矩阵分解目标矩阵的任务中。本节将文本特征矩阵和单位矩阵作为辅助特征矩阵，从而分解网络的结构特征矩阵。

受 IMC 的启发，本节将节点的文本特征和网络结构特征引入网络表示学习中。如图 4-2 所示，TMDW 将矩阵 $\boldsymbol{M} \in \mathbf{R}^{|V| \times |V|}$ 分解为 4 个矩阵 $\boldsymbol{E} \in \mathbf{R}^{|V| \times |V|}$、$\boldsymbol{W} \in \mathbf{R}^{|V| \times k}$、$\boldsymbol{H} \in \mathbf{R}^{k \times k}$、$\boldsymbol{T} \in \mathbf{R}^{k \times |V|}$ 的乘积形式，其中 $\boldsymbol{T} \in \mathbf{R}^{k \times |V|}$ 是文本特征矩阵，$\boldsymbol{W} \in \mathbf{R}^{|V| \times k}$ 和 $\boldsymbol{H} \in \mathbf{R}^{k \times k}$ 是算法的学习目标矩阵，$\boldsymbol{E} \in \mathbf{R}^{|V| \times |V|}$ 是一个 $|V|$ 行和 $|V|$ 列的单位矩阵。通常，可以将单位矩阵替换为包含网络某方面特性的矩阵。例如，可以将单位矩阵替换为社区特征矩阵，使学习得到的网络表示向量共享社区属性，因此，社区检测算法的性能影响网络表示学习的性能。

彩图 4-2

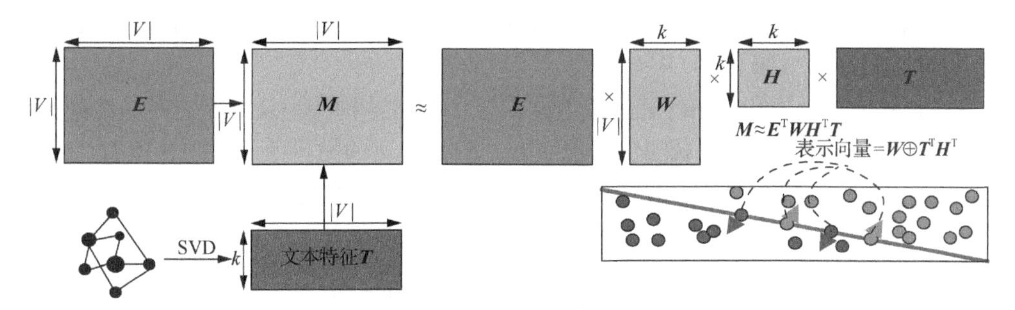

图 4-2　TMDW 算法框架

表示学习的一种简单方法是独立训练文本特征和网络结构，然后将文本表示与网络表示连接起来，如 $r = r_{\text{text}} \oplus r_{\text{node}}$。式中，$\oplus$ 表示将两种表示向量拼接在一起，该过程导致了节点和文本标题之间的关系丢失。与使用 $\boldsymbol{W}$ 作为表示网络表示向量相比，TMDW 考虑了网络的更多信息。TMDW 是将节点的文本特征、节点的标签和节点间的关系均嵌入网络表示向量中，而不是仅建模节点之间的结构信息。因此，本节使用 $\boldsymbol{W}$ 和 $\boldsymbol{HT}$ 的组合形式来定义网络表示向量，如 $\boldsymbol{W} \oplus \boldsymbol{T}^{\mathrm{T}} \boldsymbol{H}^{\mathrm{T}}$。TMDW 的目标是将文本内容嵌入网络表示向量中，并生成具有区分性的表示向量。为了提升分类任务中的性能，TMDW 引入了最大隔算法优化网络节点的表示向量。TMDW 基于节点的表示向量 $\boldsymbol{W} \oplus \boldsymbol{T}^{\mathrm{T}} \boldsymbol{H}^{\mathrm{T}}$，训练一个 SVM 分类器，然后使用最大隔算法扩大不同类别节点之间的表示向量边界距离，从而对学习得到网络表示向量进行深度优化。因此，TMDW 对于网络表示学习任务更具区分性和可行性。

网络表示学习的定义如下，假设存在一个网络 $G=(V,E)$，其中 V 表示节点的集合，E 表示边的集合。TMDW 的目标是学习网络表示向量 $\boldsymbol{r}_v \in \mathbf{R}^k$，式中 k 表示网络表示的维度大小，并且期望比 $|V|$ 小得多，$v \in \{1,\cdots,m\}$ 表示网络节点的标签。值得注意的是，$\boldsymbol{r}_v \in \mathbf{R}^k$ 不是面向特定任务的，其可以被应用于多种任务。

矩阵分解主要讨论如何将矩阵划分为多个矩阵的乘积形式。非负矩阵分解（non-negative matrix factorization，NMF）的计算模型与传统的主成分分析、独立成分分析和奇异值分解等目标相同。基于 NMF 的优势和特点，Yu 等[189]提出了一种带有约束项的矩阵分解方法，其目标函数为

$$\min_{\boldsymbol{W},\boldsymbol{H}} \sum_{(i,j)\in\Omega} [M_{ij} - (\boldsymbol{W}^{\mathrm{T}}\boldsymbol{H})_{ij}]^2 + \frac{\lambda}{2}\left(\|\boldsymbol{W}\|_F^2 + \|\boldsymbol{H}\|_F^2\right) \tag{4-1}$$

式中，$\|\cdot\|$ 表示 Frobenius 范数；λ 为平衡因子。本节可以采用 Natarajan 和 Dhillon[27]提出的 IMC 方法嵌入节点的文本特征。受上述 NMF 损失函数的影响，IMC 将两个辅助特征矩阵引入下面的损失函数中，并添加了正则项（约束项），具体如下：

$$\min_{\boldsymbol{W},\boldsymbol{H}} \sum_{(i,j)\in\Omega} [M_{ij} - (\boldsymbol{U}^{\mathrm{T}}\boldsymbol{W}^{\mathrm{T}}\boldsymbol{H}\boldsymbol{V})_{ij}]^2 + \frac{\lambda}{2}\left(\|\boldsymbol{W}\|_F^2 + \|\boldsymbol{H}\|_F^2\right) \tag{4-2}$$

式中，Ω 表示样本集；$\boldsymbol{U} \in \mathbf{R}^{p\times d}$、$\boldsymbol{V} \in \mathbf{R}^{q\times n}$ 分别为两个辅助特征矩阵。

对于本节的研究而言，TMDW 的目标是将文本特征嵌入矩阵分解过程。巧合的是，IMC 算法被提出通过基因特征矩阵和疾病特征矩阵分解基因-疾病特征矩阵。因此，IMC 的思想可以用于本节研究。

DeepWalk 可以采用 Skip-Gram 模型建模各种网络结构特征及节点之间的结构关系，它通过使用随机游走策略捕获随机游走序列。对于给定的随机游走序列 S 中的节点 v_i，基于 Skip-Gram 模型实现的 DeepWalk 的学习目标旨在最大化上下文节点出现的概率，如下所示：

$$L(S) = \frac{1}{|S|}\sum_{i=1}^{|S|}\sum_{-t\leqslant j\leqslant t, j\neq 0} \log \Pr(v_{j+i} \mid v_i) \tag{4-3}$$

式中，t 表示上下文窗口的大小。$p(v_j \mid v_i)$ 由 Softmax 函数定义为

$$p(v_j \mid v_i) = \frac{\exp(\boldsymbol{c}_{v_j}^{\mathrm{T}}\boldsymbol{r}_{v_i})}{\sum_{v\in V}\exp(\boldsymbol{c}_v^{\mathrm{T}}\boldsymbol{r}_{v_i})} \tag{4-4}$$

式中，$\boldsymbol{r}_{v_i}$ 和 $\boldsymbol{c}_{v_j}$ 分别表示当前节点 v_i 及其上下文节点 v_j 的表示向量；$\boldsymbol{c}_v$ 为上下文节点表示向量之和。

随后，Yang 和 Liu[21]证明了 DeepWalk（SGNS）的本质是分解网络的结构特征矩阵，该特征矩阵可以通过以下公式计算：

$$M_{ij} = \log \frac{[\boldsymbol{e}_i(\boldsymbol{A}+\boldsymbol{A}^2+\cdots+\boldsymbol{A}^t)]_j}{t} \tag{4-5}$$

式中，$\boldsymbol{A}$ 表示节点之间的转移概率矩阵；$\boldsymbol{e}_i$ 表示指示向量；分解矩阵 $\boldsymbol{M}$ 的时间复杂度为 $O(|V|^3)$。DeepWalk 采用随机游走策略来避免直接构建并分解矩阵 $\boldsymbol{M}$。对于式（4-5）

的构建，Yang 和 Liu[21]提出了一种简化的构建方法，在速度和精度之间找到一个阈值，如下所示：

$$\boldsymbol{M}=\frac{\boldsymbol{A}+\boldsymbol{A}^2}{2} \tag{4-6}$$

考虑到效率，对矩阵 $\boldsymbol{M}$ 进行因式分解，而不是对式（4-5）中的矩阵 $\boldsymbol{M}$ 进行因式分解，因为式（4-5）中矩阵 $\boldsymbol{M}$ 的时间复杂度很高，式（4-6）中矩阵 $\boldsymbol{M}$ 的时间复杂度为 $O(|V|^2)$，另一个原因是式（4-5）中矩阵 $\boldsymbol{M}$ 的非零项比式（4-6）中矩阵 $\boldsymbol{M}$ 多很多。

基于 SGNS 实现的 DeepWalk 等效于分解网络结构特征矩阵 $\boldsymbol{M}$ 可以发现，DeepWalk 的本质是寻找 $\boldsymbol{W}\in\mathbf{R}^{r\times d}$ 和 $\boldsymbol{H}\in\mathbf{R}^{r\times n}$，并最小化如下目标函数：

$$\min_{\boldsymbol{W},\boldsymbol{H}}\left\|\boldsymbol{M}-\left(\boldsymbol{W}^{\mathrm{T}}\boldsymbol{H}\right)\right\|_F^2+\frac{\lambda}{2}\left(\|\boldsymbol{W}\|_F^2+\|\boldsymbol{H}\|_F^2\right) \tag{4-7}$$

式中，λ 为控制正则化部分的权重。本节的方法将文本特征嵌入网络表示向量中，因此，对于给定的文本特征矩阵 $\boldsymbol{T}$，基于式（4-1）和式（4-2），将式（4-7）重新定义如下：

$$\min_{\boldsymbol{W},\boldsymbol{H}}\left\|\boldsymbol{M}-\left(\boldsymbol{W}^{\mathrm{T}}\boldsymbol{H}\boldsymbol{T}\right)\right\|_F^2+\frac{\lambda}{2}\left(\|\boldsymbol{W}\|_F^2+\|\boldsymbol{H}\|_F^2\right) \tag{4-8}$$

受 SVM 和主题模型中最大间隔方法的启发，本节将学习得到的表示向量 $\boldsymbol{W}^{\mathrm{T}}\oplus(\boldsymbol{H}\boldsymbol{T})^{\mathrm{T}}$ 作为特征来训练 SVM 分类器，该分类器通常用于各种分类任务。假设训练集为 $\tau=\{(v_1,l_1),\cdots,(v_T,l_T)\}$，SVM 的目标是求解以下优化函数：

$$\min\frac{1}{2}\|\boldsymbol{Y}\|_F^2+C\sum_{i=1}^{N}\varepsilon_i \tag{4-9}$$

式中，N 为训练集的大小；$\boldsymbol{Y}=[\boldsymbol{y}_1,\cdots,\boldsymbol{y}_n]^{\mathrm{T}}$ 表示 SVM 的权重矩阵，同时，$\boldsymbol{y}_{l_i}^{\mathrm{T}}r_{v_j}-\boldsymbol{y}_j^{\mathrm{T}}r_{v_j}\geqslant e_i^j-\varepsilon_i$；$\varepsilon_i$ 为模型可接受的错误率。约束条件为 $\boldsymbol{y}_{l_i}^{\mathrm{T}}r_{v_i}-\boldsymbol{y}_j^{\mathrm{T}}r_{v_i}\geqslant e_i^j-\varepsilon_i,\forall i,j$，此处则有

$$e_i^j=\begin{cases}1, & l_i\neq j\\0, & l_i=j\end{cases} \tag{4-10}$$

式中，l_i 表示训练集中的元素。

DeepWalk 的目标是分解矩阵 $\boldsymbol{M}=(\boldsymbol{A}+\boldsymbol{A}^2)/2$，低秩矩阵分解可以将文本特征嵌入网络表示向量中，最大隔算法有助于找到最佳分类边界。TMDW 采用节点的文本特征优化网络结构建模过程，因此，加入了最大隔优化思想，其最终的目标函数可定义为

$$\min_{\boldsymbol{W},\boldsymbol{H}}\left\|\boldsymbol{M}-\left(\boldsymbol{W}^{\mathrm{T}}\boldsymbol{H}\boldsymbol{T}\right)\right\|_F^2+\frac{\lambda}{2}\left(\|\boldsymbol{W}\|_F^2+\|\boldsymbol{H}\|_F^2\right)+\frac{1}{2}\|\boldsymbol{Y}\|_F^2+C\sum_{i=1}^{N}\varepsilon_i \tag{4-11}$$

约束条件为 $\boldsymbol{y}_{l_i}^{\mathrm{T}}r_{v_i}-\boldsymbol{y}_j^{T}r_{v_i}\geqslant e_i^j-\varepsilon_i$。

对于式（4-11）的优化，首先，固定参数 $\boldsymbol{W}$、$\boldsymbol{H}$ 和 $\boldsymbol{T}$，然后求解参数 $\boldsymbol{Y}$ 与 ε，此时，优化式（4-11）与 Crammer 和 Singer[190]提出的多类 SVM 分类问题相似。然后，固定参数 $\boldsymbol{Y}$ 与 ε，求解参数 $\boldsymbol{W}$、$\boldsymbol{H}$ 和 $\boldsymbol{T}$。相关优化方法可参照 MMDW 的相关优化部分。

以上内容介绍了如何将网络节点的文本特征嵌入网络表示学习模型中，并使用网络节点的标签信息优化学习得到的网络表示向量。

4.1.3 实验分析

1. 数据集

本节在 3 个真实的引文网络数据集中进行实验，验证 TMDW 算法的性能。表 4-1 所示为 3 个引文网络数据集的相关指标。

表 4-1 数据集指标

名称	节点数	边数	类别数	平均度	网络直径	平均路径长度	密度
Citeseer	3 312	4 732	6	2.857	8	2.02	0.001
Cora	2 708	5 429	7	4.01	15	4.79	0.001
DBLP	3 119	39 516	4	21.07	17	4.71	0.005

本节在 Citeseer、Cora 和 DBLP-V4（DBLP）数据集中进行验证，其中，DBLP 数据集将会议论文分为数据库、数据挖掘、人工智能和计算机视觉 4 个类别。经过分析和挖掘，发现该数据集中存在许多独立的节点，这些节点与网络中其他节点没有连边关系。因此，从原始的 DBLP 数据集中删除这些独立节点。为了平衡每个类别中的节点数量，删除节点度值较小的节点，使得将每个类别的节点数量保持在约 800 个。通过表 4-1 可以发现，DBLP 网络是一个稠密网络。

2. 对比算法

（1）DeepWalk[16]

DeepWalk 是一种主流的网络表示学习算法，原始实现版本中，它可以通过 Skip-Gram 模型和 HS 优化方法学习节点的表示向量。在本节中，设置参数上下文窗口大小为 5，步长$\gamma=80$，表示向量维度$k=200$。

（2）MFDW

MFDW 是 DeepWalk 的矩阵分解形式，它通过矩阵分解来模拟 DeepWalk 的建模过程。MFDW 对目标特征矩阵$\boldsymbol{M}=(\boldsymbol{A}+\boldsymbol{A}^2)/2$分解，然后利用分解后得到的矩阵$\boldsymbol{W}$训练一个 SVM 分类器。

（3）LINE[184]

LINE 被提出用来学习大规模网络的网络表示向量，它提供了 1st-LINE 和 2nd-LINE 两种实现模型。本节中采用 2nd-LINE 来训练和学习网络表示向量。与 DeepWalk 相同，向量维度设置为 200。

（4）MMDW[24]

与 MFDW 一样，MMDW 也对矩阵$\boldsymbol{M}=(\boldsymbol{A}+\boldsymbol{A}^2)/2$进行分解，并使用矩阵$\boldsymbol{W}$训练分类器。但是 MMDW 使用最大隔算法优化分解得到的矩阵$\boldsymbol{W}$，从而使学习到的表示向量具有区分能力。

（5）TEXT

TEXT 使用文本特征矩阵$\boldsymbol{T}\in\mathbf{R}^{|V|\times 200}$作为节点 200 维的表示向量。文本特征的方法是

仅基于网络节点的文本特征。

（6）DW+TEXT

DW+TEXT 是一个组合方法，将由文本特征得到的节点表示向量与由 DeepWalk 训练得到的节点表示向量拼接在一起。文本特征矩阵 $\boldsymbol{T}\in\mathbf{R}^{|V|\times100}$ 是 100 维的表示向量。由 DeepWalk 训练得到的特征也是 100 维的表示向量，最后拼接后的表示向量维数为 200。

（7）MFDW+TEXT

MFDW+TEXT 将 MFDW 训练得到的表示向量与文本特征分解得到的表示向量拼接在一起，最终的节点表示向量维度为 200 维。

（8）LINE+TEXT

与 DW+TEXT 相同，LINE+TEXT 是拼接 LINE 的特征和文本特征。两个分量的表示长度分别为 100。

（9）MMDW+TEXT

该方法是将 MMDW 训练得到的表示向量与文本特征分解得到的表示向量拼接在一起，最终的节点表示向量维度为 200 维。

（10）Enhanced Network Using DeepWalk（ENDW）

首先删除节点的文本标题中的所有停用词，然后将其余的单词作为网络中的异构节点，从而构建一个异构网络，并使用 DeepWalk 学习节点的表示向量。

3. 实验设置

本节在真实的网络数据集中进行实验，并通过分类任务来验证算法的可行性。对于半监督学习，选择由 Liblinear 实现的线性 SVM 作为分类算法。为了评估 TMDW，随机生成一部分标记样本作为训练集，其余为测试集。然后，根据不同比例的训练集评估并计算分类的准确率，该比例设置为 10%～90%不等。本节中将表示长度设置为 200，将 λ 设置为 0.1。详细的实验结果如表 4-2～表 4-4 所示。试验重复 10 次，并取平均准确率作为最终的分类结果。

4. 实验结果与分析

本节通过 Citeseer、Cora、DBLP 这 3 个引文网络数据集，并采用网络节点分类实验验证 TMDW 的性能。网络节点分类实验结果如表 4-2～表 4-4 所示。

表 4-2　Citeseer 数据集中节点分类的准确率

算法名称	10%	20%	30%	40%	50%	60%	70%	80%	90%	平均
DeepWalk	0.483	0.504	0.513	0.523	0.529	0.533	0.530	0.535	0.537	0.521
MFDW	0.498	0.548	0.567	0.568	0.579	0.583	0.586	0.583	0.571	0.565
LINE	0.398	0.468	0.490	0.507	0.538	0.542	0.539	0.547	0.538	0.507
MMDW	0.555	0.607	0.637	0.653	0.660	0.691	0.693	0.695	0.697	0.654
TEXT	0.562	0.618	0.622	0.647	0.668	0.685	0.699	0.714	0.704	0.658
DW+TEXT	0.592	0.619	0.645	0.669	0.682	0.692	0.703	0.718	0.712	0.670
MFDW+TEXT	0.608	0.607	0.636	0.642	0.680	0.687	0.702	0.712	0.704	0.664

续表

算法名称	10%	20%	30%	40%	50%	60%	70%	80%	90%	平均
LINE+TEXT	0.442	0.494	0.561	0.593	0.633	0.637	0.694	0.705	0.674	0.604
MMDW+TEXT	0.616	0.627	0.658	0.675	0.696	0.700	0.716	0.725	0.715	0.681
ENDW	0.573	0.574	0.622	0.645	0.667	0.692	0.702	0.706	0.684	0.652
TMDW（$\eta=10^{-2}$）	0.623	0.670	0.693	0.696	0.710	0.715	0.724	0.731	0.710	0.697
TMDW（$\eta=10^{-3}$）	0.624	0.670	0.693	0.695	0.713	0.715	0.723	0.727	0.716	0.697
TMDW（$\eta=10^{-4}$）	0.626	0.671	0.693	0.697	0.707	0.714	0.726	0.729	0.706	0.697

表 4-3　Cora 数据集中节点分类的准确率

算法名称	10%	20%	30%	40%	50%	60%	70%	80%	90%	平均
DeepWalk	0.733	0.755	0.762	0.775	0.779	0.778	0.789	0.791	0.786	0.772
MFDW	0.664	0.755	0.788	0.805	0.821	0.819	0.826	0.816	0.838	0.792
LINE	0.651	0.702	0.722	0.729	0.735	0.757	0.753	0.768	0.793	0.734
MMDW	0.736	0.800	0.804	0.819	0.838	0.850	0.864	0.867	0.875	0.828
TEXT	0.699	0.696	0.723	0.735	0.741	0.742	0.742	0.753	0.752	0.731
DW+TEXT	0.714	0.758	0.788	0.805	0.821	0.840	0.844	0.869	0.874	0.813
MFDW+TEXT	0.736	0.790	0.796	0.820	0.831	0.850	0.845	0.838	0.884	0.821
LINE+TEXT	0.695	0.723	0.735	0.743	0.796	0.804	0.796	0.815	0.833	0.771
MMDW+TEXT	0.751	0.804	0.819	0.830	0.843	0.858	0.865	0.869	0.877	0.835
ENDW	0.727	0.754	0.774	0.803	0.831	0.834	0.854	0.859	0.860	0.811
TMDW（$\eta=10^{-2}$）	0.777	0.815	0.834	0.836	0.844	0.859	0.868	0.869	0.886	0.843
TMDW（$\eta=10^{-3}$）	0.777	0.815	0.832	0.846	0.844	0.858	0.869	0.871	0.886	0.844
TMDW（$\eta=10^{-4}$）	0.777	0.814	0.832	0.837	0.845	0.859	0.870	0.871	0.886	0.843

表 4-4　DBLP 数据集中节点分类的准确率

算法名称	10%	20%	30%	40%	50%	60%	70%	80%	90%	平均
DeepWalk	0.818	0.824	0.833	0.837	0.840	0.842	0.846	0.843	0.835	0.835
MFDW	0.751	0.808	0.830	0.840	0.847	0.849	0.857	0.846	0.851	0.831
LINE	0.791	0.798	0.804	0.812	0.830	0.834	0.830	0.847	0.839	0.821
MMDW	0.797	0.821	0.842	0.848	0.835	0.854	0.850	0.858	0.845	0.839
TEXT	0.641	0.702	0.724	0.737	0.737	0.746	0.744	0.745	0.761	0.726
DW+TEXT	0.822	0.830	0.834	0.838	0.842	0.845	0.845	0.851	0.847	0.839
MFDW+TEXT	0.812	0.814	0.842	0.849	0.842	0.847	0.846	0.842	0.837	0.837
LINE+TEXT	0.805	0.810	0.815	0.824	0.832	0.836	0.833	0.844	0.829	0.825
MMDW+TEXT	0.811	0.830	0.844	0.850	0.840	0.846	0.848	0.859	0.844	0.841
ENDW	0.824	0.829	0.845	0.846	0.842	0.847	0.846	0.848	0.839	0.841
TMDW（$\eta=10^{-2}$）	0.831	0.840	0.849	0.851	0.846	0.853	0.850	0.853	0.845	0.846
TMDW（$\eta=10^{-3}$）	0.832	0.841	0.849	0.852	0.846	0.853	0.849	0.851	0.835	0.845
TMDW（$\eta=10^{-4}$）	0.831	0.841	0.850	0.850	0.845	0.853	0.849	0.851	0.835	0.845

从表 4-2～表 4-4 中可以得到 TMDW 及各对比算法在 3 种引文网络数据集中的分类准确率。因此，可以得到如下观察内容。

1）对于 Citeseer 数据集，与 DeepWalk、MFDW 和 LINE 相比，TMDW 的节点分类性能提升了近 15%，与 MMDW 相比，其提升了约 5%。在 Cora 数据集中，LINE 的性能不如其他对比算法。当训练率小于 60%时，TMDW 通常比 MMDW 更好；而当训练率为 70%～90%时，TMDW 与 MMDW 的分类性能基本相同。对于 DBLP 数据集，TMDW 的性能略优于其他算法。此外，所有算法的精度在较小的范围内波动，这表明对于稠密的网络结构，可以忽略算法的差异特性。

2）MFDW 的性能几乎与 DeepWalk 相当。LINE 与其他对比算法相比，其性能最差。将基于文本特征得到的表示向量与 DeepWalk、MFDW、LINE、MMDW 生成的表示向量拼接起来，可以发现当网络为稀疏网络时，文本特征有助于提升分类性能并提升网络表示效率。对于稠密的网络，传统的网络表示算法可以从网络结构中学习足够的特征。因此，文本特征对性能的提升影响可忽略不计。

3）ENDW 由节点间关系和节点-单词关系网络组成，其将标题中的关键字视为异构网络的特殊节点。TMDW 算法将文本特征作为约束条件，然后使用 IMC 算法分解网络结构特征矩阵。这两类算法均充分利用了文本特征，但是 TMDW 达到了最佳性能。这表明 TMDW 从 IMC 算法分解文本特征的过程中获得了更多信息。

4）Citeseer、Cora 和 DBLP 是由内容驱动的 3 个引文网络数据集。但是，节点的文本内容对于学习网络表示向量更为必要。从表 4-2～表 4-4 中我们发现，TMDW 的性能提升较为明显，与 DBLP 相比，它在 Citeseer 数据集和 Cora 数据集中具有更大的优势。当训练比例小于 50%时，TMDW 明显优于其他对比算法，这表明 TMDW 具有更强的鲁棒性，尤其是在网络拥有较少节点或网络为稀疏网络时性能更好。

5）在 DBLP 数据集中的差异并不明显，主要原因是通过删除网络中的独立节点优化 DBLP 数据集，并确保每个节点至少具有 3 个连接边。另外，DBLP 数据集中存在 4 个类别，通过平衡每个类别的节点数量，使每个类别中大约有 800 个节点。最终使 DBLP 成为稠密网络，仅丰富的网络结构特征能够为表示学习提供足够的优质特征输入。另外，对于稀疏网络，算法选择非常重要，而对于稠密网络，算法的差异并不明显。

TMDW 将文本特征嵌入 IMC 矩阵分解过程，以生成高质量的节点表示向量。同时，TMDW 引入了最大隔方法深度优化学习得到的表示向量，并使节点表示向量对各种机器学习任务更具普适性。在本章研究中，学习得到的表示向量用于学习 SVM 分类器，重要的是，它可用于多类任务，如链路预测、节点分类、节点相似度计算等。

5. 参数分析

TMDW 具有 3 个参数，即迭代次数、正则项的权重（Lambda）和表示向量维度 k。在参数分析中，将训练集的比例设置为 50%，然后衡量不同参数下的网络节点分类准确率。图 4-3（a）～（c）中分别展示了迭代次数对分类性能的影响。图 4-4（a）～（c）中分别展示了不同的 Lambda 值和表示向量维度 k 对网络节点分类性能的影响。

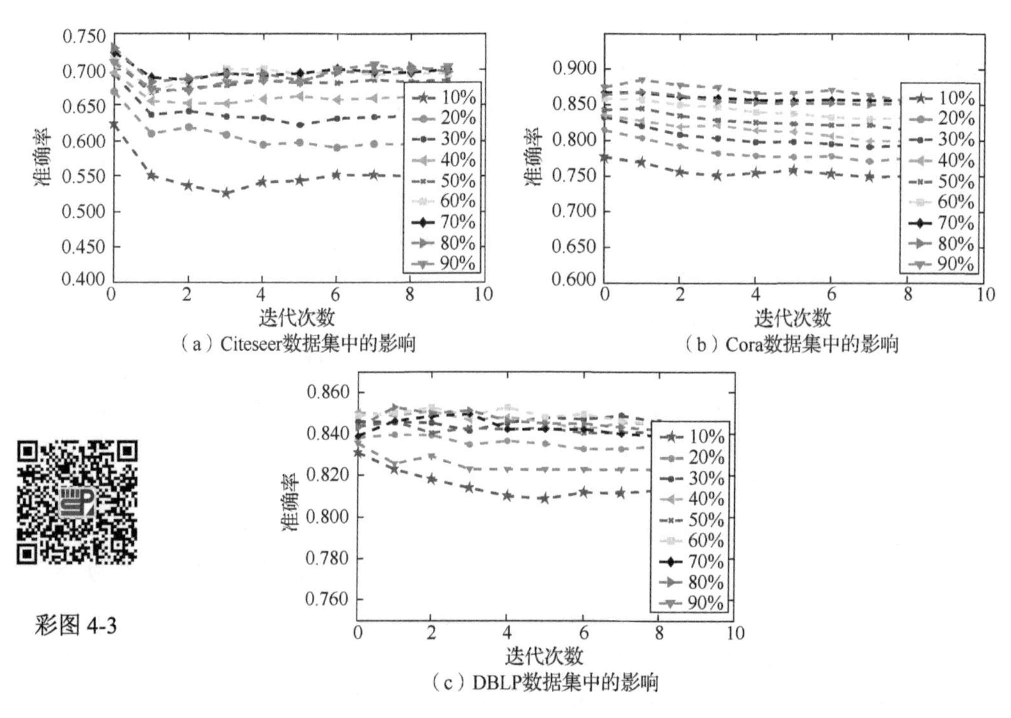

图 4-3　Citeseer、Cora 和 DBLP 数据集中模型迭代次数对分类性能的影响

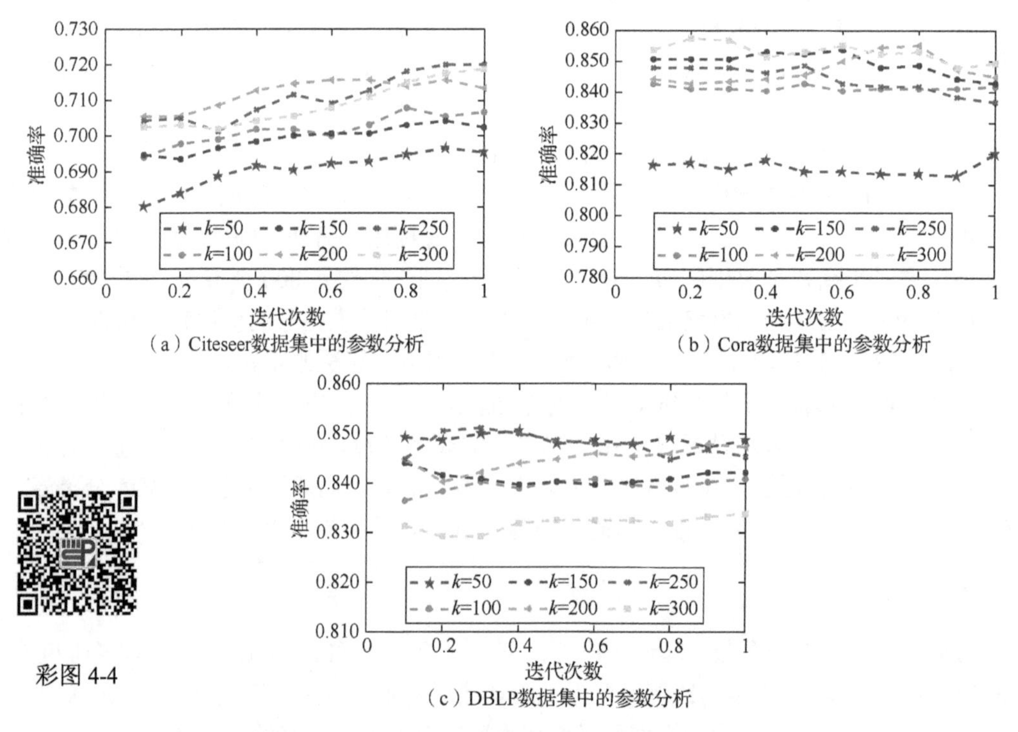

图 4-4　Citeseer、Cora 和 DBLP 数据集中 Lambda 和 k 对分类性能的影响

图 4-3 展示出了以不同的训练比例训练 TMDW 时的收敛变化。在 Citeseer、Cora 和 DBLP 数据集中，设置训练比例为 10%～90%，迭代次数为 1～10。收敛速度表示训练 TMDW 的时间复杂度。可以发现的是经过一次迭代，TMDW 的性能急剧下降，然后变得稳定。在 Citeseer、Cora 和 DBLP 数据集中，针对不同的训练比例和迭代次数，准确率分别为 18.85%、13.66%和 4.29%。因此，与 Citeseer 和 Cora 数据集相比，密集网络 DBLP 具有更强的鲁棒性和稳定性。

图 4-4（a）～（c）展示了使用不同 Lambda 和 k 的影响变化。对于 Citeseer、Cora 和 DBLP 数据集，设置 k 的取值范围为 50～300，Lambda 的取值范围为 0.1～1，结果发现，不同的 k 和 Lambda 的准确率分别为 3.9%、4.5%和 2.1%。因此，当 Lambda 和 k 在合理范围内变化时，TMDW 是一种鲁棒且稳定的算法。另外，在 Citeseer、Cora 和 DBLP 数据集中，当 k 为 200、250 或 300 时，TMDW 可获得较佳性能。另外，Lambda 在 Citeseer 数据集中对分类性能影响较大，但在 DBLP 和 Cora 数据集中对分类性能影响较弱。

6. 可视化

本节主要研究 TMDW 如何在 Citeseer、Cora 和 DBLP 数据集中学习网络表示向量。为了验证 TMDW 生成的表示向量是否比 DeepWalk 更好，本节随机选择 4 个网络类别，每个类别通过随机选择的方法选择 150 个节点。引入 t-SNE 算法将此 600 个节点投影到二维可视化空间中，以验证 TMDW 是否适合生成具有强区分能力的表示向量。

如图 4-5 所示，发现 TMDW 学习到了更好的聚类能力，且不同类别之间边界具有清晰的节点表示向量。相反，与 TMDW 相比，DeepWalk 在二维可视化结果中似乎性能较差。TMDW 生成的表示向量在 Citeseer 和 Cora 数据集中呈现出明显的聚类现象，边界清晰且具有区分性。在 DBLP 数据集中，DeepWalk 的可视化效果优于本节提出的 TMDW，其主要原因是 DBLP 是一个稠密的数据集，自身的网络结构特征可以训练得到性能优异的网络表示向量，但是 TMDW 引入了网络节点的文本特征，使文本特征相似的节点在网络表示向量空间中具有更近的空间距离。从可视化结果分析中可以发现，TMDW 更适合于稀疏网络上的可视化分析。

彩图 4-5

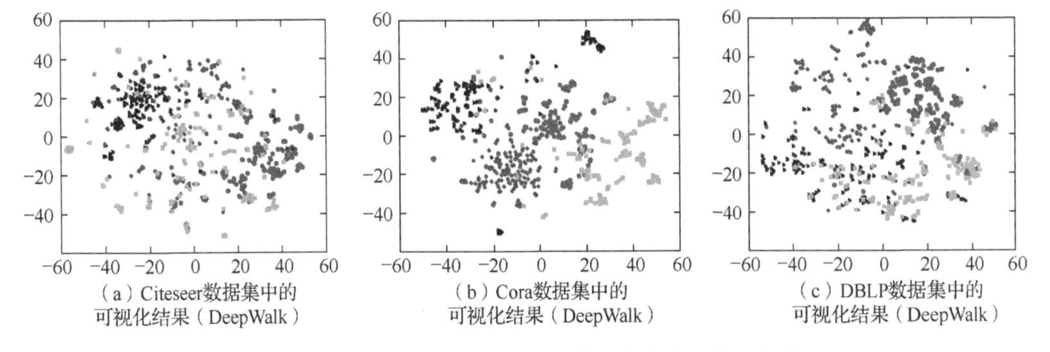

图 4-5　Citeseer、Cora 和 DBLP 数据集中的二维可视化

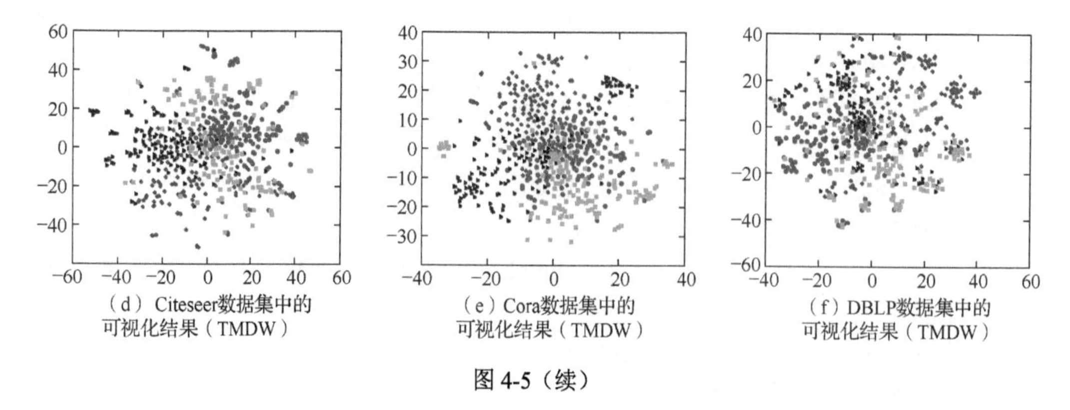

图 4-5（续）

7. 案例分析

网络表示学习是将节点与其邻居节点之间的关系编码到低维度的表示向量中。案例分析即为通过生成与目标节点最相关的几个节点判断算法的推荐性能，为了验证TMDW的性能，本节在 DBLP 数据集中进行了一个案例分析实验，目标节点的标题为“Maximum Margin Planning”，通过基于 TMDW 算法学习得到的表示向量计算目标节点与所有节点的余弦相似度值，可以得到相似度值前 5 名的最近邻居节点（表 4-5）。在本节实验中，表示向量维度设置为 200，训练集比例设置为 50%。

表 4-5 DeepWalk 与 TMDW 生成的前 5 名最近邻居节点标题

算法名称	标题	相似度	标签
DeepWalk	Learning for Control from Multiple Demonstrations	0.936 7	Artificial intelligent
	Robot Learning from Demonstration	0.895 3	Artificial intelligent
	Apprenticeship Learning via Inverse Reinforcement Learning	0.889 5	Artificial intelligent
	Dynamic Preferences in Multi-Criteria Reinforcement Learning	0.865 3	Artificial intelligent
	Algorithms for Inverse Reinforcement Learning	0.815 2	Artificial intelligent
TMDW	Maximum Margin Clustering Made Practical	0.682 1	Artificial intelligent
	Laplace Maximum Margin Markov Networks	0.677 8	Artificial intelligent
	Fast Maximum Margin Matrix Factorization for Collaborative Prediction	0.662 0	Artificial intelligent
	The Relaxed Online Maximum Margin Algorithm	0.645 7	Artificial intelligent
	Efficient Multi-class Maximum Margin Clustering	0.645 6	Artificial intelligent

表 4-5 中的这些论文均使用相同的标签“Artificial intelligent”，表明 DeepWalk 和 TMDW 可以从网络结构特征中学习到有效的节点表示向量。DeepWalk 生成的前 5 个最近邻居节点考虑了网络结构的相似性，因此，前 5 个最近邻居节点的标题与“Learning”相关。人工智能类别的论文包括 IJCAI、AAAI、NIPS、ICML、ECML、ACML、IJCAI、UAI、ECAI、COLT、ACL、KR 等国际会议论文集中的论文。DeepWalk 从引文关系和网络结构的角度考虑并生成节点表示向量。TMDW 使用最大隔算法将节点标签嵌入网络表示学习，因此，网络节点分类的准确率较高。另外，TMDW 将网络节点的文本内容也嵌入网络表示向量中，因此节点之间的相似性会趋向于节点文本相似性。例如，TMDW 中最邻近的前 5 个节点的文本标题中均包含单词“Maximum Margin”，DeepWalk

中距离最近的大多数节点与“Maximum Margin”不相关，而大多数与主题“Reinforcement Learning”相关。因此，与 DeepWalk 相比，TMDW 可以学习得到更好的节点表示向量。

4.2　节点文本特征多元关系建模

4.2.1　问题描述

知识表示学习是对知识库中实体及它们之间的节点关系进行建模。在网络表示学习中，每个节点在表示空间中学习得到唯一向量，并根据距离评价函数，相邻节点之间在表示向量空间中具有更近的距离。网络表示学习最初起源于语言建模，语言建模中的经典算法为 Word2Vec[12-13]，该算法由 Mikolov 等提出。随后，基于 Word2Vec 的影响，Perozzi 等[16]通过随机游走序列这一策略，研究提出了 DeepWalk，该算法与 Word2Vec 的建模过程相同，不同的是数据的对象。DeepWalk 接收多个节点序列 $v_0, v_1, \cdots, v_n$ 作为网络表示学习模型的输入，其中 n 表示随机游走序列长度。在 DeepWalk 建模过程中，序列 v_0, $v_1, \cdots, v_n$ 被转换为节点对 $< v_0, v_{-2} >$、$< v_0, v_{-1} >$、$< v_0, v_1 >$ 和 $< v_0, v_2 >$ 的形式，其中需要设置窗口大小，一般默认取当前节点的前后两个节点作为上下文节点。DeepWalk 的输出是一个低维度向量 $\boldsymbol{r}_v \in \mathbf{R}^k$，式中 k 为网络表示向量的维度。

DeepWalk 可以将复杂的网络结构编码到低维度表示向量空间，在各种网络任务上表现出更好的性能。在 DeepWalk 的基础上，研究者继续改进了网络表示学习算法。

第一种方法是基于 DeepWalk 进行改进的，如 node2vec[99]、NEU[186]、WALKLETS[95] 和 HARP[185]等，具体如下：①node2vec 优化了随机游走的策略，其通过调节广度优先搜索和深度优先搜索控制随机游走粒子在微观和宏观视图上获得节点游走序列。广度优先搜索提供局部微观视角，深度优先搜索提供全局宏观视角。②DeepWalk 捕获低阶节点关系，而 NEU 引入了一种新的方法，通过简单的矩阵变换可以获得节点的高阶表示形式。③WALKLETS 通过设定随机游走的步长策略获得节点的高阶表示。④HARP[15] 通过网络收缩策略学习高阶表示。低阶特征只考虑节点之间的局部关系，而高阶特征主要考虑节点之间的高阶关系。因此，现有的高阶网络表示学习在基于网络的机器学习任务中其性能往往优于低阶网络表示学习算法。

第二种方法是基于 DeepWalk 等同于分解网络结构特征矩阵的事实进行改进的，如 LINE[184]、GraRep[144]、TADW[26]、MMDW[24]。其中 LINE 充分考量了节点之间的一阶近似和二阶近似。GraRep 引入了不同阶的矩阵分解策略来获得网络的高阶表示，最后通过拼接不同阶的表示向量得到最终网络的表示向量。TADW 在矩阵分解的同时引入了节点的文本特征。MMDW 采用最大隔对学习得到的网络表示向量进行优化。

第三种方法是基于联合学习模型进行改进的，如 TriDNR、M-NMF、cos、comE、AANE 等[8]，具体如下：①TriDNR 从节点文本特征、节点标签及节点间的复杂结构三部分联合学习网络表示向量，从而 TriDNR 建模了节点间、节点与词语、标签与词语之间的关系；②M-NMF 是一种模块化的非负矩阵分解方法，它将社区结构特征嵌入网络表示向量中；③cos 和 comE 也将社区结构特征整合到网络表示向量中；④AANE 是一种采用属性信息化网络嵌入的方法，其分解过程与 TADW 所采用的分解方法不同，但是仍然将属性文本作为特征进行分解。

在现实世界中，网络节点往往含有文本特征，文本特征的相似性也有助于节点的分类任务。例如，在科研合作网络中，不同标题可能包含相同的词，而词的重叠越高，文章与文章之间被引用的概率也就越大。事实上，大多数现有的 NRL 模型忽略了节点之间的语义关系。然而，一些算法也试图将节点内容集成到网络结构建模中。例如，TADW 和 TriDNR 提供了一种新的网络表示学习框架，结合矩阵分解策略和联合学习方法将文本特征嵌入网络表示学习算法建模过程中。然而，TADW 有一定的局限性，它并不适用于网络规模庞大、连边关系复杂的学习任务。TriDNR 考虑了节点与词语之间、标签与词语之间及节点之间的联系等复杂因素，因此它的计算复杂度较高，即使在一些规模较小的网络中，该算法的训练时间也较长。Bordes 等[191]率先提出了多关系数据建模算法 TransE，它采用更加通用的方法对多关系数据进行建模，采用实体和实体之间的关系，并将其定义为三元组的形式。

综上表明，在充分利用网络节点文本内容的基础上，能更高效地提升网络表示学习的性能非常关键，同时，在规模庞大的复杂网络中进行网络表示学习能够降低时间复杂度、获得更高的计算精度也是本章研究探索的核心内容。为了实现上述研究目标，本节研究算法首先依据节点之间的文本特征构造节点之间的连边关系，将节点与文本特征转换为三元组形式 (h,l,t)，其中 l 表示节点 h 和节点 t 之间的语义关系（词语），之后将三元组 (h,l,t) 特征嵌入网络建模过程，从而提出了一种基于节点文本特征多元关系建模的网络联合表示学习算法，简称 MRNR，它是在 TransE 的思想基础上优化改进网络表示学习过程，并结合 DeepWalk 对网络中所有节点的三元组特征进行建模的。此外，TransE 和 DeepWalk 是基于 Word2Vec 而提出的算法。因此，MRNR 中提出了一类统一的网络联合学习框架和目标函数。在这个框架中，MRNR 使用单个神经网络学习网络表示向量，并对多关系数据进行建模，并且对于规模庞大的网络也能缩短模型训练的时间。最后，MRNR 引进了一种网络表示向量高阶转换策略，进而深度优化 MRNR 的性能。

本节着重强调如何有效地利用网络节点的内容来提升网络表示学习的效率。更重要的是，研究如何利用网络节点的文本内容，使其在大规模网络中进行学习和训练任务时可以克服 TADW 和 TriDNR 等计算复杂度较高的问题。

4.2.2 模型框架

MRMR 旨在将网络节点的文本特征嵌入网络表示向量中。一些基于矩阵分解的网络表示学习方法将网络节点的文本特征作为特征矩阵来优化网络结构特征矩阵的分解过程。例如，TADW 属于这类 NRL。其他基于神经网络的网络表示学习方法同时通过多个神经网络结构对节点之间的关系，以及节点与文本之间的关系进行建模，如 TriDNR 属于这类 NRL。与 TADW 和 TriDNR 不同，本节采用了一种新的文本嵌入方法，即将网络节点之间的文本转换为节点之间的三元组。为了将节点三元组嵌入网络表示学习任务中，本节引入了多关系建模的思想，即采用知识嵌入学习的思想来建模网络节点之间的三元关系，一般采用 TransE。通过建模节点三元组关系来约束网络结构的建模过程，提出了 MRNR。

本节首先介绍如何构造节点之间的三元组关系，其次介绍 TransE 的建模过程，再次介绍基于负采样的 CBOW 模型，最后介绍 MRNR 的建模过程。

1. 参数定义

本节将所用到的参数进行如下定义说明：设定网络 $G=(V,E)$，式中，V 为节点集，E 为边集，$|V|$ 为节点集的大小，其中每一个节点 $\{v_0,v_1,\cdots,v_n\}\in V$，且每一条边 $\{e_0,e_1,\cdots,e_m\}\in E$。MRNR 的目标是训练给定节点 $v\in V$ 的表示 $\boldsymbol{r}_v\in\mathbf{R}^k$。这里，$k$ 是网络表示向量的维度，该值远小于 $|V|$。通过算法训练得到的向量 $\boldsymbol{r}_v\in\mathbf{R}^k$ 也能用于其他的网络任务。例如，学习得到的网络表示向量可以被用于网络的可视化、推荐系统、节点分类及链路预测等。对于多关系数据建模，设节点三元组为 (h,l,t)，其中 h 表示头实体，t 表示尾实体，l 表示头实体与尾实体之间的关系。对于 DeepWalk 中的 CBOW 模型，设 $\text{Context}(v)$ 为当前节点 v 的上下文节点，$\text{NEG}(v)$ 表示当前节点 v 的负采样集合。

2. 三元组构建

在本节中，采用两种策略表示节点之间的关系：第一种关系称为一元关系，是通过两个节点文本之间一个相同的词构建三元组关系；第二种关系称为二元关系，是通过两个节点文本之间的两个连续相同的词构建三元组关系。表 4-6 中给出了一个简单的示例。

表 4-6　一元关系和二元关系举例

节点文本	Node1: Online Learning of Multi-Scale Network Embedding Node2: Large-scale Information Network Embedding	数量
一元关系	(1, Network, 2), (1, Embedding, 2)	2
二元关系	(1, Network_Embedding, 2)	1

3. TransE 模型

TransE 通过类似于翻译任务建模三元组(h,l,t)之间的关系。这意味着 TransE 需要实时调整参数 h、l 和 t 之间的表示向量，使 $\boldsymbol{h}+\boldsymbol{l}\approx\boldsymbol{t}$。TransE 的目标函数为

$$L=\sum_{(h,l,t)\in S}\sum_{(h',l,t')\in S'_{(h,l,t)}}[\lambda+d(\boldsymbol{h}+\boldsymbol{l},\boldsymbol{t})-d(\boldsymbol{h}'+\boldsymbol{l},\boldsymbol{t}')]_+ \tag{4-12}$$

式中，

$$S'_{(h,l,t)}=\{(h',l,t)\,|\,h'\in E\}\cup\{(h,l,t')\,|\,t'\in E\} \tag{4-13}$$

其中，S 表示节点三元组 (h,l,t) 集合；S' 表示三元组的负样本集合（即不真实存在的三元组关系）；$d(\boldsymbol{h}+\boldsymbol{l},\boldsymbol{t})$ 表示两个向量间的距离，$\boldsymbol{h}$ 表示头实体 h 的向量；$\boldsymbol{t}$ 表示尾实体 t 的向量；$\boldsymbol{l}$ 表示关系 l 的向量；$\boldsymbol{h}'$ 表示头实体 h 负采样后的向量；$\boldsymbol{t}'$ 表示尾实体 t 负采样后的向量；$\lambda>0$ 为间隔距离参数；$[\cdot]_+$ 表示取正数操作。

4. 基于 NEG 的 CBOW 模型

DeepWalk 的实现主要基于 Word2Vec 中的 CBOW 模型和 Skip-Gram 模型，其中 DeepWalk 和 Word2Vec 这两个算法都能通过 NEG 和 HS 方法[12-13]进行优化。本节提出的 MRNR 中也同样采用 CBOW 模型和 NEG 优化方法。

针对节点 v，定义其上下文节点为 $\text{Context}(v)$，该节点的负样本集合被定义为 $\text{NEG}(v)$，且 $\text{NEG}(v) \neq \text{null}$。对于 $\forall u \in D$，则有

$$L^v(u) = \begin{cases} 1, u = v \\ 0, u \neq v \end{cases} \tag{4-14}$$

式中，$L^v(u)$ 为采样结果标签，若标签值为 1，则表示是正样本；若标签值为 0，则表示是负样本。

按照语言建模的思想，建模网络结构的最直观目标是最大化如下概率：

$$g(v) = \prod_{\xi \in \{v\} \cup \text{NEG}(v)} p(\xi \mid \text{Context}(v)) \tag{4-15}$$

$$p(\xi \mid \text{Context}(v)) = \begin{cases} \sigma(\boldsymbol{x}_v^{\mathrm{T}} \boldsymbol{\theta}^{\xi}), & L^v(\xi) = 1 \\ 1 - \sigma(\boldsymbol{x}_v^{\mathrm{T}} \boldsymbol{\theta}^{\xi}), & L^v(\xi) = 0 \end{cases} \tag{4-16}$$

式中，$\sigma(x)$ 为 Sigmoid 函数；$\boldsymbol{\theta}^{\xi}$ 为节点 ξ 的待训练表示向量；$\boldsymbol{x}_v$ 为 $\text{Context}(v)$ 中每个节点表示向量之和。式（4-16）也可以简化为如下形式：

$$p(\xi \mid \text{Context}(v)) = [\sigma(\boldsymbol{x}_v^{\mathrm{T}} \boldsymbol{\theta}^{\xi})]^{L^v(\xi)} \cdot [1 - \sigma(\boldsymbol{x}_v^{\mathrm{T}} \boldsymbol{\theta}^{\xi})]^{1 - L^v(\xi)} \tag{4-17}$$

基于式（4-15）和式（4-17），目标函数 $g(v)$ 可表示为如下形式：

$$g(v) = \prod_{\xi \in \{v\} \cup \text{NEG}(v)} [\sigma(\boldsymbol{x}_v^{\mathrm{T}} \boldsymbol{\theta}^{\xi})]^{L^v(\xi)} [1 - \sigma(\boldsymbol{x}_v^{\mathrm{T}} \boldsymbol{\theta}^{\xi})]^{1 - L^v(\xi)} \tag{4-18}$$

因此，对于整个节点集 C，基于 NEG 优化的 CBOW 模型的目标函数可定义为

$$G = \prod_{v \in C} g(v) \tag{4-19}$$

通过对式（4-19）取对数操作，可以得到

$$\begin{aligned} L(v) &= \log G \\ &= \log \prod_{v \in C} g(v) \\ &= \sum_{v \in C} \sum_{\xi \in \{v\} \cup \text{NEG}(v)} \{L^v(\xi) \cdot \log[\sigma(\boldsymbol{x}_v^{\mathrm{T}} \boldsymbol{\theta}^{\xi})] + (1 - L^v(\xi)) \cdot \log[1 - \sigma(\boldsymbol{x}_v^{\mathrm{T}} \boldsymbol{\theta}^{\xi})]\} \\ &= \sum_{v \in C} \log g(v) \end{aligned} \tag{4-20}$$

对目标函数取对数操作是神经网络目标函数设定最常用的方法。结合随机梯度上升法对式（4-20）进行优化，可以详细得到每个参数的更新公式，其表述如下：

$$\boldsymbol{\theta}^{\xi} := \boldsymbol{\theta}^{\xi} + \mu \cdot [L^v(\xi) - \sigma(\boldsymbol{x}_v^{\mathrm{T}} \boldsymbol{\theta}^{\xi})] \boldsymbol{x}_v \tag{4-21}$$

式中，上下文节点表示向量 $\boldsymbol{v}(u)$ 的更新公式为

$$\boldsymbol{v}(u) := \boldsymbol{v}(u) + \mu \sum_{\xi \in \{v\} \cup \text{NEG}(v)} [L^v(\xi) - \sigma(\boldsymbol{x}_v^{\mathrm{T}} \boldsymbol{\theta}^{\xi})] \boldsymbol{\theta}^{\xi} \tag{4-22}$$

其中，$u \in \text{Context}(v)$。在 Word2Vec 中通过将 $\sum_{\xi \in \{v\} \cup \text{NEG}(v)} [L^v(\xi) - \sigma(\boldsymbol{x}_v^{\text{T}} \boldsymbol{\theta}^{\xi})] \cdot \boldsymbol{\theta}^{\xi}$ 的值贡献到表示向量的每个分量中，就可以对 $\text{Context}(v)$ 中的每个节点表示向量 $\boldsymbol{v}(u)$ 进行更新。

基于式（4-17），式（4-20）也可简化为如下形式：

$$L(v) = \sum_{v \in C} \sum_{\xi \in \{v\} \cup \text{NEG}(v)} \log p(\xi \mid \text{Context}(v)) \tag{4-23}$$

5. MRNR 模型

在科研合作网络中，节点与节点之间的关系可分为引用和被引用关系。目前，基于浅层神经网络中的表示学习算法主要学习当前节点和其上下文节点之间的关系建模网络结构特征。因此，当两个节点具有几乎相同的结构时，学习得到的表示向量倾向于结构相似性。根据经验，没有引用关系的节点可能在标题中存在着相同的词，通过在标题中提取一个或者两个相同的词构建节点之间的一元关系和二元关系，本节提出了一种基于节点文本特征多元关系建模的网络联合表示学习算法。该算法利用 TransE 的思想，从网络表示学习模型和知识表示学习模型中联合建模网络结构特征，学习节点的表示向量。粗略地说，MRNR 将节点之间的多关系数据（节点的三元组）嵌入网络表示学习的过程中。

MRNR 的学习框架如图 4-6 所示。

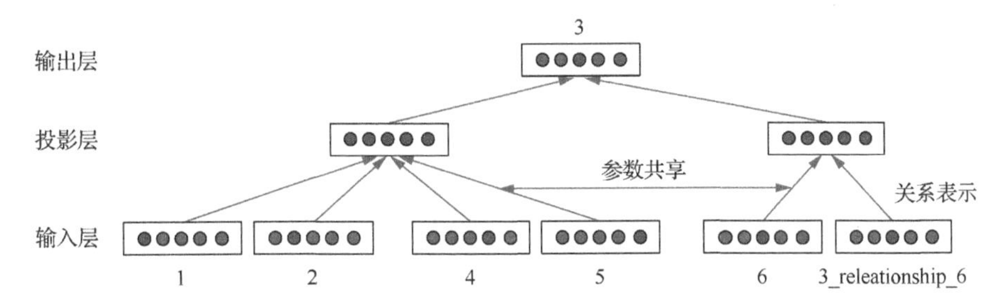

图 4-6　MRNR 学习框架

图 4-6 为 MRNR 详细的学习框架，左边部分是基于 CBOW 的节点结构特征建模，即建模节点之间的上下文结构关系；右边的部分是基于多关系数据建模，即建模节点之间的多元关系，以文本特征关系建模为主。以节点 3 为例，节点 1、节点 2、节点 4 和节点 5 分别为节点 3 的上下文节点，并且节点 3 和节点 6 之间存在一元关系或二元关系。在此模型中，两个建模过程共享一个表示向量空间，因此达到了参数共享的目标。

彩图 4-6

MRNR 将三元组 (h,l,t) 建模的过程嵌入 DeepWalk 中，使 $\boldsymbol{h} + \boldsymbol{l} \approx \boldsymbol{t}$，即节点表示向量 $\boldsymbol{t}$ 与 $\boldsymbol{h} + \boldsymbol{l}$ 之间的空间距离随着建模的深入越来越近，这是多元关系建模的目标。结合 TransE 模型的思想，MRNR 最终建模三元组关系的目标函数表示如下：

$$L(v,l) = \sum_{v \in C} \sum_{l \in R_v} \log g_{h+l}(v) \tag{4-24}$$

式中，

$$g_{h+l}(v) = \prod_{\xi \in \{v\} \cup \text{NEG}(v)} [\sigma(\boldsymbol{x}_{h+l}^{\text{T}} \boldsymbol{\theta}^{\xi})]^{L^v(\xi)} [1 - \sigma(\boldsymbol{x}_{h+l}^{\text{T}} \boldsymbol{\theta}^{\xi})]^{1-L^v(\xi)} \tag{4-25}$$

其中，R_v 代表包含节点 v 的三元组集合。在采样过程中，真实存在的一元关系或二元关系 (h,l,v) 被认为是正样本，错误的及不存在的一元关系或二元关系被认为是负样本。

在该算法中，三元组的建模过程被添加到网络结构建模的目标函数后面，以正则化项约束的形式添加，至此，MRNR 的目标函数表示如下：

$$L = L(v) + \alpha L(v,l) \tag{4-26}$$

在式（4-26）中，引入超参数 α，目的是平衡结构特征和三元组特征对网络表示向量的影响。

对于式（4-26），其右边部分可计算为

$$\begin{aligned} L(v,l) = \sum_{v\in C}\sum_{l\in R_v}\sum_{\xi\in\{v\}\cup \mathrm{NEG}(v)} & \{L^v(\xi)\cdot\log[\sigma(\boldsymbol{x}_{h+l}^{\mathrm{T}}\boldsymbol{\theta}^{\xi})] \\ & +(1-L^v(\xi))\cdot\log[1-\sigma(\boldsymbol{x}_{h+l}^{\mathrm{T}}\boldsymbol{\theta}^{\xi})]\} \end{aligned} \tag{4-27}$$

式中，$\boldsymbol{x}_{h+l} = \boldsymbol{x}_h + \boldsymbol{x}_l$。通过使用随机梯度优化方法（对各个参数求偏导），得到如下各个参数的更新表达式：

$$\boldsymbol{\theta}^{\xi} := \boldsymbol{\theta}^{\xi} + \mu\cdot[L^v(\xi) - \sigma(\boldsymbol{x}_{h+l}^{\mathrm{T}}\boldsymbol{\theta}^{\xi})]\cdot\boldsymbol{x}_{h+l} \tag{4-28}$$

$$\boldsymbol{x}_h := \boldsymbol{x}_h + \mu\sum_{\xi\in\{v\}\cup \mathrm{NEG}(v)}[L^v(\xi) - \sigma(\boldsymbol{x}_{h+l}^{\mathrm{T}}\boldsymbol{\theta}^{\xi})]\boldsymbol{\theta}^{\xi} \tag{4-29}$$

$$\boldsymbol{x}_l := \boldsymbol{x}_l + \mu\sum_{\xi\in\{v\}\cup \mathrm{NEG}(v)}[L^v(\xi) - \sigma(\boldsymbol{x}_{h+l}^{\mathrm{T}}\boldsymbol{\theta}^{\xi})]\boldsymbol{\theta}^{\xi} \tag{4-30}$$

最终，由于超参数 α 的引入，在更新参数公式，即式（4-28）～式（4-30）时，需要在 μ 之前乘以参数 α。

6. MRNR

在 LINE 中，提出了两种模型——一阶 LINE 和二阶 LINE 来学习节点的一阶和二阶相似性网络表示向量。GraRep 则通过邻接矩阵相乘来探究节点的高阶关系。WALKLETS 则结合跳跃随机游走策略来探究节点的高阶关系。然而，这些算法有着较高的计算复杂度。在随后的探究中，Yang 等[186]提出了 NEU 算法，这是一种不用经过高阶建模，只需要高阶转换就能得到高阶网络表示向量的框架。NUE 的高阶转换公式为

$$\boldsymbol{R}_e' = \boldsymbol{R}_e + \lambda_1\boldsymbol{A}\cdot\boldsymbol{R}_e + \lambda_2\boldsymbol{A}\cdot(\boldsymbol{A}\cdot\boldsymbol{R}_e) \tag{4-31}$$

式中，$\boldsymbol{R}_e$ 为低阶的网络表示向量矩阵；$\boldsymbol{R}_e'$ 为高阶的网络表示向量矩阵；λ_1 和 λ_2 分别为一阶特征和二阶特征权重值；$\boldsymbol{A}$ 为归一化的邻接矩阵。

需要强调的是，在本节中结合 DeepWalk 构建了 MRNR 框架，在此框架基础上，DeepWalk 可以被替换为其他任何类型网络的表示学习算法，如 node2vec、MMDW 和 SDNE 等。因此，MRNR 是一个非常灵活的联合表示学习框架。

4.2.3 实验分析

1. 数据集

分别引入 Citeseer（M10）、DBLP（V4）和 SDBLP 数据集进行实验，通过实验结果验证 MRNR 的可行性与稳定性，这 3 个数据集的数据指标如表 4-7 所示。

表 4-7　数据集指标

数据集	原始节点数	原始连边数	孤立节点	删除后节点数	删除后连边数	平均聚集系数	平均度
Citeseer	10 310	5 923	5 700	4 610	5 923	0.264	2.57
DBLP	60 744	105 781	43 019	17 725	105 781	0.187	11.936
SDBLP	60 744	105 781	0	3 119	39 516	0.259	25.339

其中，在 Citeseer 和 DBLP 数据集中，孤立节点与其他节点不相连。因此，DeepWalk、node2vec 和 LINE 中的随机游走粒子不能通过节点之间的连边遍历到这些孤立节点。在 GraRep 中，邻接矩阵也不能表示出孤立节点与其他节点之间的连接关系。因此，在一些孤立节点数较多的稀疏网络中，NRL 的计算效率较低。然而，基于网络结构和节点文本内容相联合的 NRL 对此却有着较好的性能。例如，TADW 弥补了孤立节点不存在连边而导致的机器学习任务性能低下的缺点。为此，公平起见，本节实验删除了 Citeseer 和 DBLP 数据集中的所有孤立节点，进而探究实验结果。SDBLP 数据集是基于 DBLP 优化后得到的一个稠密网络数据集，在 SDBLP 数据集中，保留了节点度数大于等于 3 的节点，其余节点全部被删除。由于 Citeseer 和 DBLP 数据集是科研合作网络数据集，每个节点均对应着一个节点标题。

表 4-8 所示为节点三元组和实体关系数量。

表 4-8　节点三元组和实体关系数量

数据集	Citeseer		DBLP		SDBLP	
	三元组	实体	三元组	实体	三元组	实体
一元关系	1 263 566	6 524	15 848 328	11 858	510 793	4 451
二元关系	54 133	3 470	115 540	9 356	5 799	1 264

2. 对比算法

本节提出的 MRNR 主要与 DeepWalk、LINE、node2vec、GraRep、MFDW、TADW 等进行对比。但是，主要使用 TADW 与本节提出的 MRNR 进行比较分析，因为这两种算法均采用网络结构和文本特征来学习网络表示向量。

（1）STADW

STADW 为 TADW 的改进版本，删除了由文本特征学习得到的表示向量优化过程。

（2）Text Feature（TF）

Text Feature 以文本特征转换后的矩阵作为目标矩阵，该矩阵以节点为行标，以词典中的所有词语为列标，构建由 0 和 1 组成的文本特征矩阵，然后使用奇异值分解得到低维度的表示向量，该向量被认为是节点的表示向量。

（3）MFDW

MFDW 是矩阵 $\boldsymbol{M}=(\boldsymbol{A}+\boldsymbol{A}^2)/2$ 的因式分解，因此采用奇异值分解算法将 $\boldsymbol{M}=(\boldsymbol{A}+\boldsymbol{A}^2)/2$ 进行分解得到矩阵 $\boldsymbol{U}$ 和 $\boldsymbol{S}$，通过这两个矩阵的相乘，最终得到网络表示向量 $\boldsymbol{W}=\boldsymbol{U}\cdot\boldsymbol{S}^{0.5}$。

（4）MRNR@1

MRNR@1 结合一元关系优化网络联合表示学习过程。

（5）MRNR@2

MRNR@2 结合二元关系优化网络联合表示学习过程。

（6）MRNR@1+NEU

MRNR@1+NEU 结合一元关系优化网络联合表示学习过程，并使用 NEU 优化学习得到的网络表示向量。

（7）MRNR@2+NEU

MRNR@2+NEU 结合二元关系优化网络联合表示学习过程，并使用 NEU 优化学习得到的网络表示向量。

3. 实验设置

本实验分别在 Citeseer、DBLP 和 SDBLP 这 3 个数据集中进行测试，利用分类器验证 MRNR 的性能。分类器采用 Liblinear 提供的 SVM。另外，在数据集中随机选取部分节点作为训练集，其余作为测试集，根据不同的训练集比例来评估分类的准确率，该比例为 10%～90%。实验设置网络表示向量维数为 100，随机游走序列长度为 40，随机游走次数为 10，窗口大小为 5，负采样数为 5，最小节点频次为 5，这意味着该算法将丢弃一些在随机游走序列中出现少于 5 次的节点。需要注意的是，在 MRNR 中，三元组的权重被设置为 0.5。实验重复验证 10 次，以平均准确率作为最终的结果。

4. 实验结果与分析

实验分类结果如表 4-9～表 4-11 所示。在不同的训练比例下，MRNR 的表现均优于大多数对比算法，显示出其在网络节点分类器上的可行性。

表 4-9 Citeseer 数据集中的网络节点分类性能对比

算法名称	10%	20%	30%	40%	50%	60%	70%	80%	90%	平均
DeepWalk	0.56	0.59	0.61	0.61	0.62	0.62	0.63	0.62	0.64	0.61
LINE	0.43	0.47	0.48	0.50	0.50	0.51	0.51	0.53	0.54	0.50
node2vec	0.62	0.66	0.66	0.67	0.67	0.67	0.67	0.68	0.69	0.67
GraRep	0.39	0.53	0.58	0.60	0.60	0.61	0.62	0.62	0.61	0.57
Text Feature（TF）	0.58	0.61	0.63	0.63	0.63	0.63	0.63	0.62	0.64	0.62
DeepWalk+TF	0.58	0.61	0.63	0.63	0.64	0.64	0.66	0.65	0.65	0.63
MFDW	0.58	0.61	0.62	0.63	0.63	0.63	0.63	0.63	0.64	0.62
TADW	0.68	0.72	0.74	0.74	0.74	0.75	0.75	0.75	0.75	0.74
STADW	0.47	0.62	0.66	0.72	0.73	0.74	0.73	0.74	0.74	0.68
MRNR@1	0.76	0.78	0.78	0.78	0.79	0.79	0.79	0.80	0.80	0.79
MRNR@2	0.67	0.69	0.70	0.71	0.71	0.71	0.72	0.72	0.72	0.70
MRNR@1 + NEU	0.77	0.79	0.79	0.79	0.79	0.80	0.80	0.80	0.80	0.79
MRNR@2 + NEU	0.67	0.69	0.70	0.71	0.72	0.72	0.72	0.74	0.72	0.71

表 4-10　DBLP 数据集中的网络节点分类性能对比

算法名称	10%	20%	30%	40%	50%	60%	70%	80%	90%	平均
DeepWalk	0.62	0.64	0.65	0.66	0.66	0.66	0.67	0.67	0.67	0.66
LINE	0.64	0.67	0.67	0.68	0.68	0.68	0.69	0.69	0.69	0.68
node2vec	0.73	0.74	0.75	0.76	0.76	0.76	0.76	0.76	0.76	0.75
GraRep	0.59	0.66	0.67	0.68	0.69	0.69	0.69	0.70	0.70	0.67
Text Feature（TF）	0.66	0.69	0.70	0.71	0.71	0.71	0.72	0.72	0.72	0.71
DeepWalk+TF	0.63	0.65	0.66	0.66	0.66	0.67	0.67	0.67	0.68	0.66
MFDW	0.65	0.75	0.75	0.75	0.75	0.75	0.75	0.75	0.76	0.74
TADW	0.80	0.81	0.82	0.82	0.83	0.83	0.83	0.83	0.83	0.82
STADW	0.75	0.81	0.81	0.81	0.82	0.82	0.82	0.82	0.81	0.81
MRNR@1	0.83	0.84	0.84	0.85	0.85	0.85	0.85	0.85	0.86	0.85
MRNR@2	0.77	0.80	0.81	0.81	0.81	0.82	0.82	0.82	0.82	0.81
MRNR@1 + NEU	0.84	0.86	0.86	0.86	0.87	0.87	0.87	0.87	0.87	0.86
MRNR@2 + NEU	0.80	0.82	0.83	0.83	0.84	0.84	0.84	0.84	0.85	0.83

表 4-11　SDBLP 数据集中的节点分类性能对比

算法名称	10%	20%	30%	40%	50%	60%	70%	80%	90%	平均
DeepWalk	0.62	0.64	0.65	0.66	0.66	0.66	0.67	0.67	0.67	0.66
LINE	0.64	0.67	0.67	0.68	0.68	0.68	0.69	0.69	0.69	0.68
node2vec	0.73	0.74	0.75	0.76	0.76	0.76	0.76	0.76	0.76	0.75
GraRep	0.59	0.66	0.67	0.68	0.69	0.69	0.69	0.70	0.70	0.67
Text Feature（TF）	0.66	0.69	0.70	0.71	0.71	0.71	0.72	0.72	0.72	0.71
DeepWalk+TF	0.63	0.65	0.66	0.66	0.66	0.67	0.67	0.67	0.68	0.66
MFDW	0.65	0.75	0.75	0.75	0.75	0.75	0.75	0.75	0.76	0.74
TADW	0.80	0.81	0.82	0.82	0.83	0.83	0.83	0.83	0.83	0.82
STADW	0.75	0.81	0.81	0.81	0.82	0.82	0.82	0.82	0.81	0.81
MRNR@1	0.83	0.84	0.84	0.85	0.85	0.84	0.85	0.85	0.86	0.85
MRNR@2	0.77	0.80	0.81	0.81	0.81	0.82	0.82	0.82	0.82	0.81
MRNR@1 + NEU	0.84	0.86	0.86	0.86	0.87	0.87	0.87	0.87	0.87	0.86
MRNR@2 + NEU	0.80	0.82	0.83	0.83	0.84	0.84	0.84	0.84	0.85	0.83

基于表 4-9～表 4-11，可以有如下观察内容。

1）MFDW 是 DeepWalk 的一种矩阵分解形式。对于这 3 个数据集，MFDW 的性能和效率都优于 DeepWalk。在 Citeseer 和 DBLP 数据集中，TF 的性能优于 DeepWalk。此外，TF 的性能优于 LINE，在 SDBLP 数据集中与 DeepWalk 的性能几乎相同。MFDW 能够获得更好性能的主要原因是，MFDW 中的所有节点都参与构造了结构特征矩阵。然而，DeepWalk 不必准确地去计算结构特征矩阵。TADW 是一种基于 MFDW 的算法，它将节点文本特征嵌入网络表示向量中，因此 TADW 可以获得更好的性能，优于其他对比算法。而且 IMC 的性能可以在一定程度上大大提升 TADW 的性能。DeepWalk + TF 的性能表明，单纯地拼接 DeepWalk 生成的表示向量和基于文本特征获得的表示向量，性能很难获得提升。实验结果证明，基于 DeepWalk 建模三元组关系与网络结构特征，可以提升原始 DeepWalk 的性能。

2）在 Citeseer、DBLP、SDBLP 数据集中，MRNR@1 的性能均优于 TADW、DeepWalk、node2vec、MFDW、LINE 和 TF。在 Citeseer 和 DBLP 数据集中，MRNR@2 的性能略低于 TADW 而 MRNR@1 和 MRNR@2 的性能优于 SDBLP 数据集中的 TADW。Citeseer、DBLP、SDBLP 这 3 个数据集的网络节点平均度分别为 2.57、11.936、25.339，MRNR@1 和 TADW 在这 3 个数据集的平均准确率随着平均度数的增加，性能差异呈递减趋势。相较于 SBDLP 数据集，虽然所有的对比算法性能几乎相同，但 MRNR@1 和 MRNR@2 的性能最好。MRNR@1 的分类效率优于 MRNR@2，说明节点之间的三元组数越多，MRNR 的分类性能越好。

3）引入的 TADW 和提出的 MRNR 通过结合文本特征来提升网络表示学习的性能。TADW 采用矩阵分解的方法将文本特征融入网络表示向量中，而 MRNR 采用由文本特征构造的节点三元组来约束网络结构特征建模过程。MRNR 中设置节点频数阈值为 5，即在随机游走采样过程中会删除度值小于 5 的节点。TADW 中所有的节点都参与到训练过程中。在 MRNR 中设置最小节点频数参数是为了加快模型的收敛速度。此外，由于 STADW 是一种基于 TADW 的简化算法，它删除了对文本特征的所有优化过程。因此对比 3 个数据集中的实验结果，其计算性能都低于 TADW。

5. *参数分析*

为了研究三元组对 NRL 算法的影响，在式（4-26）中三元组的约束项中加入了权重参数 α，其权重取值为 0.1～0.9，计算每个固定权值为 10%～90%的训练数据集中分类器的准确率，然后在最后一列计算平均准确率。由一元关系组成的三元组的分类性能优于由二元关系组成的三元组的分类性能，因此本节实验只考虑由二元关系组成的三元组建模，具体结果如表 4-12～表 4-14 所示。

表 4-12　在 Citeseer 数据集中三元组权重影响分析

α	训练集比例									平均
	10%	20%	30%	40%	50%	60%	70%	80%	90%	
0.1	0.61	0.64	0.65	0.65	0.66	0.67	0.67	0.67	0.67	0.65
0.2	0.64	0.67	0.68	0.69	0.69	0.69	0.69	0.69	0.70	0.68
0.3	0.65	0.69	0.70	0.70	0.70	0.71	0.71	0.71	0.71	0.70
0.4	0.67	0.69	0.70	0.70	0.71	0.71	0.71	0.72	0.71	0.70
0.5	0.67	0.69	0.70	0.71	0.71	0.71	0.72	0.72	0.72	0.70
0.6	0.67	0.69	0.70	0.71	0.71	0.71	0.72	0.72	0.72	0.71
0.7	0.67	0.69	0.70	0.71	0.71	0.72	0.72	0.72	0.73	0.71
0.8	0.67	0.70	0.71	0.71	0.72	0.72	0.73	0.73	0.73	0.71
0.9	0.67	0.69	0.71	0.72	0.72	0.72	0.73	0.72	0.73	0.71

表 4-13　在 DBLP 数据集中三元组权重影响分析

α	训练集比例									平均
	10%	20%	30%	40%	50%	60%	70%	80%	90%	
0.1	0.78	0.80	0.80	0.81	0.81	0.81	0.81	0.81	0.81	0.80
0.2	0.78	0.79	0.80	0.81	0.81	0.81	0.81	0.81	0.81	0.80
0.3	0.77	0.80	0.80	0.81	0.81	0.81	0.81	0.81	0.82	0.81
0.4	0.78	0.80	0.80	0.81	0.81	0.82	0.81	0.82	0.82	0.81
0.5	0.77	0.80	0.81	0.81	0.81	0.82	0.82	0.82	0.82	0.81
0.6	0.77	0.80	0.81	0.81	0.81	0.81	0.82	0.82	0.82	0.81
0.7	0.78	0.80	0.81	0.81	0.81	0.82	0.82	0.82	0.82	0.81
0.8	0.78	0.80	0.81	0.81	0.81	0.81	0.82	0.82	0.82	0.81
0.9	0.78	0.80	0.81	0.81	0.81	0.82	0.82	0.82	0.82	0.81

表 4-14　在 SDBLP 数据集中三元组权重影响分析

α	训练集比例									平均
	10%	20%	30%	40%	50%	60%	70%	80%	90%	
0.1	0.84	0.85	0.86	0.85	0.85	0.85	0.86	0.86	0.86	0.85
0.2	0.84	0.85	0.85	0.85	0.85	0.86	0.85	0.86	0.86	0.85
0.3	0.84	0.85	0.85	0.85	0.86	0.85	0.86	0.85	0.87	0.85
0.4	0.84	0.84	0.85	0.85	0.85	0.85	0.86	0.85	0.86	0.85
0.5	0.84	0.85	0.85	0.85	0.85	0.85	0.86	0.85	0.85	0.85
0.6	0.84	0.85	0.85	0.85	0.85	0.86	0.86	0.86	0.86	0.85
0.7	0.84	0.85	0.85	0.85	0.85	0.86	0.86	0.86	0.85	0.85
0.8	0.84	0.85	0.85	0.85	0.86	0.86	0.86	0.86	0.87	0.85
0.9	0.84	0.85	0.85	0.85	0.86	0.85	0.85	0.86	0.86	0.85

如表 4-12～表 4-14 所示，在 DBLP 和 SDBLP 数据集中，随着三元组权重值的增加，节点的平均分类准确率在 1%范围内略有变化。然而，在 Citeseer 数据集中，分类精度的波动较为明显。权重 0.1 与权重 0.9 相比，权重 0.9 的平均分类准确率提升了约 9%。此外，Citeseer 数据集较为稀疏，DBLP 和 SDBLP 数据集较为稠密。综上实验结果得出，三元组的权值对稀疏网络表示学习的表示性能有很大影响，而三元组的权值对密集网络表示学习的表示性能影响不大。主要原因是各种算法在密集网络中几乎具有相同的性能，而在稀疏网络中，情况正好相反，或者有所不同。

6. 可视化

在前几节内容中，通过实验来验证了 MRNR 在 Citeseer、DBLP 和 SDBLP 数据集中的性能，本节主要探讨网络表示向量的聚类能力。首先在 Citeseer 数据集中随机选择 4 个网络类别，在 DBLP 和 SDBLP 数据集中随机选择 3 个网络类别。每个类别在 Citeseer 数据集中选择 150 个节点，在 DBLP 和 SDBLP 数据集中选择 200 个节点。图 4-7 为学

习得到的网络表示向量可视化效果。

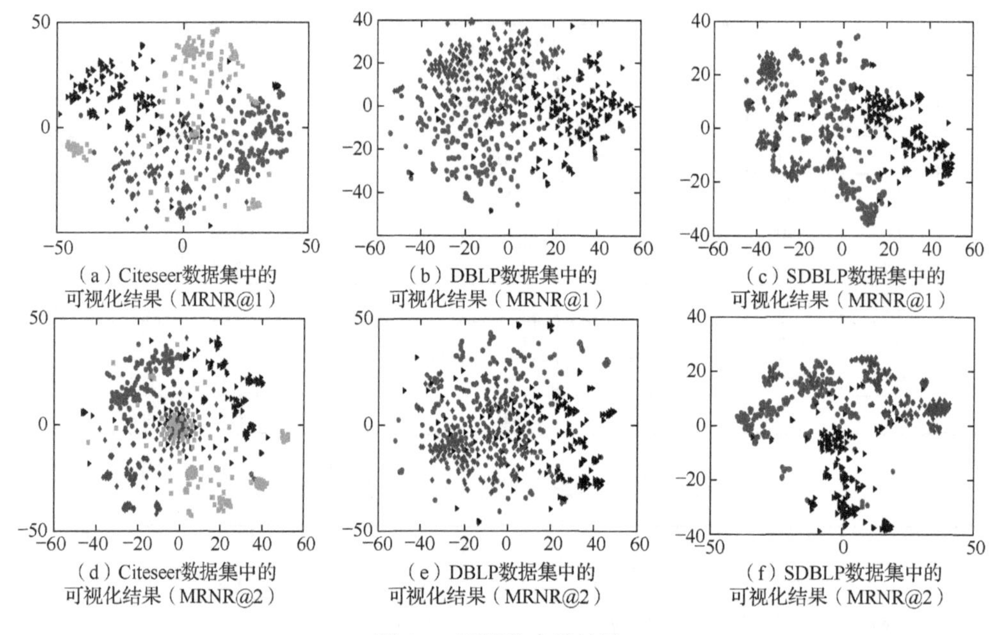

（a）Citeseer数据集中的可视化结果（MRNR@1）　（b）DBLP数据集中的可视化结果（MRNR@1）　（c）SDBLP数据集中的可视化结果（MRNR@1）

（d）Citeseer数据集中的可视化结果（MRNR@2）　（e）DBLP数据集中的可视化结果（MRNR@2）　（f）SDBLP数据集中的可视化结果（MRNR@2）

图 4-7　可视化实验结果

彩图 4-7

在 Citeseer、DBLP、SDBLP 数据集中，一元关系构建的三元组数量多于二元关系构建的三元组数量。而且，在节点分类实验中，三元组数量多的 MRNR@1 的分类性能优于 MRNR@2。因此，MRNR@1 的聚类能力优于 MRNR@2，在 SDBLP 数据集中，两种算法几乎达到相同的聚类性能。可视化实验结果表明，在稀疏网络中，三元组的数量会影响可视化和聚类性能，即足够的三元组有利于特征学习。因此，将大量的三元组引入稀疏网络的网络表示学习中，可以获得优良的表示向量。在密集网络中，三元组的数量对可视化的影响忽略不计。该实验的可视化结果与节点分类结果基本一致。因此，通过两次实验验证了所提出的 MRNR 的可行性。

7. 案例研究

MRNR 可以使用多关系数据优化网络表示学习算法。在本节中，举例进行解释，并结合 Citeseer 数据集进行实例研究。目标标题为“An Evolutionary Algorithm That Constructs Recurrent Neural Networks”。基于 DeepWalk、TADW、MRNR@1 和 MRNR@2，使用余弦相似度方法找到最相关的节点。最后，得到表 4-15 中最邻近的 3 个节点与标题内容。在该实验中，设置三元组权重值为 0.5。

表 4-15 Citeseer 数据集中的案例分析

算法名称	标题	相似度
DeepWalk	The Evolution of Communication in Adaptive Agents	0.827 4
	Challenges and Opportunities of Evolutionary Robotics	0.803 1
	Applying Evolutionary Computation to Designing Neural Networks: A Study of the State of the Art	0.799 8
TADW	Pareto Evolutionary Neural Networks	0.770 5
	Compensating for Neural Transmission Delay Using Extrapolatory Neural Activation in Evolutionary Neural Networks	0.749 1
	An Adaptive Merging and Growing Algorithm for Designing Artificial Neural Networks	0.744 9
MRNR@1	Applying Evolutionary Computation to Designing Neural Networks: A Study of the State of the Art	0.950 8
	Making Use of Population Information in Evolutionary Artificial Neural Networks	0.944 7
	Competitive Coevolution Through Evolutionary Complexification	0.941 5
MRNR@2	On the Combination of Local and Evolutionary Search for Training Recurrent Neural Networks	0.973 6
	Applying Evolutionary Computation to Designing Neural Networks: A Study of the State of the Art	0.964 8
	Evolutionary Reinforcement Learning of Artificial Neural Networks	0.964 7

如表 4-15 所示，TADW 和 MRNR 学习得到的最相关节点标志中既有网络结构相似性又有文本特征相似性。例如，由 TADW、MRNR@1 和 MRNR@2 生成的最相关标题中均包含了相同的单词“Neural Networks”或“Evolutionary”。该实例表明，TADW 和 MRNR 通过平衡结构特征相似度和文本相似度之间的权重来学习网络表示向量。

4.3 节点层次树多元关系建模

4.3.1 问题描述

当前，网络科学在各领域有深入应用，其中社交网络分析是广大学者研究的一个重要课题。网络分析是数据挖掘的一部分，所涉及知识与图论具有一定的联系。复杂网络被关注的主要原因是网络可以被用来表示现实世界中的各种关系和结构。网络被不同领域和不同学科的学者广泛探讨和应用，如生物信息学、社会科学和计算机科学所包含的蛋白质网络、社交网络和语义网络等。网络是由节点集合和节点之间的连边集合构成的，节点分类、节点聚类、链路预测、基于模块度和特征谱的网络可视化等任务被认为是当前复杂网络的重要研究方向。节点分类任务将网络中的具有不同属性的节点进行预测分类；节点聚类则是通过节点相似度计算等方法把具有相同属性的节点自动归类；链路预测是通过已有网络结构信息特征来预测尚未产生连边的节点在未来网络演化中连边的可能性；网络可视化则是一种直观观察网络的结构特征，并对不同的结构网络形成一个具体直观认识的方法。

网络科学经过最近 20 年的飞速发展，各方面的探索取得了很大的突破，包括网络拓扑特性分析、信息传播与控制、博弈等。然而，从网络分析角度考虑，网络分析中计算速度和计算成本等因素仍然限制其研究进一步深入。广大科研从业者从不同网络分析任务出发，开发了很多用于网络建模、分析和可视化的工具、模块，如 GraphX、GraphLab、Gephi 等工具。networkx 是一个用 Python 语言开发的图论与复杂网络建模工具，其内置强大的模块可用于复杂网络数据分析、仿真建模等工作。

过去几年，机器学习中的网络表示学习为基于网络的机器学习任务提供了一个全新思路，该方法旨在将网络结构编码为一个低维度、稠密的表示向量，进而将学习得到的网络表示向量用到不同的机器学习任务中，如网络节点分类、链路预测、聚类和网络可视化等[8]。网络表示学习的优势不仅体现在其研究任务的处理速度上，而且在各种分析实验结果中表现良好。网络表示学习是一种分布式表示学习技术，将网络压缩到低维度空间中首先需要确定模型的输入和输出。其中，对不同的学习任务而言，其输入可能不同，但其输出都是一个压缩、低维度、实质的分布式表示向量。

词表示学习技术具有很长的历史，其经典算法 Word2Vec[12-13]由谷歌公司的 Mikolov 等在 2013 年提出。受 Word2Vec 的启发，Perozzi 等[16]提出了最具影响力的网络表示学习算法，即 DeepWalk。DeepWalk 的思想类似于 Word2Vec，使用图中的节点与节点之间的共现关系来学习节点的向量表示，其关键是怎样描述节点之间的共现关系，其策略是使用随机游走的方式在图中进行随机游走序列采样。当前，DeepWalk 已被应用于各种实际任务中[16]，基于 DeepWalk 的启发，网络表示学习算法的很多改进算法也被提出，用于处理不同类别的网络，如社交网络、生物网络、语义网络、非关系数据中抽取的网络等。虽然这些处理任务不同，其用到的策略和方法也有所不同，如采用矩阵分解、图神经网络、基于边重构优化[91]等方法进行表示学习，但是其目标都是学习网络中节点的表示向量。

之前的研究工作没有将网络结构特征和节点间多关系建模融合到网络表示学习算法中。基于此，本节把基于以上思想的两种技术用于网络表示学习算法中，来提升网络表示学习算法的性能。

彩图 4-8

层次结构布局能直观地表示网络中不同层次节点间的关系，这种关系能够较好地反映现实世界网络的结构特点。层次结构布局的网络非常普遍，如国家机关体系图、企业各级单位划分、复杂网络拓扑结构等。层次关系结构示例如图 4-8 所示，在该示例中给出了树形结构和群组结构的两类层次结构。

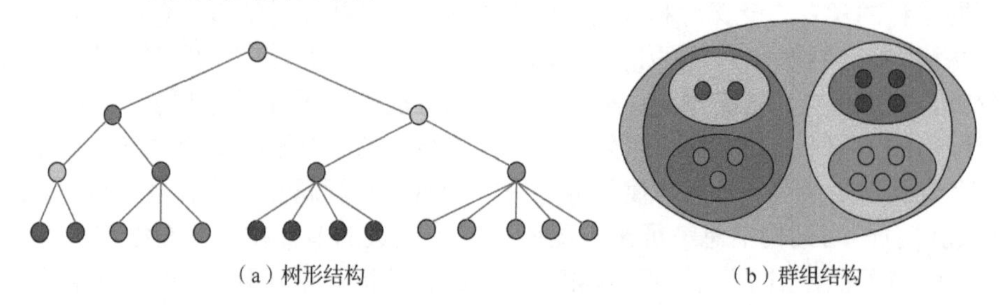

（a）树形结构　　（b）群组结构

图 4-8　层次关系结构示例

由图 4-8 可知，树形结构和群组结构能较好地表示网络结构之间的层次关系，但当图 4-8（b）转换为图 4-8（a）后，可以直观清晰地观察到网络各个节点的隶属关系。由图 4-8（a）可知，第四层节点可划分为 3 个不同类别，第三层节点又可以分为 2 个类别，第二层则归纳为一个共同的类别。在图 4-8（a）中，最底层为网络的节点，该类节点彼此有连边信息。其他层的节点是节点间分类组群后的上层类别节点，这些类别节点之间不具有连边信息。

本节第一个研究工作是如何将网络通过计算构建出具有节点间层次结构信息的树形结构层次关系，从而得到图 4-8（a）所示的网络树形结构的节点隶属关系。在得到的层次树中，最底层为原始网络中的节点，其中节点间具有连边信息，第二层是对原始网络节点的第一次群组划分，紧接着第三层是对第二层群组的划分，以此类推，当网络达到算法设置的终止条件时，该算法结束。同时，该树形结构层次构建完成。该树形结构层次关系的构建算法采用贪婪算法和模块度算法。

本节第二个研究工作是当网络结构转换成树形结构层次关系以后，将该树形结构层次树嵌入网络结构建模中，并最大限度地保留网络的结构信息。为了实现该目标，本节将知识图谱中多元关系建模思想引入网络表示学习。多元关系建模旨在将知识图谱中实体和关系嵌入低维度表示向量空间中，即将知识转换为三元组形式。为了在原始网络节点与群组节点之间进行建模，本节采用知识表示学习中的多元数据建模思路，将节点与节点之间的关系、节点与群组之间的关系统一地嵌入表示向量空间。最后，本节在上面两个研究目标的思路上，提出了一个面向树形层次关系建模的网络联合表示学习算法，简称为 HSNR。

4.3.2　模型框架

1. 基于负采样优化的 CBOW 模型

DeepWalk 是一种学习网络中节点表示向量的方法，该方法将语言建模方法引入网络建模中。该方法用 CBOW 和 Skip-Gram 两个模型来训练表示向量。DeepWalk 可选用 NEG 和 HS[12-13]两种优化方法。基于负采样优化的 CBOW 模型的优点是训练效率高，能够应用在复杂的、训练时间长的网络表示学习任务中；其缺点是在部分数据集中训练精度不如 HS 优化的 Skip-Gram 模型。因此，本节考虑用基于负采样优化的 CBOW 模型。

在 CBOW 模型中，对于节点 v ，$\text{Context}(v)$ 被定义为节点 v 的上下文节点，其并不是一个节点，而是几个节点的集合；$\text{NEG}(v)$ 被定义为节点 v 的负采样集合，且 $\text{NEG}(v) \neq \text{null}$ 。在本书第 2 章中对负采样进行了详细阐述，即从节点游走序列中选择一个出现频率较高的节点作为负采样节点。此外，对于 $\forall u \in C$ ，定义

$$L^v(u) = \begin{cases} 1, u = v \\ 0, u \neq v \end{cases} \tag{4-32}$$

作为节点 u 的采样结果标签，即 1 和 0 分别作为正样本和负样本标签[12-13]。其中 C 作为节点集合。

在 HS 优化的 CBOW 模型中，对于给定的 $(\text{Context}(v), v)$ ，训练目标函数为

$$g(v) = \prod_{\xi \in \{v\} \cup \text{NEG}(v)} p(\xi \mid \text{Context}(v)) \tag{4-33}$$

式中，

$$p(\xi \mid \text{Context}(v)) = \begin{cases} \sigma(\boldsymbol{x}_v^{\mathrm{T}}\boldsymbol{\theta}^{\xi}), & L^v(\xi) = 1 \\ 1 - \sigma(\boldsymbol{x}_v^{\mathrm{T}}\boldsymbol{\theta}^{\xi}), & L^v(\xi) = 0 \end{cases} \tag{4-34}$$

其中，$\sigma(x)$ 为 Sigmoid 函数，通常作为神经网络的激活函数，其将变量值映射为 0～1，具体表达式为 $\sigma(x) = 1/(1+\mathrm{e}^{-x})$；$\boldsymbol{x}_v$ 为 Context(v) 中各个节点向量求和值；$\boldsymbol{\theta}^{\xi}$ 为待训练节点 ξ 的向量表示。式（4-34）也可表示为

$$p(\xi \mid \text{Context}(v)) = [\sigma(\boldsymbol{x}_v^{\mathrm{T}}\boldsymbol{\theta}^{\xi})]^{L^v(\xi)} \cdot [1-\sigma(\boldsymbol{x}_v^{\mathrm{T}}\boldsymbol{\theta}^{\xi})]^{1-L^v(\xi)} \tag{4-35}$$

将式（4-35）代入式（4-33）可得

$$g(v) = \prod_{\xi \in \{v\} \cup \mathrm{NEG}(v)} [\sigma(\boldsymbol{x}_v^{\mathrm{T}}\boldsymbol{\theta}^{\xi})]^{L^v(\xi)} [1-\sigma(\boldsymbol{x}_v^{\mathrm{T}}\boldsymbol{\theta}^{\xi})]^{1-L^v(\xi)} \tag{4-36}$$

则

$$G = \prod_{v \in C} g(v) \tag{4-37}$$

可作为 HS 优化的 CBOW 模型的训练目标函数。为方便计算，对式（4-37）进行取对数操作，则有

$$\begin{aligned} L(v) &= \log G \\ &= \log \prod_{v \in C} g(v) \\ &= \sum_{v \in C} \log g(v) \\ &= \sum_{v \in C} \sum_{\xi \in \{v\} \cup \mathrm{NEG}(v)} \{L^v(\xi) \cdot \log[\sigma(\boldsymbol{x}_v^{\mathrm{T}}\boldsymbol{\theta}^{\xi})] + (1-L^v(\xi)) \cdot \log[1-\sigma(\boldsymbol{x}_v^{\mathrm{T}}\boldsymbol{\theta}^{\xi})]\} \\ &= \sum_{v \in C} \log g(v) \end{aligned} \tag{4-38}$$

式(4-38)为基于负采样优化的 CBOW 模型。有些文献中将基于负采样优化的 CBOW 模型写为

$$L(v) = \sum_{v \in C} \sum_{\xi \in \{v\} \cup \mathrm{NEG}(v)} \log p(\xi \mid \text{Context}(v)) \tag{4-39}$$

2. 关系模型

自从人工智能概念被提出以来，出现了一些大规模知识库构建的研究方向，这被认为是人工智能、自然语言理解的重要任务之一。例如，目前已经出现的知识库有 OpenCye、YAGO、Freebase、Dbpedia[192-193]等。2012 年 5 月，谷歌公司首次在搜索引擎中引入知识图谱，之后必应、百度、搜狗等搜索引擎公司纷纷推出各自的知识图谱。知识图谱的底层是图结构数据，将图中的节点转换成表示向量形式，就能将知识表示向量输入机器学习任务进行各类计算，如知识推理等。通过表示向量学习知识库中不同实体间的结构关系，是大数据智能时代下自然语言处理、信息检索、人工智能的重要研究领域。

知识图谱旨在描述现实世界中概念、实体、事件之间的关系，即可用三元组 (head,label,tail) 形象表示。其中，head 表示头实体，tail 表示尾实体，label 表示头实体与尾实体之间的关系标签。对整个知识库而言，构建知识库的知识图谱，实质上就是构建一个巨大的知识关系网络，其中节点为实体，连边为实体间的关系。可以利用网络表

示学习中的 DeepWalk 模型得到各个实体所对应节点的表示向量。然而，知识库所对应网络节点与节点之间是有向网络，此时，能够解决这一问题的 TransE[191]算法应运而生，TransE 可以学习实体与关系之间的表示向量。

TransE 算法的训练目标为

$$L=\sum_{(h,l,t)\in S}\sum_{(h',l,t')\in S'_{(h,l,t)}}[\lambda+d(\boldsymbol{h}+\boldsymbol{l},\boldsymbol{t})-d(\boldsymbol{h}'+\boldsymbol{l},\boldsymbol{t}')]_+ \tag{4-40}$$

式中，

$$S'_{(h,l,t)}=\{(h',l,t)\,|\,h'\in E\}\cup\{(h,l,t')\,|\,t'\in E\} \tag{4-41}$$

其中，S 表示头实体、关系和尾实体的集合；S' 为其对应的负采样，即不是三元组关系的知识即为负采用的三元组；$\lambda>0$ 作为间隔参数；$[\cdot]_+$ 代表取正数。式(4-40)中 $d(\boldsymbol{h}+\boldsymbol{l},\boldsymbol{t})$ 表示头实体加关系标签，$\boldsymbol{h}$ 表示头实体 head 的向量，$\boldsymbol{t}$ 表示尾实体 tail 的向量，$\boldsymbol{l}$ 表示关系 label 的向量。然后计算其与尾实体之间的表示向量空间距离，则式（4-41）表示为

$$S'_{(h,l,t)}=\{(h',l,t)\,|\,h'\in E\}\cup\{(h,l,t')\,|\,t'\in E\} \tag{4-42}$$

式中，h' 表示头实体 head 负采样后的头实体；t' 表示尾实体 tail 负采样后的尾实体。

3. 树形结构层次化关系获取

本部分研究的首要工作是将普通网络的结构关系转换成带有层次结构的网络，之后将对应的层次化网络节点关系输入网络表示学习模型中进行训练。本节考虑将普通网络转换成带有层次结构网络的原因是层次化网络更能直观体现网络之间的层级关系，通过低一层级节点向上合并成更高一级层次节点时，很好地表现出同层网络节点间的关联关系。然后将树形层次化网络作为网络表示学习模型中的训练输入时，模型输出的网络表示向量中既含有网络结构特性信息，也含有网络节点之间的层次关系。为了更加形象地说明普通网络结构如何转换为树形网络层次化关系，图 4-9 中给出了一个具体的树形结构层次化关系示例。

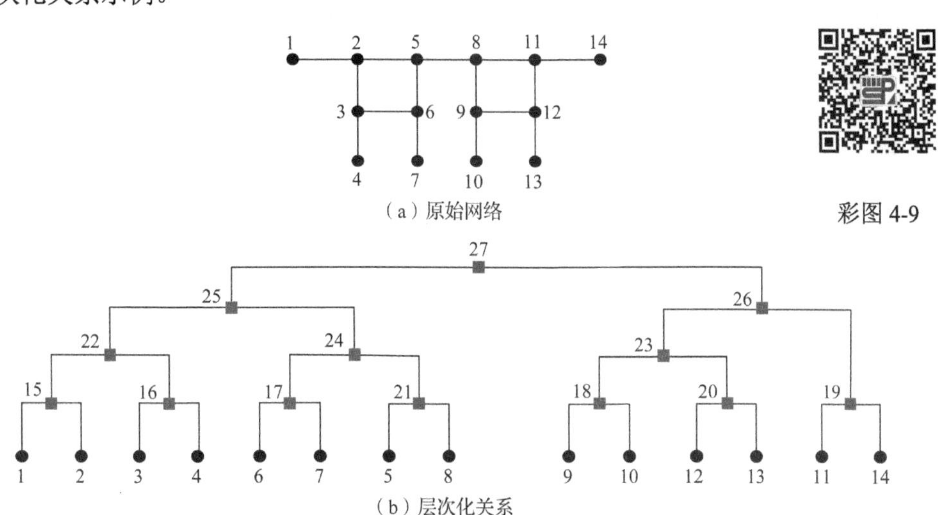

（a）原始网络

彩图 4-9

（b）层次化关系

图 4-9　树形结构层次化关系示例

为了实现该树形层次结构关系获取这一过程，层次聚类法是一个可行的实现算法。该算法首先计算样本间的距离，通过比较距离获取距离最近的节点，将最近节点合并成同一类节点，再将获得的对象重新进行上述操作。以此类推，可获得层次聚类。但是该方法的缺点是计算复杂度偏高、奇异值产生的影响较大等。为了完成将网络转换成树形层次化关系任务，本节考虑将模块度算法应用到该过程，并结合贪婪算法构造出树形层次关系。

在现实世界的很多网络（如社交网络、代谢网络、调控网络等）中，社团结构或网络模块是一个重要的问题。模块度则是一个发现网络中社团结构的重要检测算法，并对网络社团划分的质量进行评测。2003 年，Newman 最早提出了模块度的概念，并假设网络被划分成 k 个社团，认为不同社团内部边数总和占总边数之和越接近于 1，则该社团划分越好，但是该思路的不足是当把整个网络划分为一个社团时，则上述值自然是 1。于是，2006 年 Newman 在文献[194]中重新定义了模块度，此时加入了网络中的任意两个节点之间的连边概率。模块度的概念被认可后，后续很多工作是寻找使得网络中划分对应模块度最大的算法。本节同样采用模块度 Q 函数来评测社团划分质量。

对于给定的网络，假设有 c 个社团，我们定义 $\boldsymbol{E}=(e_{ij})_{c\times c}$ 为网络中 c 个社团之间的连边矩阵，e_{ij} 则为社团 i 与社团 j 连边数与网络总边数的比值，ds 为矩阵对角线之和，b 为矩阵中每个行向量之和，则模块度定义为

$$Q=\sum_{i=1}^{c}(e_{ii}-b_i^2)=ds-\|\boldsymbol{E}\|^2 \tag{4-43}$$

式中，$\|\boldsymbol{E}\|$ 为矩阵 $\boldsymbol{E}$ 中全部元素之和。式（4-43）中，Q 的值越接近于 1 则说明该网络的社团划分质量越高，网络有较为明显的社团结构存在。

贪婪算法在问题求解过程中总是做出局部最优选择，即把求解问题分解成若干个子问题，对每个子问题求解得到子问题的局部最优解，最后通过局部最优策略产生全局最优。本节在构建树形结构层次化关系时是基于贪婪算法的思想，开始将每一个节点看作一个社团，在优化过程中，不断合并子问题，并保证子问题最优，且要获得模块度最大的社团划分，如此进行，直至构建出具有最优结构的网络社团划分。

具体而言，设网络为 N 个节点规模的网络，构建节点层次关系模型主要分为以下几个步骤。

（1）开始

设开始时网络中的 N 个节点为 N 个群组，并设初始模块度 $Q=0$，将 e_{ij} 和 a_i 定义为

$$e_{ij}=\begin{cases}1/(2M), & v_i\text{和}v_j\text{之间存在连边}\\ 0, & \text{其他}\end{cases} \tag{4-44}$$

$$a_i=k_i/(2M) \tag{4-45}$$

式中，M 是网络中的连边数目；k_i 是网络中节点 i 对应的节点度。

（2）计算

通过贪婪算法对网络中每一个有边连接的群组进行合并，并计算合并网络的模块度增量：

$$\Delta Q = e_{ij} + e_{ji} - 2a_i a_j = 2(e_{ij} - a_i a_j) \tag{4-46}$$

网络中整个模块度计算定义为

$$Q = Q + \max\{\Delta Q_{ij}\} \tag{4-47}$$

（3）反复调用（2）

基于贪婪算法思想，不断对网络中的群组进行合并，直至最终得到一个最大的群组，该过程最多进行 $N-1$ 次迭代。基于以上思想，在该树形层次结构生成过程中，每完成一步，模块度 Q 值都应递增最大，即便减小，也要保证模块度 Q 的减小量最小。

图 4-9（b）是一个根据以上算法生成树形结构层次关系的过程示例，开始时，网络中有 N 个节点，即为网络中标号 1～14 的节点。第一步对节点(1,2)、节点(3,4)、节点(6,7)、节点(5,8)、节点(9,10)、节点(12,13)、节点(11,14)分别进行合并，合并后的网络对应为节点 15、节点 16、节点 17、节点 21、节点 18、节点 20、节点 19。如果上面群组中的节点间存在连边，那么继续进行迭代，能够合并得到节点 22、节点 24、节点 23 标号所对应的群组。最后得到网络中的节点标号为 27 的群组，算法终止。

4. HSNR 建模

在前面的内容中，分别介绍了基于负采样优化的 CBOW 模型、知识库的关系建模和树形结构层次关系建模。以上内容为本节 HSNR 的基本知识。本节将详细介绍如何在前面几个模型的基础上进行改进和创新，提出一个新颖的 HSNR。

在前面介绍了对普通网络构建具有树形结构层次关系的网络，该网络引用了贪婪算法的思想，即构建开始将网络中的每一个节点看作一个群组，通过不断优化迭代，每一步所做的贪婪选择都使最终问题整体最优。该过程中尽可能使模块度 Q 的增量值最大化，即保证网络中的社团划分达到最优。在图 4-9（b）中，节点 3 与节点 4 合并为标号 16 的节点，节点 6 与节点 7 合并为标号 17 的节点，节点 16、节点 17 则分别与节点 15、节点 21 合并为节点 22 和节点 24，这些合并后的新节点将应用于本节的 HSNR 中。

完成了网络的树形层次化关系之后，进而需要将树形层次化网络结构通过知识表示学习算法的思想嵌入网络表示学习算法构建中，从而学习获得网络节点嵌入。知识表示学习有很多不同的优化算法，如何采用知识表示学习思想将网络节点之间的层次关系嵌入网络表示学习模型中是一项复杂的任务，本节在前人的实验基础上，通过实验得到一个效果较优的方法。

首先，将层次化网络结构通过知识图谱的思想，将节点之间的多元关系转换为源节点、关系、目标节点的三元组形式，按照知识表示学习的方法将其表示为 $<\text{source\_vertex}, \text{group\_vertex}, \text{destnation\_vertex}>$。该表示形式与知识表示中的实体、关系和实体是一致的。在图 4-9 中可具体体现为 $<3,16,4>$、$<6,17,7>$、$<1,25,8>$ 和 $<1,25,6>$ 等。

其次，将知识表示学习中的多关系建模用于节点的源节点、关系、目标节点三元组关系建模过程。在知识图谱中可以将知识表示为三元组的形式，而知识表示则是将知识库中的实体与关系嵌入低维度空间的表示向量中。TransE 算法是最为经典的知识表示学习算法，TransE 算法将知识三元组 (h,l,t) 的关系建模目标定义为 $\boldsymbol{h}+\boldsymbol{l}=\boldsymbol{t}$。DeepWalk 算法则可以获取网络中不同节点的结构关系向量，而三元组关系能够学习 (h,l,t) 中实体和关系的表示向量。因此，将 DeepWalk 和 TransE 进行结合，得到 HSNR 模型的目标函数。下面先给出 TransE 的目标函数，其为

$$L(v,\text{label})=\sum_{v\in C}\sum_{\text{label}\in R_v}\log g_{\text{head+label}}(v) \tag{4-48}$$

式中，R_v 代表节点 v 所在的三元组形成的集合；

$$g_{\text{head+label}}(v)=\prod_{\xi\in\{v\}\cup\text{NEG}(v)}[\sigma(\boldsymbol{x}_{\text{head+label}}^{\mathrm{T}}\boldsymbol{\theta}^{\xi})]^{L^v(\xi)}[1-\sigma(\boldsymbol{x}_{\text{head+label}}^{\mathrm{T}}\boldsymbol{\theta}^{\xi})]^{1-L^v(\xi)}$$

为了三元组建模与网络结构建模间进行联合学习，将 HSNR 的目标函数定义为

$$L=L(v)+\gamma\times L(v,\text{label}) \tag{4-49}$$

为了使 $L(v)$ 与 $L(v,\text{label})$ 之间能够进行权重平衡和调整，设置一个超参数 γ 。此时，式（4-49）可以写成如下形式：

$$\begin{aligned}L&=\sum_{v\in C}\left(\log g(v)+\gamma\times\sum_{\text{label}\in R_v}g_{\text{head+label}}(v)\right)\\&=\sum_{v\in C}\sum_{\xi\in\{v\}\cup\text{NEG}(v)}\{L^v(\xi)\cdot\log[\sigma(\boldsymbol{x}_v^{\mathrm{T}}\boldsymbol{\theta}^{\xi})]+(1-L^v(\xi))\cdot\log[1-\sigma(\boldsymbol{x}_v^{\mathrm{T}}\boldsymbol{\theta}^{\xi})]\}\\&\quad+\gamma\times\sum_{v\in C}\sum_{\text{label}\in R_v}\sum_{\xi\in\{v\}\cup\text{NEG}(v)}\{L^v(\xi)\cdot\log[\sigma(\boldsymbol{x}_{\text{head+label}}^{\mathrm{T}}\boldsymbol{\theta}^{\xi})]\\&\quad+(1-L^v(\xi))\cdot\log[1-\sigma(\boldsymbol{x}_{\text{head+label}}^{\mathrm{T}}\boldsymbol{\theta}^{\xi})]\}\end{aligned} \tag{4-50}$$

式（4-50）即为 HSRN 所要优化的目标函数。为了该优化过程，需要引进神经网络中的 Sigmoid 函数，即在定义域趋近于正无穷和负无穷时，此函数也能达到平滑状态，且该函数的值域为 0～1；与此同时，还要引进几个矩阵求导公式等。

Sigmoid 函数表达式为

$$\sigma(x)=\frac{1}{1+\mathrm{e}^{-x}} \tag{4-51}$$

式中，定义域为 $x\in(-\infty,+\infty)$ ，值域为(0,1)。对其求导得到

$$\sigma(x)'=\sigma(x)[1-\sigma(x)] \tag{4-52}$$

对 $\log\sigma(x)$ 与 $\log(1-\sigma(x))$ 求导得

$$[\log\sigma(x)]'=1-\sigma(x) \tag{4-53}$$

$$[\log(1-\sigma(x))]'=-\sigma(x) \tag{4-54}$$

引用矩阵求导的一些结论，如

$$\frac{\partial\boldsymbol{\beta}^{\mathrm{T}}\boldsymbol{x}}{\partial\boldsymbol{x}}=\boldsymbol{\beta} \tag{4-55}$$

$$\frac{\partial\boldsymbol{x}^{\mathrm{T}}\boldsymbol{\beta}}{\partial\boldsymbol{x}}=\boldsymbol{\beta} \tag{4-56}$$

式（4-50）中第一部分为 $L(v)$ ，第二部分为 $L(v,\text{label})$ 。于是，进行优化时，首先优化第一部分 $L(v)$ ，然后优化第二部分 $L(v,\text{label})$ 。

考虑到式（4-50）中有

$$L(v)=\sum_{v\in C}\sum_{\xi\in\{v\}\cup\text{NEG}(v)}\{L^v(\xi)\cdot\log[\sigma(\boldsymbol{x}_v^{\mathrm{T}}\boldsymbol{\theta}^{\xi})]+(1-L^v(\xi))\cdot\log[1-\sigma(\boldsymbol{x}_v^{\mathrm{T}}\boldsymbol{\theta}^{\xi})]\}$$

则定义

$$\varphi = L^v(\xi)\cdot\log[\sigma(\boldsymbol{x}_v^{\mathrm{T}}\boldsymbol{\theta}^{\xi})] + (1-L^v(\xi))\cdot\log[1-\sigma(\boldsymbol{x}_v^{\mathrm{T}}\boldsymbol{\theta}^{\xi})] \tag{4-57}$$

此时用随机梯度上升法，对式（4-57）进行优化。

第一步，对函数 φ 中的参数 $\boldsymbol{\theta}^{\xi}$ 求偏导数，得到

$$\begin{aligned}\frac{\partial\varphi}{\partial\boldsymbol{\theta}^{\xi}} &= L^v(\xi)\cdot[1-\sigma(\boldsymbol{x}_v^{\mathrm{T}}\boldsymbol{\theta}^{\xi})]\boldsymbol{x}_v - [1-L^v(\xi)]\cdot\sigma(\boldsymbol{x}_v^{\mathrm{T}}\boldsymbol{\theta}^{\xi})\boldsymbol{x}_v\\ &= L^v(\xi)\boldsymbol{x}_v - L^v(\xi)\sigma(\boldsymbol{x}_v^{\mathrm{T}}\boldsymbol{\theta}^{\xi})\boldsymbol{x}_v - \sigma(\boldsymbol{x}_v^{\mathrm{T}}\boldsymbol{\theta}^{\xi})x_v + L^v(\xi)\sigma(\boldsymbol{x}_v^{\mathrm{T}}\boldsymbol{\theta}^{\xi})\boldsymbol{x}_v\\ &= L^v(\xi)\boldsymbol{x}_v - \sigma(\boldsymbol{x}_v^{\mathrm{T}}\boldsymbol{\theta}^{\xi})\boldsymbol{x}_v\\ &= [L^v(\xi) - \sigma(\boldsymbol{x}_v^{\mathrm{T}}\boldsymbol{\theta}^{\xi})]\boldsymbol{x}_v\end{aligned} \tag{4-58}$$

第二步，对函数 φ 中的参数 $\boldsymbol{x}_v$ 求偏导数，得到

$$\begin{aligned}\frac{\partial\varphi}{\partial\boldsymbol{x}_v} &= L^v(\xi)\cdot[1-\sigma(\boldsymbol{x}_v^{\mathrm{T}}\boldsymbol{\theta}^{\xi})]\boldsymbol{\theta}^{\xi} - [1-L^v(\xi)]\cdot\sigma(\boldsymbol{x}_v^{\mathrm{T}}\boldsymbol{\theta}^{\xi})\boldsymbol{\theta}^{\xi}\\ &= L^v(\xi)\boldsymbol{\theta}^{\xi} - L^v(\xi)\sigma(\boldsymbol{x}_v^{\mathrm{T}}\boldsymbol{\theta}^{\xi})\boldsymbol{\theta}^{\xi} - \sigma(\boldsymbol{x}_v^{\mathrm{T}}\boldsymbol{\theta}^{\xi})\boldsymbol{\theta}^{\xi} + L^v(\xi)\sigma(\boldsymbol{x}_v^{\mathrm{T}}\boldsymbol{\theta}^{\xi})\boldsymbol{\theta}^{\xi}\\ &= L^v(\xi)\boldsymbol{\theta}^{\xi} - \sigma(\boldsymbol{x}_v^{\mathrm{T}}\boldsymbol{\theta}^{\xi})\boldsymbol{\theta}^{\xi}\\ &= [L^v(\xi) - \sigma(\boldsymbol{x}_v^{\mathrm{T}}\boldsymbol{\theta}^{\xi})]\boldsymbol{\theta}^{\xi}\end{aligned} \tag{4-59}$$

向量 $\boldsymbol{x}_v$ 是上下文节点的表示向量累加，那么定义 $\boldsymbol{v}(\tilde{v})$ 为其中的单个上下文节点的表示向量，因此有

$$\boldsymbol{\theta}^{\xi} := \boldsymbol{\theta}^{\xi} + \mu\cdot[L^v(\xi) - \sigma(\boldsymbol{x}_v^{\mathrm{T}}\boldsymbol{\theta}^{\xi})]\boldsymbol{x}_v \tag{4-60}$$

$$\boldsymbol{v}(\tilde{v}) := \boldsymbol{v}(\tilde{v}) + \mu\cdot\sum_{\xi\in\{v\}\cup\mathrm{NEG}(v)}[L^v(\xi) - \sigma(\boldsymbol{x}_v^{\mathrm{T}}\boldsymbol{\theta}^{\xi})]\cdot\boldsymbol{\theta}^{\xi} \tag{4-61}$$

下面考虑 $L(v,\mathrm{label})$ 的优化，该过程同样固定式（4-50）的第一部分，然后对第二部分进行优化处理，即求 $L(v,\mathrm{label})$ 中参数所对应的偏导数。

$L(v,\mathrm{label})$ 定义为

$$\begin{aligned}L(v,\mathrm{label}) = \sum_{v\in C}\sum_{\mathrm{label}\in R_v}\sum_{\xi\in\{v\}\cup\mathrm{NEG}(v)}&\{L^v(\xi)\cdot\log[\sigma(\boldsymbol{x}_{\mathrm{head+label}}^{\mathrm{T}}\boldsymbol{\theta}^{\xi})]\\ &+(1-L^v(\xi))\cdot\log[1-\sigma(\boldsymbol{x}_{\mathrm{head+label}}^{\mathrm{T}}\boldsymbol{\theta}^{\xi})]\}\end{aligned} \tag{4-62}$$

式中，$\xi\in\{v\}\cup\mathrm{NEG}(v)$。对 $(\mathrm{head},\mathrm{label},\mathrm{tail})$ 进行负采样时，若三元组存在于知识库中，则将其设置成正样本；若不存在于知识库中，则将其设置为负样本。

其次，定义如下公式：

$$\psi = L^v(\xi)\cdot\log[\sigma(\boldsymbol{x}_{\mathrm{head+label}}^{\mathrm{T}}\boldsymbol{\theta}^{\xi})] + (1-L^v(\xi))\cdot\log[1-\sigma(\boldsymbol{x}_{\mathrm{head+label}}^{\mathrm{T}}\boldsymbol{\theta}^{\xi})] \tag{4-63}$$

仍考虑使用随机梯度上升法对 ψ 中的变量进行优化，对变量 $\boldsymbol{\theta}^{\xi}$ 求偏导数得

$$\begin{aligned}\frac{\partial\psi}{\partial\boldsymbol{\theta}^{\xi}} &= L^v(\xi)\cdot[1-\sigma(\boldsymbol{x}_{\mathrm{head+label}}^{\mathrm{T}}\boldsymbol{\theta}^{\xi})]\boldsymbol{x}_{\mathrm{head+label}} - [1-L^v(\xi)]\cdot\sigma(\boldsymbol{x}_{\mathrm{head+label}}^{\mathrm{T}}\boldsymbol{\theta}^{\xi})\boldsymbol{x}_{\mathrm{head+label}}\\ &= L^v(\xi)\boldsymbol{x}_{\mathrm{head+label}} - L^v(\xi)\sigma(\boldsymbol{x}_{\mathrm{head+label}}^{\mathrm{T}}\boldsymbol{\theta}^{\xi})\boldsymbol{x}_{\mathrm{head+label}} - \sigma(\boldsymbol{x}_{\mathrm{head+label}}^{\mathrm{T}}\boldsymbol{\theta}^{\xi})\boldsymbol{x}_{\mathrm{head+label}}\\ &\quad L^v(\xi)\sigma(\boldsymbol{x}_{\mathrm{head+label}}^{\mathrm{T}}\boldsymbol{\theta}^{\xi})\boldsymbol{x}_{\mathrm{head+label}}\\ &= [L^v(\xi) - \sigma(\boldsymbol{x}_{\mathrm{head+label}}^{\mathrm{T}}\boldsymbol{\theta}^{\xi})]\boldsymbol{x}_{\mathrm{head+label}}\end{aligned} \tag{4-64}$$

接下来对函数 ψ 中的 $\boldsymbol{x}_{\mathrm{head+label}}$ 求偏导数，得到

$$\begin{aligned}\frac{\partial \psi}{\partial \boldsymbol{x}_{\text{head+label}}} &= L^v(\xi)\cdot[1-\sigma(\boldsymbol{x}_{\text{head+label}}^{\text{T}}\boldsymbol{\theta}^{\xi})]\boldsymbol{\theta}^{\xi} - [1-L^v(\xi)]\cdot\sigma(\boldsymbol{x}_{\text{head+label}}^{\text{T}}\boldsymbol{\theta}^{\xi})\boldsymbol{\theta}^{\xi} \\ &= L^v(\xi)\boldsymbol{\theta}^{\xi} - L^v(\xi)\sigma(\boldsymbol{x}_{\text{head+label}}^{\text{T}}\boldsymbol{\theta}^{\xi})\boldsymbol{\theta}^{\xi} - \sigma(\boldsymbol{x}_{\text{head+label}}^{\text{T}}\boldsymbol{\theta}^{\xi})\boldsymbol{\theta}^{\xi} + L^v(\xi)\sigma(\boldsymbol{x}_{\text{head+label}}^{\text{T}}\boldsymbol{\theta}^{\xi})\boldsymbol{\theta}^{\xi} \\ &= L^v(\xi)\boldsymbol{\theta}^{\xi} - \sigma(\boldsymbol{x}_{\text{head+label}}^{\text{T}}\boldsymbol{\theta}^{\xi})\boldsymbol{\theta}^{\xi} \\ &= [L^v(\xi) - \sigma(\boldsymbol{x}_{\text{head+label}}^{\text{T}}\boldsymbol{\theta}^{\xi})]\boldsymbol{\theta}^{\xi}\end{aligned} \tag{4-65}$$

另外，已知 $\boldsymbol{x}_{\text{head+label}} = \boldsymbol{x}_{\text{head}} + \boldsymbol{x}_{\text{label}}$，$\boldsymbol{x}_{\text{head+label}}$ 的表示向量可以通过后面 $\boldsymbol{x}_{\text{head}}$ 与 $\boldsymbol{x}_{\text{label}}$ 的表示向量求和所得。最终，计算获得每个参数的最优公式，即

$$\boldsymbol{\theta}^{\xi} := \boldsymbol{\theta}^{\xi} + \mu\cdot[L^v(\xi) - \sigma(\boldsymbol{x}_{\text{head+label}}^{\text{T}}\boldsymbol{\theta}^{\xi})]\cdot\boldsymbol{x}_{\text{head+label}} \tag{4-66}$$

$$\boldsymbol{x}_{\text{head}} := \boldsymbol{x}_{\text{head}} + \mu\sum_{\xi\in\{v\}\cup\text{NEG}(v)}[L^v(\xi) - \sigma(\boldsymbol{x}_{\text{head+label}}^{\text{T}}\boldsymbol{\theta}^{\xi})]\cdot\boldsymbol{\theta}^{\xi} \tag{4-67}$$

$$\boldsymbol{x}_{\text{label}} := \boldsymbol{x}_{\text{label}} + \mu\sum_{\xi\in\{v\}\cup\text{NEG}(v)}[L^v(\xi) - \sigma(\boldsymbol{x}_{\text{head+label}}^{\text{T}}\boldsymbol{\theta}^{\xi})]\cdot\boldsymbol{\theta}^{\xi} \tag{4-68}$$

至此，得到了 HSNR 中全部的参数更新公式，即式（4-66）～式（4-68）。这里要考虑到前面的权重参数 γ 平衡 $L(v)$ 与 $L(v,\text{label})$，所以，要让式（4-66）～式（4-68）中的第二项分别与 γ 相乘。

4.3.3　实验分析

1. 数据集

在本节中，将采用 Citeseer、Cora 和 Wiki 这 3 个评测数据集评估本节提出的 HSNR 算法的性能，主要评估其在网络节点分类和可视化两个任务上的有效性，这两个任务是网络表示学习评测的经典任务。Citeseer 数据集和 Cora 数据集是由论文和其引用关系组成的引文网络数据集，这其中包括引用关系、作者合作关系、关键词等信息。Wiki 数据集则是由维基百科页面链接构建而成的。3 个数据集的相关指标如表 4-16 所示。

表 4-16　数据集的相关指标

数据集	节点	边	类别数	平均度	平均路径长度
Citeseer	3 312	4 732	6	2.857	9.036
Cora	2 708	5 429	7	4.01	6.31
Wiki	2 405	17 981	19	14.953	3.65

表 4-16 所示为数据集网络所含的拓扑信息，能发现 3 个数据集的网络规模比较相近，但是 Citeseer 数据集网络有最多的节点，却有较小平均度和较大平均路径长度，这说明 Citeseer 数据集网络结构相对稀疏，而 Wiki 数据集网络结构较为稠密。本节使用这 3 个网络数据集验证 HSNR 算法的有效性和准确性。另外，在基于 HSNR 算法的网络层次关系建模中，本节采用了模块度算法和贪婪算法。因此，上述 3 个数据集的具体模块度值如表 4-17 所示。

表 4-17　模块度值

数据集	Citeseer	Cora	Wiki
Q values	0.942 3	0.838 7	0.852 1

2. 对比算法

HSNR 本质上是基于网络结构特征学习的网络表示学习算法，其不需要考虑网络中所包含的其他信息，如网络节点的属性特征、节点间的权重大小、网络社区的标签等。为了观察 HSNR 对网络拓扑结构特征挖掘的有效性，本节实验采用了如下几个对比算法。

（1）HARP（DeepWalk）[185]

一些网络表示学习算法重点对网络的局部结构特征进行建模，如一阶相似性、二阶相似性。但是，在网络嵌入过程中，HARP 能较好地保存网络高阶特征关系。HARP 通过不断合并网络的节点、连边形成规模更小的网络，再通过当前已有的网络表示学习算法进行网络特征提取，这是一种新的学习范式，并能获取很好的嵌入效果，有利于机器学习任务。DeepWalk、node2vec 等网络表示学习算法均可以作为 HARP 学习框架的元算法，但本节采用 DeepWalk 作为元算法。

（2）DeepWalk+NEU

DeepWalk+NEU 可以将 DeepWalk 学习得到的网络表示向量进行高阶转换，这种转换对网络的表示学习非常有用。其实，NEU 就是一个转换算法。

本节中使用的 node2vec、GraRep 等在前面的相关内容中多次介绍，因此，在此不再重复介绍。

3. 实验设置

本节采用 Citeseer、Cora 和 Wiki 数据集来验证所提出的 HSNR 算法，第一个任务是网络节点分类，主要采用 LIBLINEAR[195]包；另一个任务是网络可视化任务。选择数据集中的一部分作为训练集，剩余部分作为测试集。采用的训练集数据选取数据 10%～90%。随机游走序列数量为 10，随机游走序列上的窗口大小设定为 5。负采样大小设定为 5，即只考虑网络随机游走序列中的节点频次大于 5 的节点。本节对所有实验进行 10 次独立的重复实验，并取平均值。节点向量维度设定为 100 维。

4. 实验结果与分析

本节用 Citeseer、Cora 和 Wiki 这 3 个数据集对 HSNR 进行仿真实验。网络中节点分类结果如表 4-18～表 4-20 所示，表中第一列为不同的算法名称，之后每一列为对应网络节点比例下所对应的准确率，最后一列为不同网络比例下的平均准确率。其中，将 HSNR 的权重 γ 分别设置为 0.1、0.3、0.5、0.7 和 0.9。

表 4-18　Citeseer 数据集中的网络节点分类性能比较

算法名称	10%	20%	30%	40%	50%	60%	70%	80%	90%	平均
DeepWalk	0.476	0.502	0.519	0.523	0.537	0.532	0.538	0.539	0.546	0.523
LINE	0.412	0.446	0.479	0.492	0.522	0.535	0.539	0.533	0.539	0.500
node2vec	0.414	0.451	0.479	0.488	0.494	0.497	0.491	0.501	0.501	0.479
HARP（DeepWalk）	0.489	0.503	0.508	0.507	0.513	0.513	0.503	0.518	0.530	0.509
DeepWalk+NEU	0.485	0.512	0.525	0.539	0.535	0.547	0.546	0.544	0.559	0.532
GraRep（$K=1$）	0.262	0.341	0.383	0.408	0.419	0.447	0.443	0.453	0.448	0.401
GraRep（$K=3$）	0.451	0.510	0.534	0.542	0.549	0.558	0.555	0.552	0.542	0.532
GraRep（$K=6$）	0.507	0.530	0.542	0.552	0.555	0.562	0.560	0.558	0.579	0.550
HSNR（$\gamma=0.1$）	0.533	0.550	0.560	0.563	0.567	0.576	0.577	0.590	0.586	0.567
HSNR（$\gamma=0.3$）	0.537	0.557	0.566	0.571	0.566	0.580	0.580	0.580	0.583	0.569
HSNR（$\gamma=0.5$）	0.537	0.553	0.559	0.564	0.572	0.574	0.582	0.585	0.581	0.567
HSNR（$\gamma=0.7$）	0.543	0.552	0.563	0.565	0.566	0.564	0.564	0.574	0.573	0.563
HSNR（$\gamma=0.9$）	0.523	0.545	0.554	0.555	0.562	0.567	0.560	0.568	0.573	0.556

表 4-19　Cora 数据集中的网络节点分类性能比较

算法名称	10%	20%	30%	40%	50%	60%	70%	80%	90%	平均
DeepWalk	0.676	0.721	0.745	0.751	0.767	0.767	0.774	0.781	0.777	0.751
LINE	0.643	0.684	0.701	0.713	0.733	0.758	0.756	0.777	0.795	0.729
node2vec	0.523	0.629	0.663	0.685	0.698	0.707	0.710	0.735	0.743	0.677
HARP（DeepWalk）	0.656	0.685	0.708	0.710	0.709	0.708	0.712	0.728	0.729	0.705
DeepWalk+NEU	0.693	0.747	0.761	0.773	0.778	0.786	0.788	0.794	0.791	0.768
GraRep（$K=1$）	0.639	0.725	0.749	0.759	0.768	0.767	0.769	0.772	0.779	0.747
GraRep（$K=3$）	0.726	0.773	0.783	0.794	0.794	0.803	0.803	0.807	0.799	0.787
GraRep（$K=6$）	0.760	0.785	0.796	0.804	0.807	0.814	0.817	0.814	0.829	0.803
HSNR（$\gamma=0.1$）	0.761	0.787	0.792	0.800	0.801	0.808	0.804	0.817	0.816	0.799
HSNR（$\gamma=0.3$）	0.764	0.783	0.795	0.797	0.805	0.802	0.813	0.814	0.814	0.799
HSNR（$\gamma=0.5$）	0.763	0.780	0.793	0.805	0.808	0.801	0.810	0.822	0.825	0.801
HSNR（$\gamma=0.7$）	0.762	0.784	0.790	0.795	0.805	0.804	0.808	0.812	0.821	0.798
HSNR（$\gamma=0.9$）	0.762	0.781	0.792	0.797	0.806	0.810	0.813	0.817	0.813	0.799

表 4-20　Wiki 数据集中的网络节点分类性能比较

算法名称	10%	20%	30%	40%	50%	60%	70%	80%	90%	平均
DeepWalk	0.532	0.597	0.613	0.623	0.630	0.644	0.649	0.657	0.659	0.623
LINE	0.503	0.525	0.556	0.582	0.583	0.604	0.627	0.639	0.642	0.585
node2vec	0.389	0.487	0.524	0.541	0.569	0.586	0.596	0.607	0.619	0.546
HARP（DeepWalk）	0.515	0.549	0.559	0.566	0.567	0.575	0.574	0.570	0.571	0.561
DeepWalk+NEU	0.589	0.601	0.627	0.636	0.647	0.646	0.652	0.669	0.670	0.637
GraRep（$K=1$）	0.555	0.592	0.604	0.613	0.614	0.621	0.633	0.611	0.630	0.608
GraRep（$K=3$）	0.560	0.612	0.628	0.638	0.642	0.652	0.652	0.651	0.655	0.632

续表

算法名称	10%	20%	30%	40%	50%	60%	70%	80%	90%	平均
GraRep（$K=6$）	0.567	0.604	0.628	0.644	0.654	0.654	0.660	0.670	0.664	0.638
HSNR（$\gamma=0.1$）	0.600	0.628	0.642	0.657	0.662	0.677	0.676	0.676	0.685	0.656
HSNR（$\gamma=0.3$）	0.595	0.620	0.635	0.636	0.649	0.658	0.667	0.674	0.688	0.647
HSNR（$\gamma=0.5$）	0.605	0.633	0.644	0.653	0.658	0.663	0.677	0.680	0.681	0.655
HSNR（$\gamma=0.7$）	0.598	0.617	0.630	0.644	0.646	0.654	0.653	0.660	0.674	0.642
HSNR（$\gamma=0.9$）	0.592	0.623	0.639	0.647	0.651	0.653	0.656	0.662	0.673	0.644

通过表 4-18～表 4-20 可以发现：

1）DeepWalk 不论是在 Citeseer、Cora 数据集，还是在 Wiki 数据集中，节点分类性能都优于 LINE、node2vec，表现出较好的网络节点分类效果。选取数据集中任意比例的节点，DeepWalk 都能表现出网络节点分类的优异性能。在模型训练过程中，虽然 DeepWalk 和 node2vec 所使用的随机游走方法不同，但都是基于负采样下的 CBOW 模型来训练节点向量的。另外，本节采用 node2vec 源码得到节点游走序列，之后再将获得的节点序列用基于负采样优化的 CBOW 模型进行训练，此外，本节所用的模型参数也异于前面章节中的训练模型参数。

2）DeepWalk 在信息较少的稀疏网络中表现优越，其主要是获取节点的一阶相似性。LINE 不仅能计算节点的一阶相似度，还能计算节点的二阶相似性。在网络嵌入时，HARP 可以学习得到网络的高阶结构特征，将原网络图通过节点和连边合并成一系列结构更小的收缩结构图，从而优化建模过程。GraRep 则将网络节点的全局信息嵌入建模过程中。DeepWalk+NEU 则将网络的表示向量转换成高阶的表示向量形式。实验结果显示，高阶的网络表示学习算法比低阶的网络表示学习算法在网络节点分类任务中更加出色。如果在网络结构建模过程中嵌入高阶特性，能够提升网络表示学习算法的性能。

3）将网络结构转换为树形结构层次关系，其本质上也是获得了网络节点之间的高阶关系。基于层次结构特征网络的节点关系，使用 HSNR 把网络节点关系嵌入表示向量空间中，这样就获得了网络的高阶表示向量。HSNR 与现有 HARP、NEU 和 GraRep 等算法有显著不同。为了获取网络节点更高阶的关系，前述内容中已经介绍了许多高阶网络特征建模方法。最后由表 4-18～表 4-20 可以发现，HSNR 在节点分类性能上优于其他表示学习算法。因此，基于 HSNR 的网络结构特征高阶编码是可行的。

4）是否高阶网络表示学习所得的节点分类效果一定优于低阶网络表示学习呢？通过数据对比，不难发现，DeepWalk 优于 HARP。因此，需要考虑网络的高阶特征学习算法是否能从网络高阶特征中获得优势，此外，高阶特征中的相关噪声数据干扰也是一个影响性能的方面。HSNR 算法在节点分类方面同时优于低阶和高阶表示学习算法，由此可知，HSNR 是一个能有效捕捉网络结构特征的高效算法。

5）在 Citeseer 数据集中，选取网络中不同比例的节点作为训练集时，不同的参数具有不同的准确率，但从平均来看，当 γ 取值为 0.3 时，HSNR 的分类准确率最高为 0.569。Cora 数据集同样选择不同节点数目作为训练集，其网络节点分类准确率也不同。在 Wiki 数据集中，当选取参数 γ=0.5 时，大多数训练集比例的网络节点分类准确率最高。总体来看，对上面 3 个数据集的分类准确率而言，其不同的参数选择实质上对网络节点分类性能的影响不大，当参数γ选择为0时，HSNR的分类准确率则等于DeepWalk的准确率。

为了进一步验证HSNR的有效性，本节将HSNR与各个对比算法进行了比较。这里将三元组权重参数设定为0.5，其算法分类效果提升率如表4-21所示。

表4-21　HSNR与对比算法相比的平均准确率提升率　单位：%

算法名称	数据集			平均
	Citeseer	Cora	Wiki	
DeepWalk	0.083	0.066	0.051	0.067
LINE	0.158	0.164	0.120	0.143
node2vec	0.118	0.182	0.198	0.166
HARP（DeepWalk）	0.113	0.135	0.168	0.139
DeepWalk+NEU	0.062	0.042	0.024	0.043
GraRep（$K=3$）	0.065	0.017	0.036	0.039
平均	0.100	0.101	0.099	—

从平均准确率的提升率来分析，HSNR相比node2vec的提升是最为明显的，其平均准确率提升率为0.166。与对比算法相比，准确率提升第二的是LINE算法。由表4-21还能发现，即便HSNR相比于DeepWalk+NEU和GraRep（$K=3$）的提升效果并不明显，但是提升率分别为0.043和0.039。由表4-16可知，上述3个数据集的网络稠密程度不同，其Citeseer、Cora、Wiki数据集所对应的网络平均度分别为2.857、4.01、14.953。从不同数据集的对比算法平均准确率的提升率来分析，不同网络的稠密程度与HSNR的提升率有一定关系，即网络中连边数越多，HSNR的分类效果越差。相反，连边数少的网络用HSNR，其表现效果较佳。

5. *参数分析*

网络表示学习的主要目的是将网络中节点与节点之间的结构关系嵌入低维度、实值、稠密的向量表示空间中。本节通过对比不同的向量维度，进而观察向量维度对节点分类任务的影响，因此，设置网络表示向量维度分别为50、100、200、300，并且进一步调整了三元组权重参数，分别设置为0.1、0.3、0.5、0.7、0.9。通过调整以上两个参数来观察节点分类准确率的变化，具体结果如图4-10所示。

彩图4-10

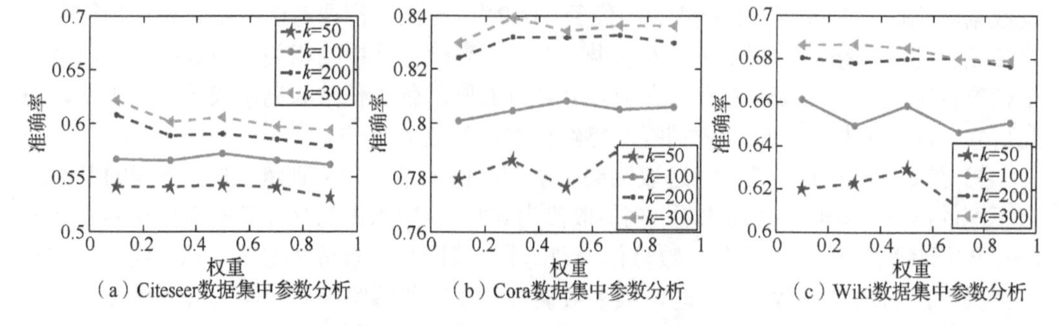

（a）Citeseer数据集中参数分析　（b）Cora数据集中参数分析　（c）Wiki数据集中参数分析

图4-10　HSNR分类准确率变化情况

图 4-10 所示为分别在 3 个数据集中设置不同的向量维度和权重时，HSNR 分类准确率的变化情况。对于数据集 Citeseer 而言，随着三元组权重的增大，节点分类准确率逐渐降低；当固定一个三元组权重参数来观察不同向量维度下分类准确率的变化情况时，发现向量维度越高，节点分类准确率越高。对于 Cora 数据集而言，随着三元组权重参数的增大，其网络节点分类准确率总体上逐渐降低。当固定三元组参数时，同样是网络节点向量维度越高，其分类准确率越高。在 Wiki 数据集中可以发现，随着三元组权重参数的增大，网络节点分类准确率逐渐降低，并发现向量维度对于准确率的影响是巨大的，节点向量维度为 50 时其分类效果最差，维度为 300 时其分类效果最好。另外，发现当调整三元组权重参数大小时，其准确率变化很小，而调整网络节点表示向量维度时，则准确率变化较大，这说明能够影响 HSNR 的主要因素为向量维度的设置。

6. 可视化

最后，本节对 HSNR 在 3 个不同数据集中进行节点可视化任务，如图 4-11 所示。考虑到每个数据集的节点数目均大于 2 000，而二维图空间有限，如果将整个数据集的节点全部展示出来，必然造成所有节点全部密集地分布于图中，我们很难观察分类效果是否好坏。因此，考虑在 Citesser 和 Cora 数据集中分别随机抽取 4 个类别，每个类别选择 200 个节点进行可视化实验。同样，在 Wiki 数据集中选择一部分节点进行可视化展示。Wiki 数据集有 2 450 个节点，19 个类别，同样选择 4 个类别，在每个类别选择 100 个节点。本节的网络表示向量采用 *t*-SNE 算法进行可视化任务。

彩图 4-11

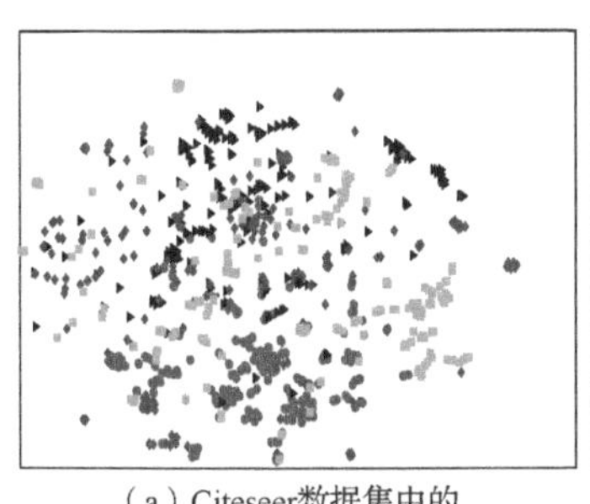

（a）Citeseer数据集中的可视化结果（DeepWalk算法）

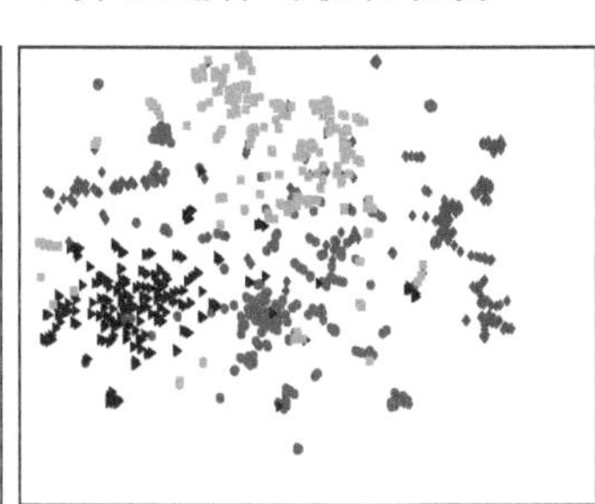

（b）Cora数据集中的可视化结果（DeepWalk算法）

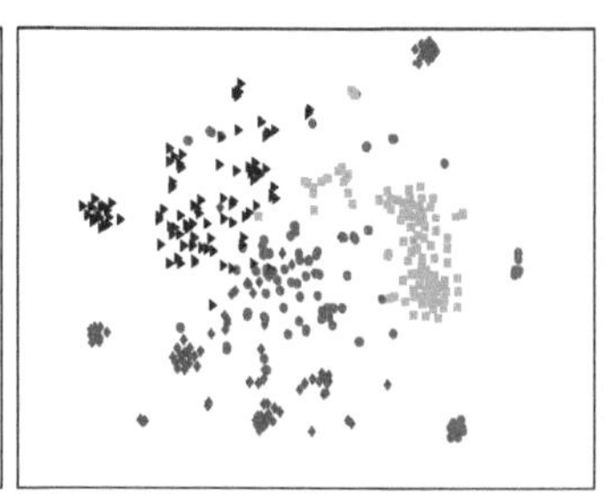

（c）Wiki数据集中的可视化结果（DeepWalk算法）

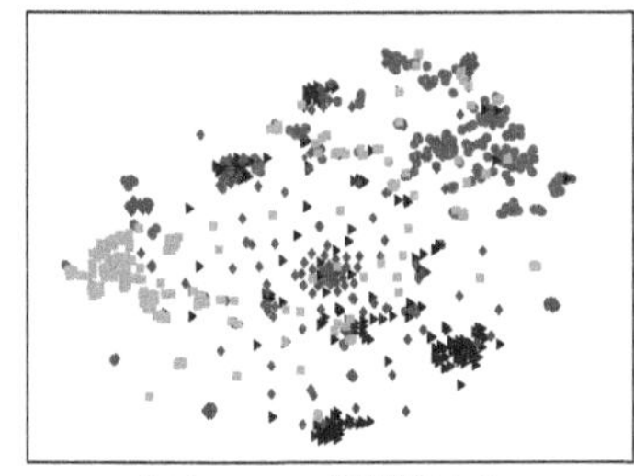

（d）Citeseer数据集中的可视化结果（HSNR算法）

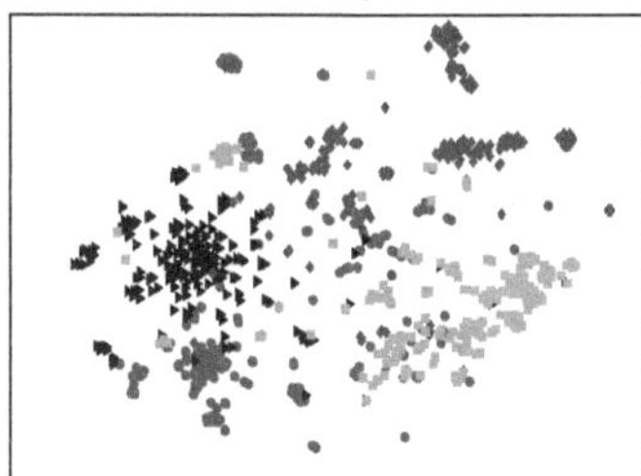

（e）Cora数据集中的可视化结果（HSNR算法）

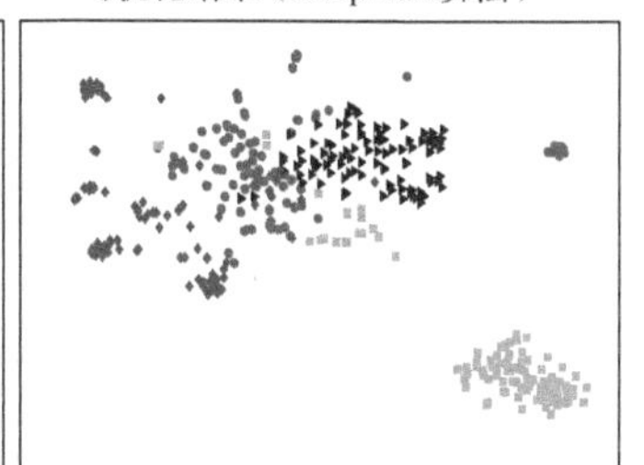

（f）Wiki数据集中的可视化结果（HSNR算法）

图 4-11　网络表示向量可视化

本实验中仅用 DeepWalk 算法和 HSNR 算法进行网络可视化对比分析。图 4-11(a)～(c) 分别为 DeepWalk 算法在 3 个数据集中的可视化实验，而图 4-11（d）～（f）分别为 HSNR 算法在 3 个数据集中的结果。在 Cora 数据集和 Wiki 数据集中，能发现 HSNR 算法生成的表示向量有更加明显的分类边界，这表明在这两个数据集中 HSNR 算法要优于 DeepWalk 算法。在 Citeseer 数据集中，能发现 HSNR 算法的分类效果略微优于 DeepWalk 算法。另外，HSNR 算法在稠密网络中的节点分类表现要优于稀疏网络，其主要原因是 HSNR 算法在稠密网络中能生成较多的节点三元组，这使学习得到的节点表示向量更加有利于可视化任务。

第 5 章　三视图特征联合建模

5.1　基于诱导矩阵补全的三元特征矩阵融合策略

5.1.1　问题描述

网络表示学习可形象地解释为赋予网络中的每个节点一个低维度的表示向量，该表示向量中包含了网络节点的局部特征或全局特征。学习得到的表示向量有在网络中相邻的节点在表示向量空间中具有较近的空间距离，反之具有较远的空间距离。因为学习得到的网络表示能够反映网络结构等信息，所以该表示向量可用来做一些机器学习任务，如链路预测、网络节点分类、推荐系统和可视化等。

网络表示学习起初采用网络的谱构建网络结构信息，然后分解该谱特征可得到节点低维度的表示向量，最后基于神经网络的网络表示学习因为能够被用于大规模网络特征编码任务而受到了越来越多的重视。基于神经网络的网络表示学习算法起源于基于神经网络的词表示学习，该类算法一般简称为网络表示学习算法或分布式的网络表示学习算法，也可称为图嵌入。

网络表示学习中最经典的算法为 DeepWalk[16]，词表示学习中最经典的算法为 Word2Vec[12-13]，这两个算法之间具有继承关系，前面已经提到，基于神经网络的网络表示学习算法起源于基于神经网络的词表示学习算法。具体来讲，DeepWalk 起源于 Word2Vec。这两个算法之间具有很大的相似性，即两个算法底层的模型和优化过程均相同，不相同之处在于，DeepWalk 通过随机游走策略获取网络节点的序列作为“句子”。此外，DeepWalk 和 Word2Vec 的输入均是句子，而输出均是低维度的表示向量。DeepWalk 在大规模网络节点分类、可视化，链路预测等任务中表现出了非常优异的性能。于是，基于 DeepWalk 的网络表示学习改进算法被随后提出。这种改进一般是通过两种途径，一种是基于网络结构的改进，另一种是基于联合表示学习的改进。当然，还有一些改进算法是针对特殊的网络类型[125]。

Word2Vec 提供了 CBOW 和 Skip-Gram 模型建模词语之间的关系，同时提供了 NEG 和 HS 方法加速模型训练速度，而基于 NEG 的 Skip-Gram 模型简称为 SGNS 模型。同样，DeepWalk 采用了和 Word2Vec 相同的底层模型和优化方法。文献[19]已经被证明了语言模型中的 SGNS 等同于隐式地分解词语之间的 SPPMI。随后，在文献[21]和文献[23]中已经证明了网络模型中的 SGNS 等同于隐式地分解网络节点之间的转移概率矩阵 $\boldsymbol{M}$，即 $\boldsymbol{M}=(\boldsymbol{P}+\boldsymbol{P}^2)/2$。结果，TADW[26]和 MMDW[24]基于该矩阵分解的结论优化了网络表示学习算法。MMDW 首次引入 Max-Margin 理论[25]优化学习得到的网络表示向量。

TADW 首次引入 IMC[29]算法联合学习网络结构特征和节点的文本特征。TADW 和 MMDW 均是从矩阵分解的思想优化网络表示学习过程，不同之处在于，MMDW 采用 SVD 方法分解网络节点之间的转移概率矩阵 $\boldsymbol{M}$，而 TADW 采用 IMC 分解网络节点之间的转移概率矩阵 $\boldsymbol{M}$。此外，TADW 采用文本特征弥补网络结构稀疏问题，而 MMDW 采用网络节点标签弥补网络结构稀疏问题。

虽然现存的诸多网络表示学习算法基于网络的结构特征、节点文本、标签、社团等特征优化网络表示学习过程，但是目前链路预测的一些重要指标和结论还未引入网络表示学习算法中，从而优化网络表示学习过程。众所周知，链路预测算法可以预测网络中不存在连边的节点对之间在未来的连接概率，同时也可以评估现存连边的节点对的连接确定度，该确定度也被称为是边的连接权重。此外，网络中的节点还带有大量的文本内容，在社交网络中，节点的文本一般为用户的个人信息、评论、发表内容等。在引文网络中，节点的文本一般为论文标题和摘要。为了直观地展示本章算法的原理，给出了如下的解释图，具体结果如图 5-1 所示。

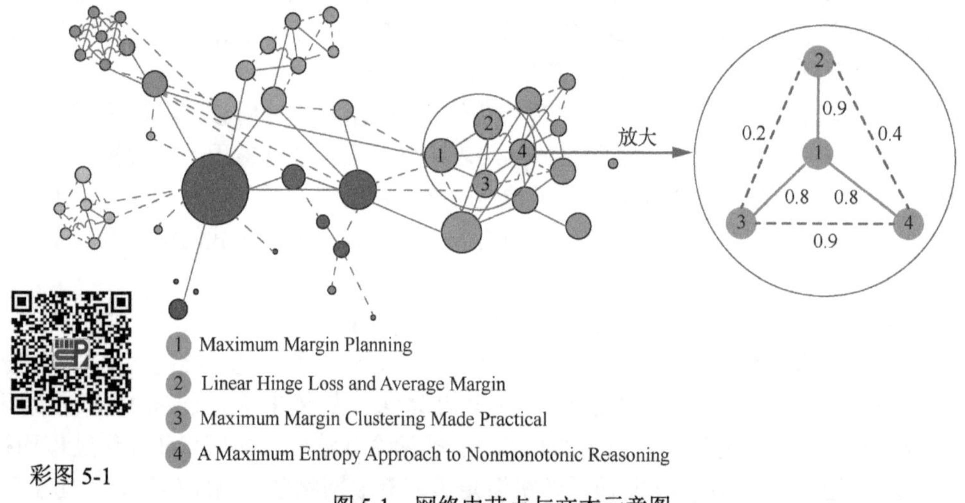

彩图 5-1

图 5-1　网络中节点与文本示意图

图 5-1 给出了一个简单的网络，该网络由多个节点和多条边组成。对其中的一些区域的连边关系进行了放大，并定义该局部网络的节点序号为 1、2、3 和 4，这 4 个节点有 3 条边连接，分别对这 3 条边计算了相应的权重。对于网络中已经存在边的权重可以被认为是节点之间的相似性或关联度。另外，该局部网络中还存在 3 条虚线，这 3 条虚线在原始网络中并不存在，定义该虚线为节点在未来的连边，同时给出 3 条虚线的权重，该权重为不存在连边的节点在未来的连接概率。例如，节点 1 和节点 3 之间的权重为 0.8，节点 1 和节点 4 之间的权重也为 0.8，因此，节点 3 和节点 4 在未来的连接概率为 0.9。同样，节点 2 和节点 3 在未来的连接概率为 0.2，节点 2 和节点 4 在未来的连接概率为 0.4。最后，给出了这 4 个节点的文本内容（论文标题），经过分析发现，节点 1 和节点 3 均与“Max-Margin”相关。

为了将网络节点之间的未来连接概率和文本特征引入网络节点关系建模过程中，本节提出了一种新颖的基于 IMC 的网络表示学习算法，该算法将三元特征矩阵进行高效融合，该算法简称为 TFNR。由图 5-1 可知，网络中节点之间除了已经存在的连边，还存在未来可能存在的连边。TFNR 通过链路预测算法预测出了网络未来的演化结果，并对不存在边之间的节点计算未来连接概率。该概率虽然是基于现有的网络结构训练和计算得到的，但是却能隐式地引导网络表示学习模型向未来演化结果的方向进行训练。因此，使学习得到的网络表示向量中隐含有未来的影响因子。此外，TFNR 将网络节点的文本特征融入网络表示向量模型中，使含有共同词语越多的节点，在网络表示向量空间中具有更近的空间距离。为了将以上两种特征优化同时嵌入网络表示学习模型中，TNDR 引入了 IMC，该算法的实质是矩阵分解算法，即在分解目标特征矩阵的同时从另外两个辅助特征矩阵中学习约束特征。因此，TFNR 学习得到的网络表示向量中同时包含网络的结构特征、未来连接概率和文本特征等影响因子。

5.1.2　模型框架

1. 定义

在本节中，定义网络为 $G=(V,E)$，其中，V 为由节点 v 组成的集合，E 为由边 e 组成的集合。网络表示学习模型的输入一般是 G，也有一些基于深度神经网络的网络表示学习模型的输入是网络的谱或邻接矩阵。网络表示学习模型的输出一般是低维度的网络表示向量 $r_v \in \mathbf{R}^k$，式中 k 表示网络表示向量的列维度大小。在本节中，使用学习得到的网络表示向量 $r_v \in \mathbf{R}^k$ 进行网络节点分类、可视化和案例分析等任务，从而验证本节提出的 TFNR 的网络表示学习性能。

2. 没有连边节点之间的未来连接概率

链路预测算法主要用来预测不存在连边的节点在未来的连接概率。通过将所有的未来连接概率进行排序，可以得到下一时刻最有可能产生连边的节点对。链路预测算法主要被应用于社交网络中预测好友之间的未来交互关系，也可以被用于推荐系统中的商品推荐。

本节提出的 TFNR 将网络中不存在连边的节点对之间的未来连接概率引入网络表示学习建模过程中。因此，首先需要考虑如何衡量节点对之间的未来连接概率，以及采用何种算法衡量节点对之间的未来连接概率。

针对上面两个问题，本节采用链路预测算法计算不存在连边的节点在未来的连接概率。在计算该未来连接概率的过程中，仅考虑网络的现有结构计算节点对之间的未来连接概率，而不采用结构和文本特征联合的方式计算未来连接概率。最主要的原因是在 TFNR 中已经融入了网络节点的文本特征。因此，在未来连接概率计算过程中，我们仅衡量未来连接概率对网络表示学习的性能提升和影响。为了选择合适的链路预测算法，本节在 3 个真实的引文网络数据集中评估了每个链路预测算法的预测性能，最终，确定 MFI 来衡量节点对之间的未来连接概率。因为，MFI 在 3 个真实的引文网络数据集中均表现出了优异的预测性能。

MFI 可通过如下的矩阵运算得到节点之间的未来连接概率，为

$$\boldsymbol{M}^{\text{MFI}} = (\boldsymbol{I} + \boldsymbol{L})^{-1} \tag{5-1}$$

式中，$\boldsymbol{I}$ 代表$|V|$大小的单位矩阵；$\boldsymbol{L}$ 是网络 G 的拉普拉斯矩阵。

需要注意的是，式（5-1）可以同时计算已有连边的权值和没有连边的节点对之间在未来的连接概率，因此矩阵 $\boldsymbol{S}$ 由两种不同的属性值组成。我们需要划分已经存在边的权值及没有连边的节点在未来的连接概率。设网络 G 的邻接矩阵为 $\boldsymbol{A}$，定义 $\boldsymbol{C}$ 为网络 G 的邻接矩阵，即由不存在连边的节点组成的邻接矩阵，则现有边的权值为

$$M^{\text{weight}} = M^{\text{MFI}} .\cdot \boldsymbol{A}. \tag{5-2}$$

无连边的节点在未来的连接概率为

$$M^{\text{probability}} = M^{\text{MFI}} .\cdot \boldsymbol{C}. \tag{5-3}$$

式中，符号“ .· ”表示两个矩阵在 MATLAB 程序中的乘积形式，其中相同位置的值相乘。

3. 构造结构特征矩阵

DeepWalk 可以使用 CBOW 模型或 Skip-Gram 模型（SGNS）对节点对之间的关系进行建模，也可以使用负采样或层次 Softmax 来加快模型的训练速度。因此，DeepWalk 可以通过两种模型和两种优化方法实现。另外，SGNS 的目标函数为

$$L(\boldsymbol{S}) = \frac{1}{|\boldsymbol{S}|}\sum_{i=1}^{|\boldsymbol{S}|}\sum_{-t\leqslant j\leqslant t, j\neq 0}\log \Pr(v_{j+i} \mid v_i) \tag{5-4}$$

$$\Pr(v_j \mid v_i) = \frac{\exp(\boldsymbol{v}'_j \cdot \boldsymbol{v}_i)}{\sum_{v\in V}\exp(\boldsymbol{v}' \cdot \boldsymbol{v}_i)} \tag{5-5}$$

式中，t 表示当前中心节点 v_i 前后的上下文节点数；$\boldsymbol{v}_i$ 为当前节点 v_i 的网络表示向量；$\boldsymbol{v}_j$ 为上下文节点 v_j 的网络表示向量；$\boldsymbol{v}$ 表示上下文节点的表示向量之和。符号“·”表示两个网络表示向量之间的点积。

在文献[21]中，Yang 和 Liu 发现基于 SGNS 模型的 DeepWalk 的本质是隐式分解网络的结构特征矩阵。在结构特征矩阵中，每个元素的值为

$$M_{ij} = \log\frac{[\boldsymbol{e}_i(\boldsymbol{P} + \boldsymbol{P}^2 + \cdots + \boldsymbol{P}^t)]_j}{t} \tag{5-6}$$

式中，$\boldsymbol{P}$ 是网络 G 的转移概率矩阵，$P_{ij} = 1/d_i$，如果 $(i, j) \in E$，则 $P_{ij} = 0$；d_i 是节点 i 的度；在向量 $\boldsymbol{e}_i$ 中，第 i 项为 1，其余项设为 0。

由式（5-6）构造的结构特征矩阵 $\boldsymbol{M}$ 具有较高的计算复杂度。而且，由式（5-6）计算得到的矩阵 $\boldsymbol{M}$ 经过对数运算后含有大量非零元素。因此，Yang 和 Liu[21]提出用

$$\boldsymbol{M} = \frac{\boldsymbol{P} + \boldsymbol{P}^2}{2} \tag{5-7}$$

替换式(5-6)。在一些稠密的网络中，甚至可以直接定义 $\boldsymbol{M} = \boldsymbol{P}$。在 TFNR 中使用式(5-7)构建网络的结构特征矩阵。因为，$\boldsymbol{P}$ 可以定义为网络的一阶特征矩阵，$\boldsymbol{P}^2$ 可以定义为网络的二阶特征矩阵。因此，通过式（5-7）构建的网络结构特征矩阵同时包含了网络的一阶特征矩阵和二阶特征矩阵。

4. 构建文本特征矩阵

现实生活中的很多数据可以转换为网络进行展示和数据挖掘。网络通过连边反映出不同对象之间的关系，连边关系也是网络最主要的特征。但是，网络中的节点之间除了连边关系之外，还包括丰富的文本特征。例如，在社交网络中，节点的文本内容为用户发表的言论和评论等信息，而连边关系为用户之间的 Follower 关系。在本节中，主要采用引文网络验证 TFNR 的网络表示学习性能。因此，在引文网络中，节点的文本主要是论文的标题和摘要等文本信息。众所周知，论文的标题是整篇论文的高度概括，而摘要中包含了论文中采用的技术和算法。因此，如果仅仅从引文网络的节点内容分析节点之间的关系，也可以挖掘中引文网络的重要结构特性。

在 TFNR 中，首先删除了引文网络节点文本中的所有停用词，然后删除了词频小于 10 的所有词语。将剩下的词语放入一个数组中作为文本特征词典，该词典为构建的文本特征矩阵 $\boldsymbol{T}$ 的列表头。文本特征矩阵的行表头为节点。构建文本特征矩阵的规则如下：如果矩阵列表头的词语出现在节点文本中，则设置文本特征矩阵中该位置的值为 1，否则设置该位置的值为 0。以此类推，直到矩阵最后一行元素全部设置完成。

在此处构建的文本特征矩阵 $\boldsymbol{T}$ 的维度为文本特征词典的大小。该文本特征矩阵是一个维度非常高的矩阵，而且该矩阵中包含大量的 0，导致在矩阵分解的时候需要很大的计算开销。众所周知，基于矩阵分解的降维算法能够删除不同对象之间的冗余特征，同时能够在较低的维度空间中保留最优区分性和判别性的特征。因此，在 TFNR 中，对该文本特征矩阵进行降维后才能作为最终的网络文本特征矩阵。

5. TFNR 算法

由前述内容所知，基于 SGNS 的 DeepWalk 本质是矩阵分解网络结构特征矩阵。为了详细地解释该分解过程，本书给出如图 5-2 所示的原理图。

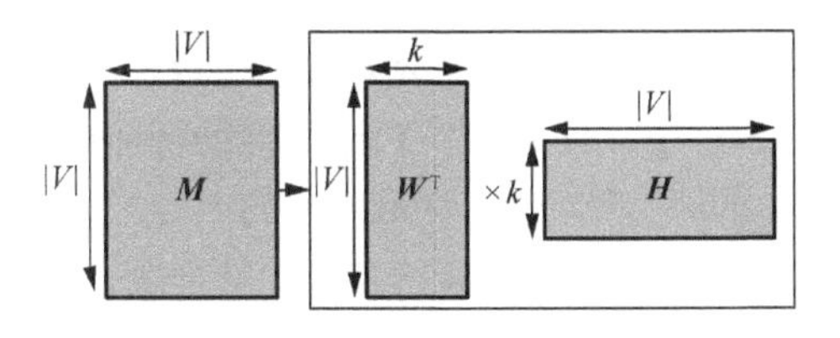

图 5-2　DeepWalk 的矩阵分解形式

彩图 5-2

通过式（5-7）可知，DeepWalk 隐式分解的网络结构特征矩阵是一个概率转移矩阵，其中的元素由每个节点的度值组成。因此，如图 5-2 所示，DeepWalk 旨在分解 $\boldsymbol{M} \in \mathbf{R}^{|V| \times |V|}$ 成为两个独立的矩阵 $\boldsymbol{W} \in \mathbf{R}^{k \times |V|}$ 和 $\boldsymbol{H} \in \mathbf{R}^{k \times |V|}$，并满足 $\boldsymbol{M} \approx \boldsymbol{W}^{\mathrm{T}} \boldsymbol{H}$。因此，基于矩阵分解形式的 DeepWalk 的目标函数为

$$\min_{\boldsymbol{W},\boldsymbol{H}} \sum_{(i,j)\in\Omega} \left[M_{ij} - (\boldsymbol{W}^{\mathrm{T}}\boldsymbol{H})_{ij} \right]^2 + \frac{\lambda}{2}\left(\|\boldsymbol{W}\|_F^2 + \|\boldsymbol{H}\|_F^2 \right) \tag{5-8}$$

式中，$\lambda/2$ 起到平衡学习参数的作用，即加权。在实际应用中，我们可以使用常用的矩阵分解算法直接因式分解矩阵 $\boldsymbol{M}$ ，如 SVD 算法等。

TFNR 采用 IMC 方法将网络结构特征、文本特征、无连边节点之间的未来连接概率融合到网络表示向量。为了实现该目标，本节采用 IMC 方法。

IMC 的目标函数如下：

$$\min_{\boldsymbol{W},\boldsymbol{H}} \sum_{(i,j)\in\Omega} \left[M_{ij} - (\boldsymbol{X}^{\mathrm{T}}\boldsymbol{W}^{\mathrm{T}}\boldsymbol{H}\boldsymbol{Y})_{ij}\right]^2 + \frac{\lambda}{2}\left(\|\boldsymbol{W}\|_F^2 + \|\boldsymbol{H}\|_F^2\right) \tag{5-9}$$

IMC 算法采用矩阵 $\boldsymbol{X}\in\mathbf{R}^{p\times m}$ 和 $\boldsymbol{Y}\in\mathbf{R}^{q\times n}$ 因式分解网络结构特性矩阵 $\boldsymbol{M}$ 。IMC 旨在找到矩阵 $\boldsymbol{W}\in\mathbf{R}^{k\times p}$ 和 $\boldsymbol{H}\in\mathbf{R}^{k\times q}$ ，使分解过程满足： $\boldsymbol{M}\approx\boldsymbol{X}^{\mathrm{T}}\boldsymbol{W}^{\mathrm{T}}\boldsymbol{H}\boldsymbol{Y}$ 。

在本节中，TFNR 将矩阵 $\boldsymbol{X}$ 设置为单位矩阵 $\boldsymbol{E}$ ，因此，TFNR 的目标函数为

$$\min_{\boldsymbol{W},\boldsymbol{H}} \|\boldsymbol{M} - \boldsymbol{E}^{\mathrm{T}}\boldsymbol{W}^{\mathrm{T}}\boldsymbol{H}\boldsymbol{Y}\|_F^2 + \frac{\lambda}{2}\left(\|\boldsymbol{W}\|_F^2 + \|\boldsymbol{H}\|_F^2\right) \tag{5-10}$$

为了直观地理解式（5-10），在图 5-3 中给出了式（5-10）的详细因式分解过程，该过程即为 TFNR 的框架。

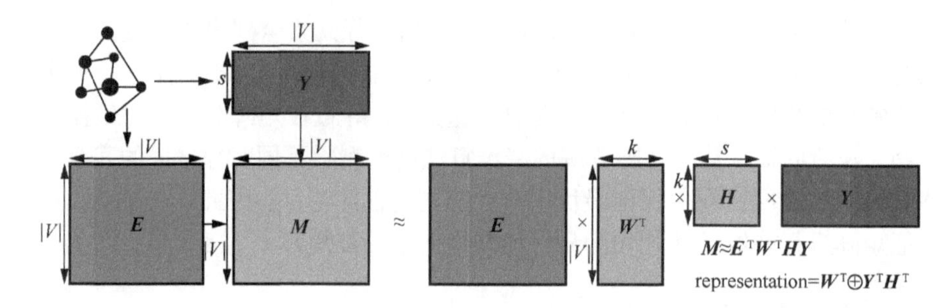

图 5-3　TFNR 算法框架

彩图 5-3

如图 5-3 所示，存在 3 个矩阵，即 $\boldsymbol{M}\in\mathbf{R}^{|V|\times|V|}$ 、 $\boldsymbol{E}\in\mathbf{R}^{|V|\times|V|}$ 和 $\boldsymbol{Y}\in\mathbf{R}^{s\times|V|}$ 。TFNR 旨在寻找矩阵 $\boldsymbol{W}\in\mathbf{R}^{|V|\times k}$ 和 $\boldsymbol{H}\in\mathbf{R}^{k\times s}$ ，使矩阵 $\boldsymbol{M}$ 、 $\boldsymbol{X}$ 、 $\boldsymbol{W}$ 、 $\boldsymbol{H}$ 和 $\boldsymbol{Y}$ 满足分解条件 $\boldsymbol{M}\approx\boldsymbol{X}^{\mathrm{T}}\boldsymbol{W}^{\mathrm{T}}\boldsymbol{H}\boldsymbol{Y}$ ，矩阵 $\boldsymbol{W}$ 的列的维度是 k 。

在图 5-3 中，设置矩阵 $\boldsymbol{Y}$ 作为辅助特征矩阵对网络结构特征矩阵 $\boldsymbol{M}$ 进行分解，即将文本特征与无连边的节点之间的未来连接概率设置为矩阵 $\boldsymbol{Y}$ 。重要的是，我们也尝试了其他特征融合的方法，如将单位矩阵 $\boldsymbol{E}$ 替换为未来连接概率矩阵，并且用矩阵 $\boldsymbol{Y}$ 替换文本特征矩阵。但实验结果表明，这种特征融合方法得到的网络节点分类效果不如 DeepWalk。因此，本节首先对文本特征矩阵和未来连接概率矩阵进行特征融合，融合方法为 $\boldsymbol{M}_{|V|\times|V|}^{\text{probability}}\times\boldsymbol{T}_{|V|\times d}$ ，然后利用 SVD 对其进行降维，使 $\boldsymbol{M}_{|V|\times|V|}^{\text{probability}}\times\boldsymbol{T}_{|V|\times d}\approx\boldsymbol{U}\times\boldsymbol{S}\times\boldsymbol{V}$ ，最后将得到的 $U\times\sqrt{S}$ 替代 IMC 中的参数 Y 。注意，概率矩阵 $\boldsymbol{M}^{\text{probability}}$ 的大小为 $|V|\times|V|$ ，矩阵 $\boldsymbol{T}$ 的大小为 $|V|\times d$ ，式中 d 是文本特征矩阵列的维度。一般情况下，d 与 k 大小相同。最终，将 $\boldsymbol{W}^{\mathrm{T}}\oplus\boldsymbol{Y}^{\mathrm{T}}\boldsymbol{H}^{\mathrm{T}}$ 表示为最终网络表示向量，它的维度大小为 $2k$ 。

5.1.3　实验分析

1. 数据集

本节中使用 Citeseer、DBLP- v4 （DBLP）和 Cora 数据集衡量 TFNR 的性能，其中每个数据集的详细信息如表 5-1 所示。

表 5-1　数据集信息

数据集	节点	边	类别	平均度	网络直径	平均路径长度	图密度	平均聚集系数
Citeseer	3 312	4 732	6	2.857	28	9.036	0.001	0.257
DBLP	3 119	39 516	4	25.339	14	4.199	0.008	0.259
Cora	2 708	5 429	7	4.01	19	6.31	0.001	0.293

从表 5-1 中可以发现，Citeseer、DBLP 和 Cora 这 3 个数据集的平均聚集系数几乎相同。通过平均路径长度可以发现，DBLP 相比较于 Cora 和 Citeseer 是一个稠密的网络数据集，而 Citeseer 是一个稀疏的网络数据集，Cora 相较于 Citeseer 是稠密的网络数据集，但是相较于 DBLP 是稀疏的网络数据集。利用不同稀疏性的网络数据集可以衡量 TFNR 和各个对比算法在不同属性的网络数据集中的网络表示学习性能。

2. 对比算法

此处介绍了几个常用的对比算法，这几个对比算法在前文中已进行了详细介绍，因此，在此处不再详细地进行阐述和解释，这几个对比算法分别为 DeepWalk（DW）、LINE、MFDW、MMDW、TADW。另外，TEXT 表示将文本特征矩阵 $\boldsymbol{T}$ 的维度降维到 200 维，并将其作为网络节点的表示向量。同时，DeepWalk 算法的随机游走长度设置为 80。

3. 实验设置

对于各类网络表示学习算法，设置其网络表示向量的维度大小为 200。TADW 和本节中提出的 TFNR 采用同样的文本特征。在网络节点分类实验中，设置训练集的比例为 10%～90%。然后，当 λ 为 0.1、0.4 和 0.7 时，计算 TFNR 的网络节点分类准确率。在可视化和案例研究中，设置 λ 为 0.7。重复实验 10 次，然后取平均准确率作为最终的网络表示学习准确率。使用 LIBLINEAR[195]作为网络节点分类任务的分类器。

4. 实验结果与分析

为了确定采用何种链路预测算法评估不存在连边的节点在未来的连接概率，本节采用了 21 类链路预测算法在 Citeseer、DBLP 和 Cora 数据集中评估了这些算法的链路预测性能。设置训练集的比例为 0.7、0.8 和 0.9，并用 AUC 衡量各个链路预测算法的性能。具体链路预测结果如表 5-2 所示。

表 5-2　Citesser、DBLP 和 Cora 数据集中的链路预测结果

数据集	Citeseer			DBLP			Cora		
训练集比例	0.7	0.8	0.9	0.7	0.8	0.9	0.7	0.8	0.9
CN	0.68	0.72	0.75	0.85	0.88	0.91	0.70	0.72	0.78
Salton	0.66	0.73	0.74	0.86	0.88	0.91	0.69	0.72	0.78
Jaccard	0.67	0.72	0.74	0.86	0.88	0.91	0.69	0.72	0.77
HPI	0.66	0.72	0.74	0.86	0.89	0.91	0.69	0.72	0.78
HDI	0.66	0.73	0.74	0.86	0.88	0.91	0.70	0.73	0.77
LHN-I	0.66	0.73	0.74	0.86	0.88	0.90	0.69	0.72	0.77
AA	0.66	0.72	0.74	0.86	0.88	0.91	0.69	0.73	0.78
RA	0.66	0.72	0.75	0.87	0.89	0.91	0.69	0.72	0.78
PA	0.79	0.79	0.80	0.76	0.77	0.78	0.72	0.72	0.72
LP	0.81	0.87	0.88	0.93	0.94	0.95	0.80	0.83	0.88
Katz	0.97	0.98	0.97	0.93	0.94	0.95	0.91	0.92	0.94
LHNII	0.96	0.97	0.96	0.91	0.92	0.93	0.89	0.90	0.94
LNBAA	0.66	0.73	0.75	0.86	0.88	0.91	0.69	0.73	0.78
LNBCN	0.67	0.72	0.74	0.86	0.88	0.91	0.70	0.72	0.78
LNBRA	0.66	0.72	0.74	0.86	0.89	0.91	0.69	0.73	0.78
ACT	0.76	0.76	0.74	0.79	0.80	0.81	0.74	0.74	0.74
Cos+	0.89	0.89	0.88	0.92	0.93	0.95	0.90	0.91	0.93
LRW	0.87	0.90	0.91	0.93	0.93	0.94	0.88	0.91	0.94
SRW	0.86	0.90	0.90	0.91	0.92	0.94	0.88	0.91	0.94
MFI	0.97	0.98	0.98	0.95	0.96	0.97	0.93	0.94	0.96
TSCN	0.84	0.86	0.86	0.91	0.91	0.92	0.88	0.91	0.94

从表 5-2 中可以发现，MFI 在 Citeseer、DBLP 和 Cora 数据集中均获得了最好的预测性能。因此，TFNR 采用 MFI 计算不存在连边的节点在未来的连接概率。

TFNR 主要通过网络节点分类任务衡量其网络表示学习性能。因此，本节在 Citeseer、DBLP 和 Cora 数据集中进行了网络节点分类任务。具体结果如表 5-3～表 5-5 所示。

表 5-3　Citeseer 数据集中的网络节点分类性能对比

算法名称	10%	20%	30%	40%	50%	60%	70%	80%	90%	平均
DW	0.48	0.50	0.51	0.52	0.53	0.53	0.53	0.53	0.54	0.52
MFDW	0.50	0.55	0.57	0.57	0.58	0.58	0.59	0.58	0.57	0.56
LINE	0.40	0.47	0.49	0.51	0.54	0.54	0.54	0.55	0.54	0.51
MMDW	0.55	0.61	0.64	0.65	0.66	0.69	0.69	0.69	0.70	0.65
TEXT	0.53	0.62	0.68	0.70	0.72	0.72	0.73	0.73	0.72	0.68
TADW	0.68	0.70	0.72	0.72	0.74	0.74	0.74	0.75	0.76	0.73
TFNR（$\lambda=0.1$）	0.71	0.73	0.74	0.75	0.75	0.75	0.75	0.75	0.75	0.74
TFNR（$\lambda=0.4$）	0.70	0.73	0.74	0.75	0.75	0.76	0.75	0.76	0.76	0.75
TFNR（$\lambda=0.7$）	0.71	0.73	0.74	0.74	0.76	0.76	0.76	0.76	0.76	0.75

表 5-4 DBLP 数据集中的网络节点分类性能对比

算法名称	10%	20%	30%	40%	50%	60%	70%	80%	90%	平均
DW	0.82	0.82	0.83	0.84	0.84	0.84	0.85	0.84	0.84	0.84
MFDW	0.75	0.81	0.83	0.84	0.85	0.85	0.86	0.85	0.85	0.83
LINE	0.79	0.80	0.80	0.81	0.83	0.83	0.83	0.85	0.84	0.82
MMDW	0.80	0.82	0.84	0.85	0.83	0.85	0.85	0.86	0.84	0.84
TEXT	0.60	0.67	0.71	0.73	0.74	0.75	0.75	0.75	0.74	0.71
TADW	0.81	0.82	0.83	0.84	0.84	0.84	0.85	0.85	0.86	0.84
TFNR（$\lambda=0.1$）	0.84	0.85	0.85	0.86	0.86	0.86	0.86	0.86	0.87	0.86
TFNR（$\lambda=0.4$）	0.84	0.85	0.86	0.86	0.86	0.86	0.87	0.86	0.85	0.86
TFNR（$\lambda=0.7$）	0.84	0.85	0.86	0.86	0.86	0.86	0.86	0.86	0.87	0.86

表 5-5 Cora 数据集中的网络节点分类性能对比

算法名称	10%	20%	30%	40%	50%	60%	70%	80%	90%	平均
DW	0.73	0.75	0.76	0.77	0.78	0.78	0.79	0.79	0.79	0.77
MFDW	0.66	0.76	0.79	0.81	0.82	0.82	0.83	0.82	0.84	0.79
LINE	0.65	0.70	0.72	0.73	0.73	0.76	0.75	0.77	0.79	0.73
MMDW	0.74	0.80	0.80	0.82	0.84	0.85	0.86	0.87	0.87	0.83
TEXT	0.57	0.62	0.66	0.70	0.73	0.74	0.75	0.76	0.76	0.70
TADW	0.81	0.82	0.84	0.86	0.86	0.86	0.86	0.87	0.88	0.85
TFNR（$\lambda=0.1$）	0.83	0.86	0.87	0.87	0.87	0.88	0.88	0.87	0.88	0.87
TFNR（$\lambda=0.4$）	0.84	0.86	0.87	0.87	0.87	0.87	0.88	0.88	0.87	0.87
TFNR（$\lambda=0.7$）	0.84	0.86	0.87	0.87	0.87	0.87	0.88	0.88	0.87	0.87

根据表 5-3～表 5-5 的结果，可以观察到如下内容。

1）DeepWalk 是最经典的网络表示学习算法，也是基于神经网络的网络表示学习代表算法。MFDW 是 DeepWalk 的矩阵分解形式，DeepWalk 通过随机游走和神经网络避免了类似于 MFDW 直接构建网络结构特征矩阵的过程。但是，MFDW 构建的网络结构特征矩阵能够将网络节点之间的一阶和二阶关系嵌入该特征矩阵中。实验结果表明，在 Citeseer 和 Cora 等比较稀疏的数据集中，MFDW 的网络节点分类性能优于 DeepWalk。但是在 DBLP 等稠密的数据集中，MFDW 和 DeepWalk 获得了几乎等同的网络节点分类性能。

2）LINE 通过考虑一阶相似性和二阶相似性，在一定程度上损失了网络表示学习的精度，但是 LINE 非常适合于大规模网络表示学习任务。例如，LINE 在稠密的 DBLP 数据集中获得了稍微劣于 DeepWalk 的网络节点分类性能，但是其训练速度却远远快于 DeepWalk。MMDE 同样也是基于矩阵分解的网络表示学习算法，该算法采用网络节点的标签优化学习得到的网络表示向量。因此，MMDW 的网络表示学习性能也优于 DeepWalk、LINE 和 MFDW 等。具体来讲，MMDW 是对 MFDW 学习得到的网络表示向量进行了更进一步的优化。该结果表明，这种优化是可行的和有效的。

3)在 DBLP 和 Cora 数据集中，TEXT 的网络节点分类性能劣于 DeepWalk 和 MFDW

的网络节点分类性能，但是如果将 MFDW 的目标分解矩阵和 TEXT 特征采用 IMC 融合，获得的算法称为 TADW，而 TADW 的网络节点分类性能优于 MFDW 和 TEXT。在 Citeseer 数据集中，TEXT 的网络节点分类性能优于 MFDW，即当结构特征矩阵和文本特征矩阵融合后，得到的 TADW 算法的网络节点分类性能优于 MFDW 和 TEXT。该结果表明，如果将两种不同性质的网络特征矩阵进行融合，其融合后的特征能够充分地反映网络的结构属性。此外，基于多种属性融合的网络表示学习算法，其网络节点分类性能优于单一的网络表示学习算法。

4）本节提出的算法是从 TADW 中获得灵感的，其尝试了多种特征融合方式，并最终确定了最佳的网络表示学习算法特征融合方式。该特征融合方式将网络节点的文本特征与网络节点的未来连接概率降维后进行拼接，并将该降维后的特征矩阵替换为 TADW 中的文本特征矩阵。实验结果表明，TFNR 在 3 种 λ 设置下均获得了出色的网络表示学习性能。虽然 TFNR 在 TADW 的基础上引入了网络节点的未来连接概率，但是 TFNR 在网络节点分类任务中其性能优于 TADW。该结果表明，在网络表示学习优化任务中引入不存在边的节点在未来的连接概率能够有效且稳定的提升网络表示学习算法的性能。

5. 参数分析

前述内容中评估和分析了 TFNR 在 Citeseer、DBLP 和 Cora 数据集中的网络节点分类性能。为公平地与各个基线对比算法做对比，我们统一设置了网络表示向量长度 k 和 λ。在此小节中，采用网络节点分类任务分析不同大小的 k 和 λ 对 TFNR 的影响。此处的网络表示向量长度 k 的大小是 $\boldsymbol{W}^{\mathrm{T}} \oplus \boldsymbol{Y}^{\mathrm{T}}\boldsymbol{H}^{\mathrm{T}}$ 的列维度大小，具体结果如图 5-4 所示。

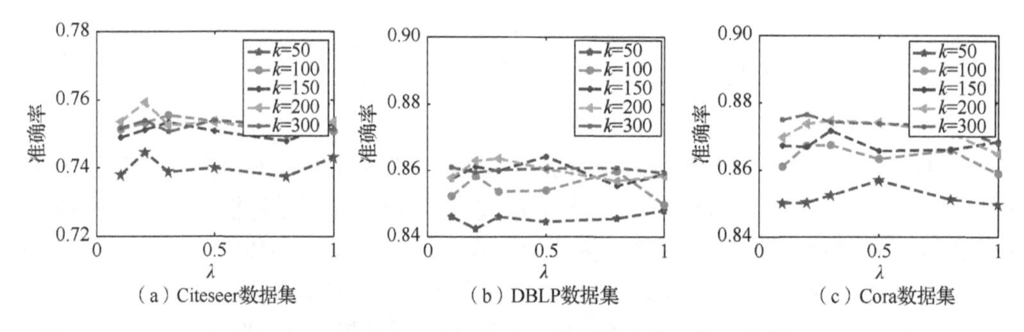

（a）Citeseer数据集 （b）DBLP数据集 （c）Cora数据集

图 5-4 Citeseer、DBLP、Cora 数据集中的 λ 与 k 分析

彩图 5-4

如图 5-4 所示，设置网络表示向量大小为 50、100、150、200 和 300。实验结果表明，在 Citeseer、DBLP 和 Cora 数据集中，当网络表示向量大小为 50 时，TFNR 获得了较差的网络表示学习性能；当网络表示向量长度为 300 时，TFNR 获得了较好的网络表示学习性能。该结果表明，TFNR 算法随着网络表示向量长度的逐渐增大，网络节点分类性能也逐渐得到了提升。

另外，我们设置 λ 的大小为 0.1、0.2、0.3、0.5、0.8 和 1。虽然 λ 的取值范围发生了变化，但是 TFNR 的网络节点分类性能却几乎保持稳定的状态。因此，在 TFNR 中，λ 对网络表示学习的影响较小。

6. 可视化

网络节点向量可视化是另外一种衡量网络表示学习好与坏的方法，在该方法中，将网络表示向量投影到二维的可视化空间中，如果相同类别的节点之间表现出了较强的内部凝聚力，而不同的类别节点之间表现出了较明显的边界，则表明网络表示学习算法学习到了具有判别力和歧义性的网络表示向量。因此，在 Citeseer、DBLP 和 Cora 数据集中可视化了学习得到的网络表示向量，具体结果如图 5-5 所示。

彩图 5-5

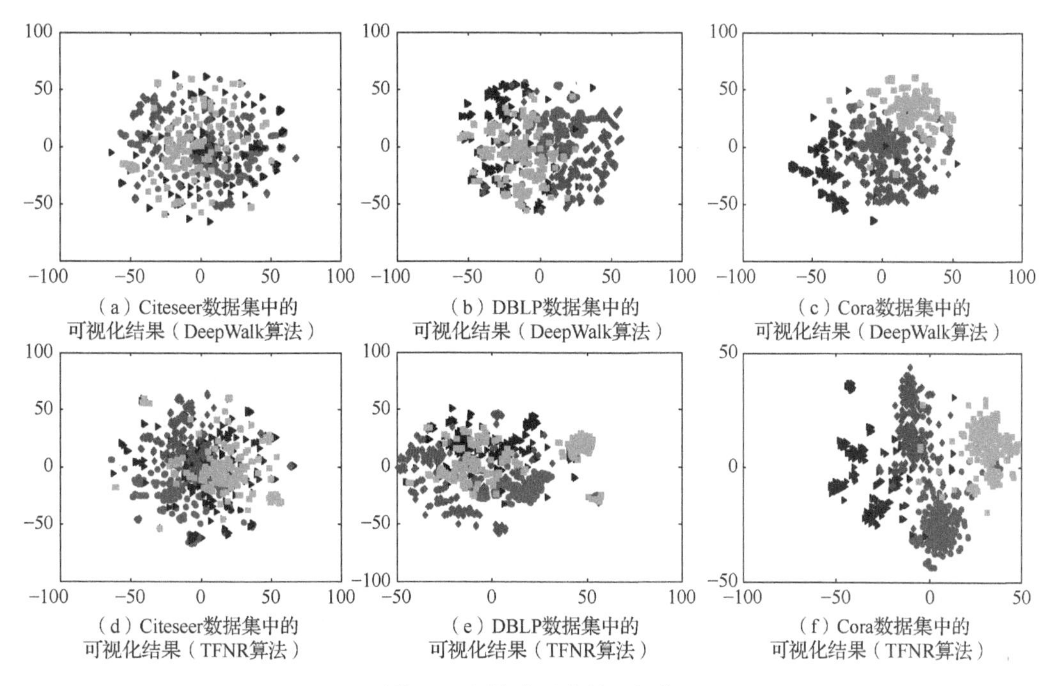

（a）Citeseer数据集中的可视化结果（DeepWalk算法）　（b）DBLP数据集中的可视化结果（DeepWalk算法）　（c）Cora数据集中的可视化结果（DeepWalk算法）

（d）Citeseer数据集中的可视化结果（TFNR算法）　（e）DBLP数据集中的可视化结果（TFNR算法）　（f）Cora数据集中的可视化结果（TFNR算法）

图 5-5　网络表示向量可视化

如图 5-5 所示，我们在 Citeseer、DBLP 和 Cora 数据集中随机选择 4 个类别，然后从这 4 个类别中随机选择 200 个表示向量进行可视化，并使用 *t*-SNE[187]算法将学习到的网络表示向量可视化。实验结果表明，通过 DeepWalk 训练的网络表示向量在 Citeseer 数据集中可视化效果最差，而在 DBLP 和 Cora 数据集中显示出良好的内聚性和明显的分类边界。TFNR 得到网络表示向量的可视化结果明显优于 DeepWalk。在 Cora 和 DBLP 数据集中，TFNR 和 DeepWalk 的可视化结果基本一致。因此，不同算法在密集网络数据集中的可视化结果差别不大，而 TFNR 在稀疏网络数据集中可以产生更好的可视化结果，即 TFNR 可以在稀疏网络中学习得到具有判别能力的网络表示向量。

7. 案例研究

本节通过网络节点分类、网络可视化等任务验证了 TFNR 的性能，并通过参数敏感性分析讨论了网络表示向量长度与 λ 对 TFNR 的性能影响。在这个小节中，将要分析

TADW 和 TFNR 训练得到的网络表示向量有何性质。因此，首先设置一个目标节点的文本标题为“Maximum Margin Planning”，然后通过计算与该目标节点最相关的 5 个节点。该实验是在 DBLP 引文网络数据集中进行案例分析。因此，通过返回最相关节点的论文标题来分析网络表示向量的特性，具体结果如表 5-6 所示。

表 5-6　DBLP 数据集中的案例分析

算法名称	文本标题	相似度	标签
TADW	Maximum Margin Clustering Made Practical	0.706 3	Artificial intelligent
	Laplace Maximum Margin Markov Networks	0.702 1	Artificial intelligent
	Fast Maximum Margin Matrix Factorization for Collaborative Prediction	0.686 0	Artificial intelligent
	Efficient Multiclass Maximum Margin Clustering	0.668 8	Artificial intelligent
	The Relaxed Online Maximum Margin Algorithm	0.646 5	Artificial intelligent
TFNR	Robot Learning from Demonstration	0.605 3	Artificial intelligent
	Apprenticeship Learning via Inverse Reinforcement Learning	0.585 6	Artificial intelligent
	Algorithms for Inverse Reinforcement Learning	0.582 1	Artificial intelligent
	Learning for Control from Multiple Demonstrations	0.577 0	Artificial intelligent
	Policy Invariance under Reward Transformations Theory and Application to Reward Shaping	0.572 1	Artificial intelligent

首先分析与“Maximum Margin Planning”有引用关系的论文，即分析在网络中与该目标节点存在连边关系的节点。通过查阅“Maximum Margin Planning”这篇文章的参考文献，我们发现，在上面 5 个最相关的论文标题中，“Maximum Margin Planning”引用了论文“Solving Large Scale Linear Prediction Problems Using Stochastic Gradient Descent Algorithms”与“Apprenticeship Learning via Inverse Reinforcement Learning”。文章“Learning for Control from Multiple Demonstrations”引用了论文“Maximum Margin Planning”。表 5-6 中的论文“Robot Learning from Demonstration”“Algorithms for Inverse Reinforcement Learning”“Policy Invariance under Reward Transformations Theory and Application to Reward Shaping”与论文“Maximum Margin Planning”没有直接的连边关系，而且也没有词语的共现，但是却与论文“Maximum Margin Planning”最相关。因此，这 3 篇论文与“Maximum Margin Planning”中的一篇或几篇论文会被一篇新的论文引用。因此，TFNR 中引入不存在连边的节点在未来的连接概率，使学习得到的网络表示向量反映网络的未来演化结果。

5.2　三元特征矩阵融合策略与网络表示学习

5.2.1　问题描述

网络表示学习是复杂网络中一种特征提取的重要方法，其常被应用于各类机器学习任务中，如链路预测、网络节点分类和推荐系统等，其目标是通过神经网络对各类网络学习获得低维度、压缩的、稠密的分布式表示向量，即研究如何将网络中的每个节点进行编码，使网络中邻近节点在网络表示空间中具有更近的空间距离表示向量。

目前，在网络表示学习算法的实现中，第一类是基于网络结构特征的神经网络算法，即输入网络的结构特征，进而采用一个浅层的3层神经网络进行学习后，输出网络节点的表示向量，该学习算法学习得到的表示向量更偏向于反映网络中节点之间的结构关联性，如共同邻居、较短的可达路径等，典型代表为 DeepWalk[16]。第一类网络表示学习算法仅基于网络的结构对模型进行优化，或者对神经网络结构进行优化，从而提升网络表示学习的性能。第二类网络表示学习算法是基于联合学习的算法，该类算法虽然同样基于网络的结构，底层为一个浅层的 3 层神经网络，但是神经网络的输入却变为多层异构网络，而非同构网络，也有对模型进行联合建模的网络表示学习算法。

因为语义网络中词语的表示学习获得了极大的成功，在自然语言处理各类任务中发挥了超强的性能，所以词表示学习受到越来越多的关注。该领域的代表算法有 Word2Vec[12-13]，其通过将当前词语及其上下文词语对输入浅层神经网络进行建模，从而获得词语的表示向量。受 Word2Vec 的启发，研究者提出 DeepWalk[16]，其主要针对大规模网络表示学习。DeepWalk的底层学习算法与Word2Vec相同，不同点在于两者的输入对象不同。另外，Word2Vec应用于语言模型，输入对象是词，而DeepWalk是将图上的随机游走序列当作语言模型中的句子，然后按照 Word2Vec 的思路学习网络表示向量，已被成功应用于很多任务中。

研究证明，基于Skip-Gram模型的Word2Vec其实质为对目标矩阵SPPMI进行分解[19]。同样，基于 Skip-Gram 模型的 DeepWalk 其实质为对目标矩阵 $\boldsymbol{M}=(\boldsymbol{A}+\boldsymbol{A}^2)/2$ [21]进行分解，式中 $\boldsymbol{A}$ 为节点间的概率转移矩阵。随后，基于矩阵分解的网络表示学习算法 MMDW[24]被提出。TADW[26]同样基于矩阵分解理论，其主要采用 IMC[14]进行矩阵分解，添加节点的文本特征因子，使学习得到的网络表示向量同时含有网络结构特征和节点文本特征。另外，还有一类基于半监督学习的网络表示学习算法，如 Panetoid[100]、DDRW[101]和 GCN[121]等。DDRW 在网络表示学习的过程中融入了节点的类别标签信息。除此之外，还有一些是社团增强和高阶逼近的表示学习算法，如 M-NMF[141]和 NEU[186]。

许多算法从网络的单一视图特征学习低维度的网络表示向量，而网络本身具有多视图的特征，不同的视图反映了网络所蕴含的不同特性，并且其对网络的重要性也不同。因此，将网络的多个视图进行联合学习，且对不同的视图赋予不同的权重，则可能训练出稳定有效的网络表示向量，从而进行各类机器学习任务。如现有的社交网络，其数据结构复杂，且节点中含有大量文本信息，以及多种关联关系(side information)。本节将能够反映网络节点之间关联关系的特征称为视图。本章将网络的不同视图之间的特征进行互相补偿学习，进而借助多视图集成学习算法训练出稳定而高效的网络特征表示向量。受到基于信息融合的矩阵分解算法的启发，本节提出了一种基于多视图集成的网络表示学习算法，即 MVENR。

为了学习到能够达到甚至略微优于基于神经网络的网络表示学习性能的表示向量，本节所提出的 MVENR 采用简单的矩阵融合思想学习出稳健的网络表示向量，而且本节的研究初衷是验证使用传统的表示方法也能够达到较为优异的网络表示学习性能。

5.2.2 模型框架

1. 定义

假设一个网络$G=(V,E)$，其中V表示网络节点集，其大小为$|V|$，E表示网络的边集且有$E\in V\times V$。MVENR 算法的目标是学习网络的表示向量$\boldsymbol{r}_v\in\mathbf{R}^k$，式中$k$表示向量的长度，且$k\ll|V|$。另外，$\boldsymbol{r}_v\in\mathbf{R}^k$除了用于网络节点的分类任务，也被用于其他各类机器学习任务，如节点聚类、链路预测、推荐系统等。本节中使用$\boldsymbol{r}_v$表示网络表示学习的目标向量，通过网络节点分类、可视化和案例分析等任务验证其稳定性和可靠性。

本节引入如下 3 个网络特征视图。

1）边权重视图（link weight view，LWV）：元素值为已存在边的连接权重和未存在边的节点对在未来产生连接的概率。

2）网络结构视图（network structure view，NSV）：DeepWalk 的本质是分解矩阵$\boldsymbol{M}=(\boldsymbol{A}+\boldsymbol{A}^2)/2$。在 NSV 视图中，将矩阵$\boldsymbol{M}$作为网络的结构特征视图。

3）节点属性视图（node attribute view，NAV）：由引文网络的节点文本构成，经过特征选择后形成属性特征视图。

2. LWV 构建

链路预测是根据已知的网络节点和结构来预测两个未连边的节点之间未来关联的可能性。这种预测包含对现有但未知连边的预测和未来连边的预测。复杂网络链路预测已经得到了物理和计算机科学界越来越多的关注。本节借助链路预测算法，学习网络中隐含的权重信息。本节将网络中已存在边的连接权重和不存在边的未来连接概率引入网络表示学习中，借此实现将节点之间的权重和概率融入网络的表示中，使得权重和概率越大的节点对在表示空间中具有更近的距离。本节中使用的 LWV 主要是通过链路预测算法计算所得，具体构建视图的流程如图 5-6 所示。

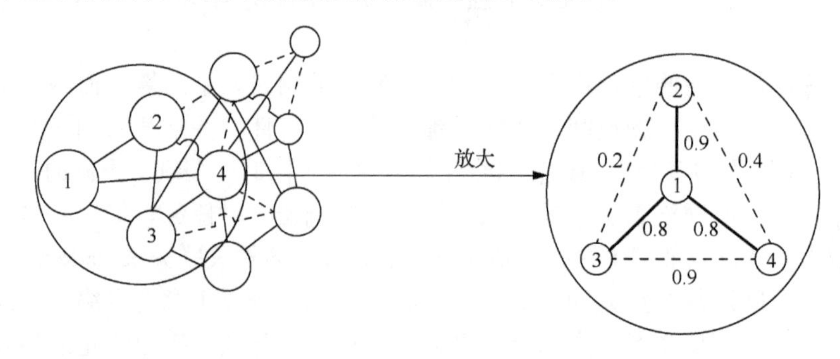

① Maximum Margin Planning

② Linear Hinge Loss and Average Margin

③ Maximum Margin Clustering Made Practical

④ A Maximum Entropy Approach to Nonmonotonic Reasoning

图 5-6 网络权重视图构建模型

如图 5-6 所示，在引文网络中，部分节点之间存在连边，部分节点之间不存在连边。节点对(1,2)、(1,3)和(1,4)之间存在连边，且连边的权重值为 0.9、0.8 和 0.8。节点对(2,3)、(3,4)和(2,4)之间不存在连边，可以虚构节点之间的连边，即假设不存在连边的节点对在未来会产生连接关系。为了估算存在连边的节点之间的连接权重和不存在连边之间的未来连接概率，本章引用了链路预测中的 MFI[167]。与其他链路预测算法相比，MFI 相对稳定，由 5.1 节的实验所知，在 20 多类链路预测算法中，引文网络上 MFI 的性能最优。

MFI 是基于矩阵森林理论被提出的，定义如下：

$$\boldsymbol{S} = (\boldsymbol{I} + \boldsymbol{L})^{-1} \tag{5-11}$$

式中，$\boldsymbol{L}$ 为拉普拉斯矩阵；$\boldsymbol{I}$ 为单位矩阵；$\boldsymbol{S}$ 为节点之间的相似度矩阵。一般情况下，两个节点之间可能存在多条带权的连边。因此，$\boldsymbol{L}$ 可被定义为

$$l_{xy} = \begin{cases} -\sum\limits_{p} w_{xy}^{p}, & x \neq y \\ -\sum l_{xy}, & x = y \end{cases} \tag{5-12}$$

式中，w_{xy}^{p} 为节点 v_x 与节点 v_y 之间的第 p 条连边的权重。因此，节点 v_x 与节点 v_y 之间的相似度可被认为是：节点 v_x 和 v_y 属于同一个以节点 v_x 为根节点的树的数目除以网络中所有仅含一个根节点的生成森林的数目。MFI 含参数的形式定义如下：

$$S = (I + aL)^{-1},\ a > 0 \tag{5-13}$$

本节中提出的网络权重视图是基于链路预测中的 MFI 计算所得的，MFI 计算公式如式（5-13）所示。仅通过网络的拉普拉斯矩阵，即可求得网络的权重视图矩阵。

3. NSV 构建

基于 SGNS 模型的 Word2Vec 已被证明是分解 SPPMI 矩阵[19]，其中，SPPMI 矩阵定义为

$$\text{SPPMI}_{i,j} = \log\frac{N(v_i,c_j)|D|}{N(v_i)N(c_j)} - \log n \tag{5-14}$$

式中，n 表示负采样个数；D 表示语义空间中的词语总量；$N(v)$ 表示词语 v 在 D 中的频率；$N(c)$ 表示上下文词语 c 在 D 中的频率；$N(v,c)$ 表示词对 (v,c) 在 D 中的共现频率。Yang 和 Liu[21]从另一角度证明了 DeepWalk 算法的实质是分解一个转移概率矩阵的复合式，其表达式如下：

$$M_{ij} = \log\frac{N(v_i,c_j)}{N(v_i)} \tag{5-15}$$

式中，v_i 定义为网络中的节点；c_j 定义为当前节点的上下文节点。DeepWalk 算法通过随机游走粒子的游走路线来获取 c_j。定义 D 为随机游走粒子在网络上随机游走而产生的 (v_i,c_j) 对的集合。

DeepWalk 假定随机游走步长为 s，用 $N(v_i)/|D|$ 表示节点 v_i 在节点对 (v_i,c_j) 中出现的频率，且 $N(v_i)/|D|$ 就等于节点 v_i 的页面排序（PageRank）值，另外，用 $2sN(v_i,c_j)/$

$N(v_i)$来统计节点v_i周围在s步之内出现节点v_j的频数。

定义矩阵$\boldsymbol{A}$，其元素为

$$A_{ij}=\begin{cases}1/d_i, & (i,j)\in E\\ 0, & 其他\end{cases} \tag{5-16}$$

式中，d_i为节点i的度。

另外，我们定义一个$|V|$维的行向量e_i，该向量的特点是除了第i列元素为 1，其余元素都为 0。如果将节点i作为随机游走粒子的初始节点，那么e_i就可以表示随机游走粒子的初始状态，而$e_i\boldsymbol{A}$和$e_i\boldsymbol{A}^s$向量中的第j个元素则分别表示游走粒子从节点v_i随机游走至节点v_j和在s步内到达目标节点v_j的概率值。进而，$\left[e_i(\boldsymbol{A}+\boldsymbol{A}^2+\boldsymbol{A}^3+\cdots+\boldsymbol{A}^s)\right]_j$就可以表示以节点$v_i$为中心的节点$v_j$在游走序列中出现的频数。上述变量间有如下关系：

$$\frac{N(v_i,v_j)}{N(v_i)}=\frac{\left[e_i(\boldsymbol{A}+\boldsymbol{A}^2+\boldsymbol{A}^3+\cdots+\boldsymbol{A}^s)\right]_j}{s} \tag{5-17}$$

因此，

$$M_{ij}=\log\left(\left[e_i(\boldsymbol{A}+\boldsymbol{A}^2+\boldsymbol{A}^3+\cdots+\boldsymbol{A}^s)\right]_j/s\right) \tag{5-18}$$

式（5-18）中计算的$\boldsymbol{M}$包含信息量较大，其时间复杂度达到$O(|V|^3)$。DeepWalk 算法通过在网络上随机游走，从而获取网络上的节点对(v_i,c_j)的集合，并将其输入神经网络中进行训练中，这样可以有效地避免直接计算矩阵$\boldsymbol{M}$。本节中所使用的矩阵分解方法不可避免地需要计算矩阵$\boldsymbol{M}$。在文献[21]中，Yang 和 Liu 证明了 DeepWalk 相当于矩阵分解公式（5-18），但在一定的精度和速度要求下，模拟 DeepWalk 只需要分解矩阵$\boldsymbol{M}=(\boldsymbol{A}+\boldsymbol{A}^2)/2$即可。另外，如果网络是稠密的网络，甚至可以将矩阵$\boldsymbol{M}=\boldsymbol{A}$作为待分解的目标矩阵。因此，本节中使用文献[21]中的证明结果，将矩阵$\boldsymbol{M}=(\boldsymbol{A}+\boldsymbol{A}^2)/2$作为网络的结构属性特征，采用矩阵分解方法分解矩阵$\boldsymbol{M}$来获取网络节点的表示向量。

4. NAV 构建

网络的节点属性是网络表示学习中不可或缺的一部分。在挖掘网络的特征时，如果将网络的结构关系和节点的文本信息同时考虑，则其结果与真实网络更为接近。

在科研引文网络中，若以论文的标题作为节点的文本信息，则其学习得到的网络表示向量就会比只从结构中学习得到的表示向量更能反映真实网络的特征。那么，本节将节点的文本特征构建为网络的一个视图特征，然后将其与NSV和LWV进行融合，从而提升其在机器学习任务中的性能。

网络节点的文本信息是NAV数据的来源。就单个数据集而言，其NAV的构建流程如下。

1）统计文本内容中所有的词语，构建词典，词典需要去重处理。

2）对于每个节点的文本信息，以空格分隔文本信息，返回文本包含的词语列表。

3）对于节点的词语列表，从词典中查询该词语的，构建文本特征矩阵：

① 以节点为行表头，以词典为列表头。

② 如果词典中的词语出现于该节点所对应的词语列表中，则设置文本特征矩阵中的元素值为 1，否则为 0。

③ 循环②，直到最后一个节点。

4）使用 SVD 矩阵分解算法对文本特征矩阵进行分解，即 $\boldsymbol{T}_{|V|\times|V|} \approx \boldsymbol{U}_{|V|\times 200} \times \boldsymbol{S}_{200\times 200} \times (\boldsymbol{V}_{200\times|V|})^{\mathrm{T}}$，文本特征向量维度为 200。

5）将 $\boldsymbol{U}_{|V|\times 200} \times \boldsymbol{S}_{200\times 200}^{\mathrm{T}}$ 矩阵视为 NAV。

上述流程 4）中，其实质是将矩阵降维到一个统一的维度。数据集不同，所形成的词典的大小不同，从而导致矩阵的列维度也不同。其实，如果对 NAV 不降维，则会得到一个非常稀疏的矩阵，与其他视图进行融合时，会引入许多不相关特征。另外，为了后续算法性能的对比，需统一不同数据集所形成的 NAV 的列维度。为什么是 200 维，而不是其他规模呢？实际上，降维到200维时，既保留了数据集重要的特征，也极大程度降低了噪声，甚至去除了噪声，这对算法性能的提升有很大的帮助。也可以认为这里的降维就是对矩阵的去噪。对于是否需要降维到 100 维或者 50 维，需要通过实验验证何种长度下的 NAV 对后续的机器学习效果最后来确定。

5. MVENR 算法

MVENR 算法主要是融合网络的 NSV、NAV 和 LWV，从而学习网络的表示向量。已经知道基于神经网络的 DeepWalk 算法的实质是分解矩阵 $\boldsymbol{M}=(\boldsymbol{A}+\boldsymbol{A}^2)/2$，另外，DeepWalk 和通过 SVD 分解矩阵 $\boldsymbol{M}=(\boldsymbol{A}+\boldsymbol{A}^2)/2$，两者获得的网络表示向量性能相当。此处，将矩阵 $\boldsymbol{M}$ 作为 NSV，充分利用 DeepWalk 在网络表示学习中的优势。

因为视图的信息各不相同，所以采用矩阵相乘的方法将其进行信息融合，该方法已经在推荐系统中表现出了很好的效果。因此，将矩阵相乘的方法引入网络的表示学习算法中。

MVENR 具体流程如图 5-7 所示。

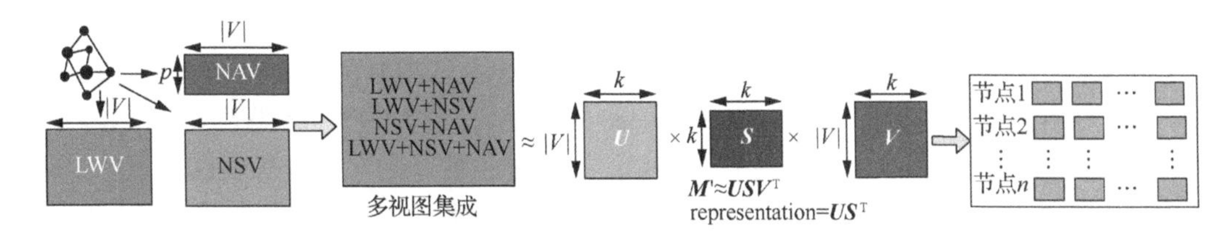

图 5-7　MVENR 算法框架图

针对矩阵分解，本节采用 SVDS 算法，相较于其他矩阵分解算法，SVDS 算法具有以下优势：①SVDS 是 SVD 的变体，虽然都是基于奇异值分解的方式分解矩阵，但是 SVDS 降低了计算复杂度；②SVDS 可以返回指定个数的特征值及其特征行向量和列向量；③SVDS 具有更好的可定制性和可塑造性。

彩图 5-7

本节提供了 4 种视图集成方式：LWV+NAV、LWV+NSV、NSV+NAV、LWV+NSV+ NAV，其中“+”表示矩阵相乘，其含义是视图的组合或集成，不是求和。

MVENR 算法可以细分为 6 个步骤，对数据进行处理后，MVENR 算法可简化为以下 4 个步骤。

步骤 1：使用 MFI 算法提取网络的 LWV 特征矩阵。基于网络的结构特征，提取 NSV 特征矩阵。基于网络节点的文本内容，提取网络的 NAV 特征矩阵。

步骤 2：选择视图集成方法，获得信息集成后的矩阵 $\boldsymbol{M}'$。

步骤 3：用 SVDS 分解算法，将目标矩阵 $\boldsymbol{M}'_{|V|\times|V|}$ 分解为 $\boldsymbol{U}_{|V|\times k}$、$\boldsymbol{S}_{k\times k}$ 和 $\boldsymbol{V}_{k\times|V|}$ 矩阵的乘积。

步骤 4：网络中节点的网络表示形式用矩阵 $\boldsymbol{U}_{|V|\times k}$ 和 $\boldsymbol{S}_{k\times k}^{\mathrm{T}}$ 的乘积来获得，得到的矩阵是一个 $|V|$ 行 k 列的矩阵，即由节点的表示向量组成的矩阵为 $\boldsymbol{U}_{|V|\times k}\times\boldsymbol{S}^{\mathrm{T}}{}_{k\times k}$。

上述步骤中，$|V|$ 表示网络中节点的个数，k 表示维度树。矩阵 $\boldsymbol{U}$ 为 $\boldsymbol{M}'$ 的奇异向量，$\boldsymbol{S}$ 为对角矩阵，其元素为 $\boldsymbol{M}'$ 的奇异值。

5.2.3　实验分析

1. 数据集

对于 3 个真实引文网络数据集的指标做如表 5-7 所示的统计。

表 5-7　网络数据集统计指标

数据集	节点	边	类别数	平均度	平均路径长度	密度	平均聚类系数
Citeseer	3 312	4 732	6	2.857	2.02	0.001	0.080
DBLP	3 119	39 516	4	21.07	4.71	0.005	0.221
Cora	2 708	5 429	7	4.01	4.79	0.001	0.130

本实验所采用的 3 个数据集为 Citeseer、DBLP 和 Cora。3 个引文网络数据集拥有几乎相同数量的节点，但其边数却不一致，其中 Citeseer 和 Cora 数据集的边数几乎相同，约为 5 000，但 DBLP 数据集的边数几乎是它们的 6 倍，约为 40 000。另外，在拥有几乎相同节点数量条件下，边的数量越多，网络的密度越大，随之网络的平均度也越大。例如，Citeseer 和 DBLP 的节点数约为 3 000，但是 DBLP 的边数约为 Citeseer 的 6 倍，因此，对于网络密度，DBLP 是 Citeseer 的 5 倍，而对于平均聚类系数，DBLP 约是 Citeseer 的 3 倍。若 3 个网络的节点数和边数几乎一致，则它们的密度也几乎一致。从表 5-7 中可以看到，虽然 DBLP 和 Cora 数据集的边数相差较大，但是具有相同的平均路径长度。由网络的平均度和密度可知，Citeseer 和 Cora 是稀疏网络，而 DBLP 是稠密网络。

2. 对比算法

为了验证由 MVENR 所生成的表示向量具有稳定且高效的节点分类和预测能力，引入现有的一些主流网络表示学习算法和链路预测算法。若无特别说明，本节中我们将所有对比算法的特征向量的长度值均设置为 200 维。

（1）DeepWalk

DeepWalk 是网络表示学习中的经典算法，是目前最常用的网络表示学习算法。针对网络的结构特征，原始的 DeepWalk 利用了 Word2Vec 中的 Skip-Gram 模型和 HS 方法来学习网络的特征表示。当然，该模型也可以采用其他的建模模型和优化方法。对于该算法，设置其随机游走序列长度为 80，随机游走序列数量为 10。

（2）LINE

LINE 主要应用于大规模网络表示学习的任务中。与 DeepWalk 类似，LINE 是一个局部特征建模算法，同时也需要借助概率损失函数。算法中首次提出了一阶相似度与二阶相似度的概念，并提供了 1st LINE 和 2nd LINE 两种实现方式。本节中使用 2nd LINE 训练和学习网络的表示向量。

（3）node2vec

node2vec 被用来平衡网络中的宏观特征和微观特征之间的平衡性。设置其向量长度为 200，随机游走序列数量为 10，随机游走序列长度为 80。

（4）MFDW

MFDW 是 DeepWalk 中所使用的矩阵分解形式，其分解的目标矩阵为 $\boldsymbol{M}=(\boldsymbol{A}+\boldsymbol{A}^2)/2$。该算法本身采用 SVDS 矩阵分解，与文中提出的基于 NSV 视图的网络表示学习相似。

（5）MMDW

MMDW 也是 DeepWalk 中所使用的一种矩阵分解形式，其分解的目标矩阵也是 $\boldsymbol{M}=(\boldsymbol{A}+\boldsymbol{A}^2)/2$，但是为了使学习到的网络表示向量具有更好的分类能力，MMDW 采用最大间隔优化的方法得到 $\boldsymbol{W}$ 矩阵，这种方法有效融合了 SVM 中的最大间隔理论和网络表示学习理论。

（6）TADW

TADW 同样是一种采用矩阵分解方法的网络表示学习算法，其分解的目标矩阵仍为 $\boldsymbol{M}=(\boldsymbol{A}+\boldsymbol{A}^2)/2$。与 MMDW 类似，该算法在矩阵分解的过程中加入节点的文本特征用来辅助目标矩阵分解，目的是使分解得到的网络表示向量中同时包含网络的结构信息和节点的文本属性。

（7）TEXT

TEXT 将网络节点的文本特征向量用 $\boldsymbol{Y}\in\mathbf{R}^{|V|\times 200}$ 表示，向量的长度为 200。该算法仅基于文本特征，且等同于本节中提到的基于 NAV 的网络表示学习。

（8）MF-MFI

MF-MFI 是一种基于 MFI 相似度矩阵分解的算法，该算法与本节中提到的基于 LWV 视图的网络表示学习相似。

3. 实验结果与分析

将训练数据的训练率按 0.1 的间隔设置为 0.1～0.9。对应各个训练率，随机地从整个数据集中获取对应的数据作为训练集，将剩余的数据作为测试集。本节采用重复计算求平均值的方式确定每个网络节点分类的准确率，并设置节点的表示向量长度和文本特征向量长度为 200，具体训练结果如表 5-8～表 5-10 所示。

表 5-8　Citeseer 网络数据集中节点分类准确率

算法名称	10%	20%	30%	40%	50%	60%	70%	80%	90%	平均
DeepWalk	0.483	0.504	0.513	0.523	0.529	0.533	0.530	0.535	0.537	0.521
LINE	0.398	0.468	0.490	0.507	0.538	0.542	0.539	0.547	0.538	0.507
MMDW	0.555	0.607	0.637	0.653	0.660	0.691	0.693	0.695	0.697	0.654
TADW	0.682	0.700	0.717	0.725	0.738	0.741	0.745	0.747	0.756	0.728
node2vec	0.544	0.563	0.586	0.595	0.596	0.599	0.604	0.614	0.624	0.592
TEXT（NAV）	0.578	0.660	0.698	0.713	0.721	0.729	0.727	0.723	0.738	0.699
MFDW（NSV）	0.498	0.548	0.567	0.568	0.579	0.583	0.586	0.583	0.571	0.565
MF-MFI（LWV）	0.530	0.580	0.591	0.609	0.613	0.620	0.625	0.626	0.643	0.604
MVENR（LWV+NAV）	0.649	0.711	0.733	0.755	0.765	0.764	0.768	0.771	0.765	0.742
MVENR（LWV+NSV）	0.527	0.585	0.594	0.606	0.614	0.621	0.628	0.634	0.631	0.605
MVENR（NSV+NAV）	0.637	0.704	0.722	0.735	0.748	0.752	0.753	0.758	0.765	0.730
MVENR（LWV+NSV+NAV）	0.642	0.696	0.722	0.730	0.743	0.743	0.749	0.754	0.747	0.725

表 5-9　DBLP 网络数据集中节点分类准确率

算法名称	10%	20%	30%	40%	50%	60%	70%	80%	90%	平均
DeepWalk	0.818	0.824	0.833	0.837	0.840	0.842	0.846	0.843	0.835	0.835
LINE	0.791	0.798	0.804	0.812	0.830	0.834	0.830	0.847	0.839	0.821
MMDW	0.797	0.821	0.842	0.848	0.835	0.854	0.850	0.858	0.845	0.839
TADW	0.811	0.824	0.834	0.837	0.842	0.844	0.849	0.853	0.861	0.839
node2vec	0.827	0.837	0.841	0.845	0.842	0.847	0.853	0.850	0.847	0.843
TEXT（NAV）	0.607	0.682	0.706	0.728	0.738	0.747	0.754	0.752	0.749	0.718
MFDW（NSV）	0.751	0.808	0.830	0.840	0.847	0.849	0.857	0.846	0.851	0.831
MF-MFI（LWV）	0.719	0.782	0.799	0.805	0.813	0.823	0.822	0.832	0.830	0.803
MVENR（LWV+NAV）	0.755	0.817	0.845	0.850	0.848	0.863	0.858	0.860	0.867	0.840
MVENR（LWV+NSV）	0.757	0.805	0.827	0.838	0.843	0.847	0.846	0.857	0.844	0.829
MVENR（NSV+NAV）	0.747	0.817	0.837	0.843	0.845	0.850	0.849	0.856	0.864	0.834
MVENR（LWV+NSV+NAV）	0.758	0.821	0.837	0.847	0.852	0.856	0.858	0.854	0.864	0.839

表 5-10　Cora 网络数据集中节点分类准确率

算法名称	10%	20%	30%	40%	50%	60%	70%	80%	90%	平均
DeepWalk	0.733	0.755	0.762	0.775	0.779	0.778	0.789	0.791	0.786	0.772
LINE	0.651	0.702	0.722	0.729	0.735	0.757	0.753	0.768	0.793	0.734
MMDW	0.736	0.800	0.804	0.819	0.838	0.850	0.864	0.867	0.875	0.828
TADW	0.807	0.817	0.845	0.859	0.864	0.863	0.860	0.874	0.877	0.852
node2vec	0.763	0.793	0.804	0.807	0.811	0.813	0.822	0.816	0.828	0.806
TEXT（NAV）	0.577	0.663	0.709	0.731	0.745	0.747	0.770	0.762	0.770	0.719
MFDW（NSV）	0.664	0.755	0.788	0.805	0.821	0.819	0.826	0.816	0.838	0.792

续表

算法名称	10%	20%	30%	40%	50%	60%	70%	80%	90%	平均
MF-MFI（LWV）	0.723	0.783	0.813	0.817	0.827	0.835	0.846	0.844	0.856	0.816
MVENR（LWV+NAV）	0.726	0.824	0.852	0.865	0.873	0.876	0.884	0.883	0.881	0.852
MVENR（LWV+NSV）	0.712	0.788	0.807	0.827	0.833	0.835	0.842	0.844	0.853	0.816
MVENR（NSV+NAV）	0.716	0.821	0.844	0.854	0.864	0.873	0.874	0.863	0.876	0.843
MVENR（LWV+NSV+NAV）	0.738	0.826	0.847	0.860	0.866	0.875	0.875	0.882	0.878	0.850

分析表 5-8～表 5-10 可以发现，当网络的平均度或网络密度较小时，若从 NSV 中挖掘网络的特征，会因为网络稀疏而无法得到充分的训练和挖掘，从而可知基于网络结构的表示学习算法性能都较差。相反，当平均度或网络密度较大时，基于网络结构的特征挖掘算法能够较充分地挖掘到特征，所以基于 NSV 的网络表示学习算法性能较好。因为算法的性能会受到 NSV 中获取的特征质量的影响，但加入 NAV 和 LWV，会很大程度上弥补 NSV 的稀疏性，所以在稀疏网络中可得到稳健且具有较强分类能力的网络表示向量。

对于上述实验，可以得到以下几点有趣的结论。

1）LWV+NAV 的组合性能优于其他形式的组合。LWV+NSV+NAV 这 3 种视图组合效果不佳，没有 LWV+NAV 视图组合效果好，但是却优于 LWV+NSV 和 NSV+NAV 的组合。另外，多视图集成的方法优于本节中的其他对比算法，由此可得，基于多视图集成的网络表示能够产生高效稳健的网络嵌入。

2）不论 NSV 的性能是好还是差，LWV+NSV 组合视图效果在 3 个数据集中都表现出了最差的性能。但是与 NAV 视图组合时，不论 NAV 视图的性能是好还是差，NSV+NAV 视图组合的性能总是好于 LWV+NSV。

3）NSV+NAV 和 TADW 都是文本属性和网络结构的组合形式，但在矩阵分解时，两者所采用的策略却不一样。NSV+NAV 采用的是先组合后分解的策略，TADW 采用的是边分解边组合的策略。实验结果证明，先组合后分解的策略优于边分解边组合的策略，即 NSV+NAV 的性能优于 TADW 的性能。

4）组合几个性能较差的网络特征矩阵，对其进行分解后得到的网络表示优于仅对一个视图进行分解得到的网络表示，也优于基于随机游走得到的网络表示。该思想与集成学习中将几个弱分类器的组合后进行学习到一个强分类器是一致的。

5）LWV 是从网络结构中获得的一种矩阵森林指标，即为一种基于网络结构的指标，因此，与基于网络结构的 MSV 特征视图进行集成时，集成的性能劣于其他集成方式。从而可以发现，多个视图集成学习时，不同的视图之间应该遵循结构独立性和特征差异化的规律，尽量多角度收集网络的特征，避免来源相同的两种特征视图进行集成学习。

4. 参数分析

本节实验中，关于向量长度主要包括文本特征的降维长度和最终的网络表示向量的长度。首先，将训练集的学习率设置为 0.5，即使用一半的数据做训练，一半的数据做

彩图 5-8

测试。将网络节点分类的准确率作为衡量算法好坏的指标。其次，取文本向量长度值分别为[25,50,100,200,300,500]，取最终的网络节点的表示向量长度值分别为[25,50,100,200,300,500]。最后，分别设置不同的文本特征向量长度和最终的网络表示向量长度，然后进行节点分类实验，并且对每次实验结果进行 10 次重复求平均值。通过本节实验，可以直观地发现文本特征向量长度与网络表示向量长度之间的关系，具体如图 5-8 所示。

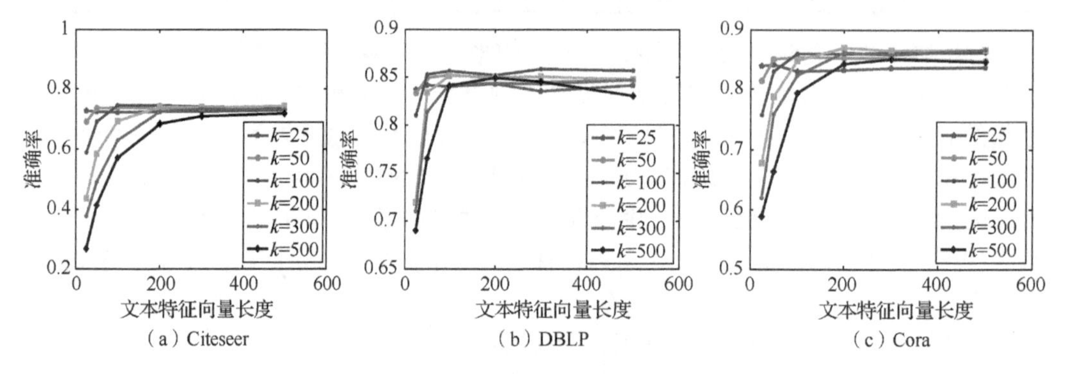

图 5-8　向量长度的影响分析

如图 5-8 所示，网络表示向量长度随着文本特征向量长度的增大而增大，但是达到一定阈值后，节点分类的准确率基本趋于稳定，其中 k 为网络表示向量的长度。在 Citeseer 数据集中，当文本特征向量长度为 200 时，准确率趋于稳定；在 DBLP 和 Cora 数据集中，当文本特征向量长度为 100 时，准确率趋于稳定，出现该现象的主要原因是，Citeseer 是一个稀疏的网络，其网络平均度低于 DBLP 和 Cora 数据集。

本节中提出的 4 种视图集成方法，每种视图的集成都具有较好的性能，其性能优于本节中的对比算法。为了研究不同视图集成方法与文本特征向量长度和集成向量长度之间的关系，本节对不同视图集成受集成后向量长度的影响与变化进行可视化，同时对视图集成受文本特征向量长度的影响与变化也进行可视化，结果如图 5-9 和图 5-10 所示。

彩图 5-9

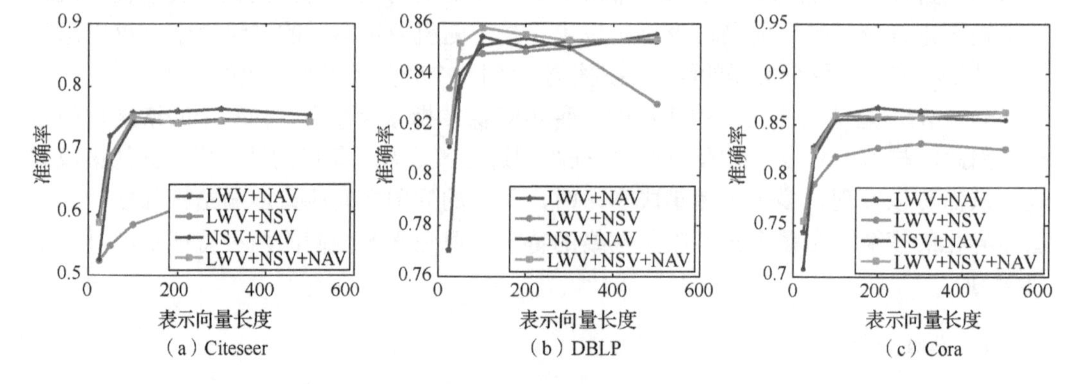

图 5-9　表示向量长度与视图集成方式之间的影响

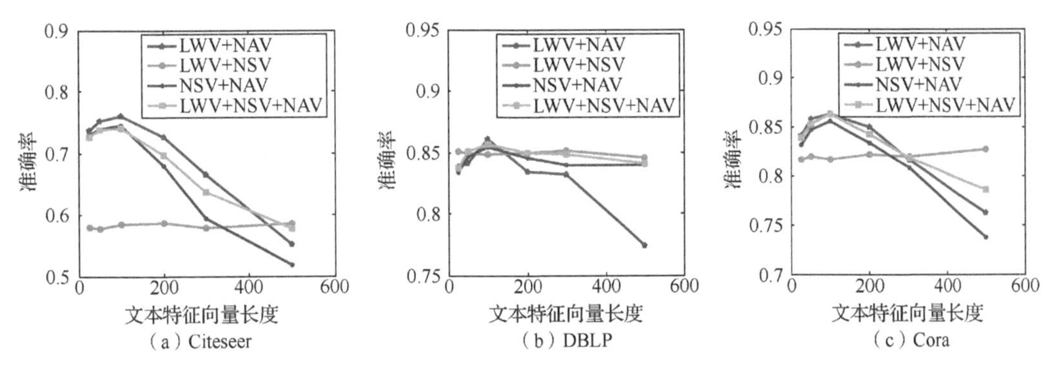

图 5-10　文本特征向量长度与视图集成方式之间的影响

彩图 5-10

图 5-9 和图 5-10 分别为网络表示向量长度和文本特征向量长度与网络节点分类准确率之间的关系图。可以发现，两者对网络节点分类的准确率影响不同。固定文本特征向量长度为 100，从图中可以看到，当网络表示向量长度小于 100 时，网络节点分类准确率呈增长趋势；当长度大于 100 时，除呈较缓慢增长趋势的 LWV+NSV 之外的其他集成方法的网络节点分类准确率呈降低趋势。因此，节点分类的准确率在一定范围内呈快速上升趋势，达到一定的阈值后，变化趋势变得非常缓慢，出现这种现象是因为 Citeseer 和 Cora 网络的平均度小于 DBLP 网络，所以下降趋势较快。另外，随着文本特征向量长度的变化，LWV+NSV 视图的准确率变化呈缓慢上升或者下降趋势，且幅度较小。出现这种现象是在 LWV+NSV 视图中不包含文本特征，因此文本特征的长度不会影响到算法对节点分类的性能。同时，LWV+NSV 视图呈现出的准确率的变化也会是由矩阵分解中随机因子造成的波动而产生的。最后，对于本节中采用的 SVM 分类算法而言，并非输入的特征向量越长，节点分类的准确率就越高。

5. 可视化

从 DBLP 数据集中随机选取 4 个类别，每个类别选取 150 个节点，并通过 T-SNE 可视化算法将这 600 个节点投影到二维平面上（不同类别的节点用不同的颜色表示）。为了测试不同的集成视图所具有的网络表示向量的聚类能力，将 LWV+NAV、LWV+NSV、NSV+NAV 和 LWV+NSV+NAV 集成视图算法训练的 600 个节点的网络表示向量投影到二维平面上，其结果如图 5-11 所示。

从图 5-11 中可以看到，较稠密的 DBLP 网络能够更充分地获取网络的表示特征，并且在聚类任务中表现出较好的性能，能够较准确地发现不同类别间的边界。此外，节点分类和聚类的能力取决于节点表示向量的质量，而 LWV+NSV 和 LWV+NSV+NAV 集成视图在节点分类任务中就表现出了很好的性能。同样，二者在可视化任务中也表现出了较好的聚类能力。由此可知，高效且稳健的网络特征表示在多种任务中都能够产生优异的性能。

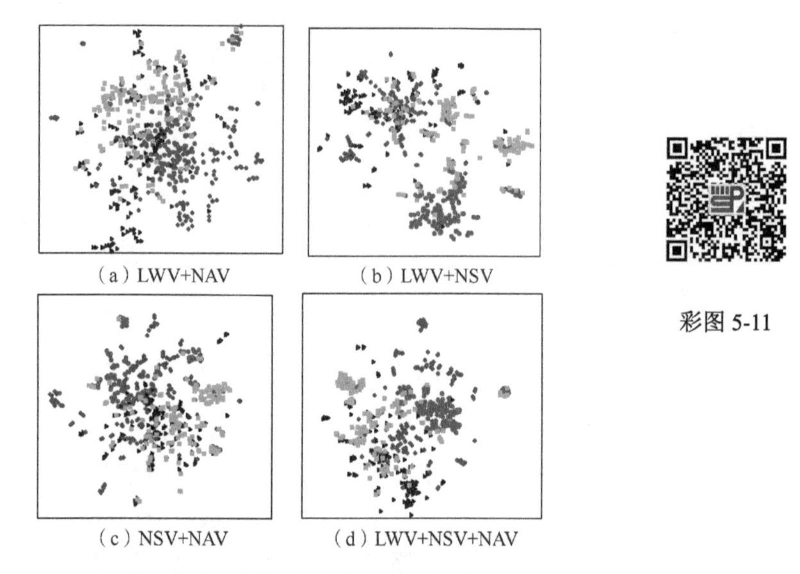

图 5-11　DBLP 数据集中视图集成方式对表示向量的影响可视化

6. 案例研究

为了验证本节中提出的 MVENR 算法能够学习得到高效且稳健的网络表示向量，而且能够充分地反映节点之间的关联关系。本实验在 DBLP 数据集中随机地抓取一个目标节点，节点标题为“Factorial Hidden Markov Models”，然后通过余弦相似度值的计算，得到与该节点相似度最高的 5 个邻居节点，并获取这 5 个节点的标题。本实验中，将节点表示长度设置为 200，训练率设置为 0.9，实验结果如表 5-11 所示。

表 5-11　案例研究：最相关邻居节点标题

算法名称	文本标题	相似度	标签
DeepWalk	Dynamic Bayesian Multinets	0.672 8	Artificial intelligent
	Relational Markov Models and their Application to Adaptive Web Navigation	0.665 4	Artificial intelligent
	Self-Similar Layered Hidden Markov Models	0.655 9	Artificial intelligent
	Context-Based Vision System for Place and Object Recognition	0.641 0	Artificial intelligent
	Bayesian Hierarchical Clustering	0.635 7	Artificial intelligent
MVENR	Relational Markov Models and Their Application to Adaptive Web Navigation	0.801 5	Artificial intelligent
	Learning Associative Markov Networks	0.783 2	Artificial intelligent
	Self-Similar Layered Hidden Markov Models	0.735 9	Artificial intelligent
	Rk-hist: An R-tree Based Histogram for Multi-Dimensional Selectivity Estimation	0.726 2	Artificial intelligent
	Maximum Entropy Markov Models for Information Extraction and Segmentation	0.724 3	Artificial intelligent

如表 5-11 所示，实验中获得了与标题为“Factorial Hidden Markov Models”的节点最相近的 5 个节点，并给出了对应的节点相似度。虽然 DeepWalk 算法和 MVENR 都能准确地识别出节点的类别标号，但是获取的最相关节点的排序却大不相同。DeepWalk 从网络的结构视角挖掘节点之间的关联关系。因此，考虑更多的是节点之间的引用关

系，而 MVENR 将节点文本特征嵌入网络表示向量，使表示向量展现节点文本之间的相似性。例如，通过 MVENR 所获取到的最相关 5 个节点的标题中，其中有 4 个含有“Markov”，从而突显目标节点的标题具有文本相似属性。另外，其中有 1 个不包含“Markov”，但其与目标节点间具有较大的边权重或可能连接概率，也可能具有较多的共同邻居。

第6章　网络表示学习与词表示学习

6.1　网络表示学习与词表示学习中的应用

网络表示学习与词表示学习之间的关联在本书中多次进行了阐述和说明。网络表示学习是对网络的结构进行嵌入学习，知识表示学习和词表示学习是对知识及对词语的嵌入学习。网络表示学习和词表示学习是两种不同的任务，但是这两种方法具有相同的目标和相似的建模结构。网络表示学习中最经典的 DeepWalk 起源于词表示学习中最经典的 Word2Vec。在后续的研究当中，网络表示学习基于最初的 DeepWalk 进行了改进，其改进主要考虑了网络的各种结构及各种属性信息。词表示学习方法同样基于 Word2Vec 进行了各类改进，主要考虑了词语的各种上下文结构关系，以及词语的主题、属性、词性、句法分析等特征。从一定程度上讲，基于神经网络的网络表示学习算法起源于词表示学习。随着网络表示学习和词表示学习的不断发展，这两类表示学习取得了巨大的进展，而随后续的研究却各不相同，既可以把网络表示学习中最先进的算法思想和学习框架引入词表示学习中，也可以把词表示学习中最先进的算法思想和框架引用到网络表示学习当中。

本章的主要工作就是该目标下的一个初步探索。在网络表示学习中，可以将网络的结构和网络节点的文本属性联合建模，从而提出了 TADW，该算法的性能优于经典的 DeepWalk，也优于使用 SVD 分解文本特征而得到的节点表示向量的性能。本章中将该思想引入词表示学习任务中，从而优于词语的表示学习性能。

6.2　基于描述信息约束的词表示学习

6.2.1　问题描述

词语在语言模型中扮演着最基本的语义角色。而且在自然语言理解任务中，现今最普遍的方法就是把语料库中的词语向量化，即词表示学习。词表示学习是将词语与其上下文词语的关系编码到一个低维度的表示向量空间。现今最受欢迎的词表示算法是基于浅层神经网络的 Word2Vec 法[12-13]，相较于其他的基于神经网络（如 NNLM、RNN、LSTM 等），Word2Vec 方法更受重视的原因是其性能更好并且还能快速拟合，非常适合于大规模预料建模任务。在词表示学习任务中，除了上述表示学习方法之外，还包括基于共现矩阵的分解方法、主题建模等传统算法。

Levy 等[20]认为在矩阵分解方面，因数据集不同，同种算法的效率也会不同。例如，数据集分别取类比数据集和相似度评估数据集，当数据集是前者时，用奇异值分解词语结构特征矩阵获得的词表示向量的性能不如使用 SGNS 获得的词表示向量的性能；当数据集是后者时，结果相反。Word2Vec 提供了两类训练模型及两类优化方法。SGNS 模型通过当前词语出现的概率最大化上下文词语出现的概率，从而构建词表示学习模型。重要的是，SGNS 本质上是对词语上下文结构特征矩阵的分解。Levy 等认为如果要提升词表示学习的效率，可以通过 PMI 建立 SPPMI。在文献[63]和文献[64]中，Hamilton 等提出奇异值分解词语特征矩阵是词表示学习的第一选择。另外，Levy 等证明了 SGNS 模型与增加了负采样优化的 SPPMI 矩阵的词表示学习等效[20]。

传统的词表示方法在构建词语上下文结构特征矩阵时较耗时，而且通过矩阵分解方法获得的词表示向量不能准确地反映词语之间的语义关系。为了使词向量的改进更有效，现有的方法多数选择基于神经网络的方法进行改进。虽然基于神经网络的词表示学习算法性能得到了提升，但是还存在缺陷，具体如下：①当上下文窗口确定时，上下文词语中出现语义完全相反的词语时，会导致语义相反的词语拥有更相近的词表示向量；②当语料比较少时，对冷僻词或词频较小的词训练不够充分。因为在神经网络中，需要不断地通过<当前词语,上下文词语>对的共现调整神经网络中的参数值。

本节提出了一类新颖的词表示学习算法，即 DEWE，该算法通过对基于神经网络的词表示学习和传统词表示学习方法进行了比较分析，提出用矩阵联合分解方法获得词表示向量，其性能达到甚至优于基于神经网络的词表示学习算法。因为以往的词表示学习方法没有考虑词语的句法信息及含有的语义，需要注意的是，基于神经网络的词表示学习通过建模<当前词语,上下文词语>对的结构关系，从而表征词语的语义信息。但是，词语之间的结构关系不能完全反映词语之间的语义关系。本节采用词语所内含的信息构建词语的属性特征文本及属性特征矩阵，其包括维基百科中词语的定义与造句示例，通过显式地构建语义信息，并将语义信息显式地嵌入词表示向量空间中，可使冷僻词训练语料不足的缺陷得到解决。另外，词语的上下文结构关系由词语与其上下文词语构建，该构建过程可通过滑动窗口实现。最后，在词表示学习算法中加入性能优异的 IMC，使分解上下文特征矩阵和属性文本特征矩阵得以同时进行，分解得到同时蕴含 2 个特征矩阵因子的词表示向量。通过以上 3 个步骤，基于神经网络的词表示学习中存在的两个不足得以解决。此外，基于矩阵分解的词表示学习具有一定的灵活性，可以将制定的词语特征嵌入表示向量空间，从而提升词表示学习性能。

6.2.2　模型框架

1. 基于矩阵分解的词表示

Mikolov 等在 2013 年提出了一类新颖的词表示算法，即 Word2Vec[12]，该算法提供了两个模型，一个是 Skip-Gram 模型，另一个是 CBOW 模型。同时，该算法提供了两类优化方法：一种是分层的 Softmax 方法，另一种是负采样方法。分层的 Softmax 优化方法在优化的同时需要构建一棵由所有词语构建的 Huffman 树，所以训练时间较长。负采样优化方法不需要构建 Huffman 树，只需要从语料中采样负标签的词语即可，因此，训练时间较短，但是精度不如分层的 Softmax 方法。SGNS 是 Skip-Gram 模型和 NEG 优化方法相结合的词表示学习算法。本节提出的 DEWE 是一类基于 SGNS 模型的词表示学习算法，该算法具体介绍如下。

对于每个词语 w 的上下文 $\text{Context}(w)$，定义负样本集合为 $\text{NEG}(u)$，且 $\text{NEG}(u) \neq \phi$。对于训练语料中的每个词 $u \in D$，当 $u \neq w$ 时，定义它的标签为 $L^w(u)=1$，当 $u \neq w$ 时，定义它的标签为 $L^w(u)=0$。其中，$L^w(u)$ 是词语 u 的标签，即设置正采样的标签为 1，负采样的标签为 0。对于一个给定的词语与其上下文词语，希望最大化为

$$g(w) = \prod_{t\in\text{Context}(w)} \prod_{u\in\{w\}\cup\text{NEG}^t(w)} p(u\,|\,t) \tag{6-1}$$

式中

$$p(u\,|\,t) = [\sigma(\boldsymbol{v}(t)^{\mathrm{T}}\boldsymbol{\theta}^u)]^{L^w(u)} \cdot [1-\sigma(\boldsymbol{v}(t)^{\mathrm{T}}\boldsymbol{\theta}^u)]^{1-L^w(u)} \tag{6-2}$$

其中，$\sigma(x)$ 是 Sigmoid 函数；$\boldsymbol{v}(t)$ 是词语 t 的表示向量；t 为上下文词语；$\boldsymbol{\theta}^u$ 是 u 对应的一个待练习向量。因此，函数

$$G = \prod_{w\in C} g(w) \tag{6-3}$$

可以被定义为整体的优化目标函数。另外，定义 $\text{NEG}^t(w)$ 为处理词 t 时生成的负样本子集。通过对 G 取对数操作，SNGS 最终的目标函数定义如下：

$$\begin{aligned}
L &= \log G \\
&= \log \prod_{w\in C} g(w) \\
&= \sum_{w\in C} \log g(w) \\
&= \sum_{w\in C} \log \prod_{t\in\text{Context}(w)} \prod_{u\in\{w\}\cup\text{NEG}^t(w)} \{[\sigma(\boldsymbol{v}(t)^{\mathrm{T}}\boldsymbol{\theta}^u)]^{L^w(u)} \cdot [1-\sigma(\boldsymbol{v}(t)^{\mathrm{T}}\boldsymbol{\theta}^u)]^{1-L^w(u)}\} \\
&= \sum_{w\in C} \sum_{u\in\text{Context}(w)} \sum_{u\in\{w\}\cup\text{NEG}^t(w)} \{L^w(u)\cdot\log[\sigma(\boldsymbol{v}(t)^{\mathrm{T}}\boldsymbol{\theta}^u)] + (1-L^w(u))\cdot\log[1-\sigma(\boldsymbol{v}(t)^{\mathrm{T}}\boldsymbol{\theta}^u)]\}
\end{aligned} \tag{6-4}$$

Church 和 Hanks[196]在对语言进行数学建模时引入了点互信息矩阵，并定义 $\text{PMI}(w,c)=\log(\#(w,c)\cdot|D|)/(\#(w)\#(c))$，式中 $|D|$ 表示语料库含有的词语个数。随后，词相似度估计任务中经常采用到 PMI 建模词语与词语之间的特征关系[197-198]，并通过分解得到词语的表示向量，之后使用余弦相似度等方法衡量两个词语之间的相似度。在实际的执行中，PMI 却存在一些不足，如维度偏高、负无穷值的产生等。所以，在 2014 年，Levy 和 Glodbery 等用 PPMI 矩阵替换 PMI 矩阵，得到 $\text{PPMI}(w,c)=\max(\text{PMI}(w,c),0)$，该改进可以提升 PPMI 矩阵分解的速度。同时，Levy 等[20]针对 SGNS 模型与隐式地分解 SPPMI 矩阵是等价的给出了解释，该矩阵被定义为 $\text{SPPMI}(w,c)=\max(\text{PMI}(w,c)-\log k,0)$，其中，$\text{PMI}(w,c)=(\log\#(w,c)\cdot|D|)/(\#(w)\#(c))$。在 SGNS 模型中，负采样个数用 k 表示，在 SPPMI 模型中 k 也是如此。在 SGNS 模型中，k 值越大，代表参与训练的词语数量就越大，因而可以更加准确地估计参数。另外，在 SPPMI 矩阵中 k 通过 $\log k$ 转移 PMI 的值。

对共现矩阵使用 SVD 进行分解时，会得到 $\boldsymbol{U}\cdot\boldsymbol{\Sigma}\cdot\boldsymbol{V}^{\mathrm{T}}$ 的形式。所以可以用 $\boldsymbol{W}^{\text{SVD}}=\boldsymbol{U}\cdot\sqrt{\boldsymbol{\Sigma}}$ 定义每个词的表示向量矩阵，该表示向量矩阵中每一行表示一个词语的表示向量。在本节中，显式构建的上下文特征矩阵定义为共现矩阵。

2. 基于描述约束的词表示学习

（1）属性特征矩阵构建

每个词语的定义文本与例句可以大致描述出词语的语义信息，通过该语义信息构建的矩阵为属性特征矩阵。词语的内在属性信息就是指词语的定义文本与例句文本，若提升语言模型中词表示的准确率，则考虑词语本身含有的属性信息尤为重要。本节可通过以下 3 步对词语的属性特征矩阵进行构造：①属性文本获取；②文本预处理；③属性特征矩阵构造。

1）属性文本获取：在维基百科的词语定义部分获取词语的定义性文本。爬取的开始标识符为“<b>关键词</b>”，结束标识符为“<div class="toclimit-3">”，通过正则表达式获取开始标识符与结束标识符之间的文本。维基百科中没有定义文本的词语由 Wiktionary 词典和 Dictionary 词典中的例句作为补充文本。

2）文本预处理：对获得的文本进行处理，第一步删除文本中的 HTML 标签信息，第二步删除文本包含的停用词，执行完以上两步的文本可得到词语的属性文本。

3）属性特征矩阵构造：首先，使用基于处理后的文本构建去重后的文本特征词典，该词典用于充当属性特征矩阵的列表头。另外，需要在整个文本中统计词典中每个词语的词频。在属性特征矩阵中，行表头为词语相似度测试集中的所有词语。在构建属性特征矩阵时，如果行表头词语所具有的属性文本中还有列表头词语，则在相应位置设置为 1，在其他位置设置为 0。

基于神经网络的词表示学习模型通过<当前词语,上下文词语>对的不断出现从而调整词语的表示向量，使在<当前词语,上下文词语>对中出现的词语在表示向量空间具有更近的空间距离，而未出现于<当前词语,上下文词语>对的词语在表示向量空间中具有较远的距离。另外，通过本节中提出的属性特征矩阵，也可以使含有相似语义的词语拥有距离更接近的词表示向量。如果两个词语的属性文本语义相差较大，则它们的词表示向量在向量空间中具有较远的距离，因为其在属性特征矩阵中没有共同的特征。由上可知，本节提出的特征矩阵对基于神经网络的算法存在的第一个问题做出改进。

（2）上下文特征矩阵构建

下载最新的全部维基语料作为上下文语料数据集。对于此矩阵的构建由上下文特征文本预处理和上下文特征矩阵构建两个步骤构成。

1）上下文特征文本预处理由以下步骤完成。

① 删除文本中的 HTML 标签。

② 把单词的大写形式换成小写形式，用“NUMBER”替换文本中的数字。

③ 将语料通过断句符号（如逗号、文号、句号等）分隔成为行，一行里仅有一条文本。

④ 语句若包括词语相似度评测数据集中的词语，则保存该语句；若不包括，则删除该语句。经过以上 4 步获得的文本有 3 770 834 条句子。

2）上下文特征矩阵构建的主要步骤如下。

① 按照设定的滑动窗口大小获取词语 w 的上下文词语集合 $C=\{c_{-2},c_{-1},w,c_1,c_2\}$，式中 C 内的词语还需要删掉重复的词语，将得到的文档记为 D_{wc}。

② 在 D_{wc} 的基础上计算当前词语、上下文词语分别出现的次数以及两者在同一个窗口出现的次数，分别用符号 $\#(w)$、$\#(c)$、$\#(w,c)$ 表示，并计算 $\mathrm{PMI}(w,c)=\log(\#(w,c)\cdot|D|)/(\#(w)\#(c))$。

③ 对负采样 k 进行设置，并构建 SPPMI 矩阵，即 $\mathrm{SPPMI}(w,c)=\max(\mathrm{PMI}(w,c)-\log k,0)$。

以往的基于神经网络的模型会忽略罕见词的训练，本节构建的上下文特征矩阵可将罕见词的上下文特征保留下来，由此弥补之前模型的不足。

（3）基于属性特征矩阵与上下文特征矩阵的词表示向量

前面对词语的属性特征矩阵及上下文特征矩阵的构建做了详细的说明，接下来需要考虑两个矩阵联合学习的方法。最常用的方法是将两个特征矩阵分解为低维度的表示向量，然后将这两个不同的表示向量拼接。Natarajan 和 Dhillon[27]提出了 IMC，该算法通过两个已知特征矩阵辅助分解目标特征矩阵，使分解得到的矩阵中同时还有分解前的 3 个矩阵的影响因子。该算法的目标函数为

$$\min_{W,H}\sum_{(i,j)\in\Omega}[M_{ij}-(\boldsymbol{X}^{\mathrm{T}}\boldsymbol{W}^{\mathrm{T}}\boldsymbol{H}\boldsymbol{Y})_{ij}]^2+\frac{\lambda}{2}\left(\|W\|_F^2+\|H\|_F^2\right) \tag{6-5}$$

式（6-5）旨在分解目标特征矩阵 $\boldsymbol{M}\in\mathbf{R}^{m\times n}$，将其分解之后并得到 $\boldsymbol{W}\in\mathbf{R}^{k\times d_1}$ 和 $\boldsymbol{H}\in\mathbf{R}^{k\times d_2}$ 这两个矩阵，矩阵 $\boldsymbol{X}$ 和 $\boldsymbol{Y}$ 为分解前的两个辅助特征矩阵，且 $\boldsymbol{M}\approx\boldsymbol{X}^{\mathrm{T}}\boldsymbol{W}^{\mathrm{T}}\boldsymbol{H}\boldsymbol{Y}$。用 $\boldsymbol{W}^{\mathrm{T}}\boldsymbol{H}$ 表示目标对象的表示向量矩阵。本节中提出的属性特征矩阵和上下文特征矩阵是两个特征矩阵，可以将其中一个矩阵作为目标特征矩阵，用另外一个矩阵去辅助分解该目标特征矩阵。此外，本节将矩阵 $\boldsymbol{X}\in\mathbf{R}^{d_1\times m}$ 设为单位矩阵 $\boldsymbol{E}\in\mathbf{R}^{m\times m}$，属性特征矩阵定义为 $\boldsymbol{T}\in\mathbf{R}^{d\times n}$，上下文特征矩阵定义为 $\boldsymbol{M}\in\mathbf{R}^{m\times n}$。因此，本节提出的 DEWE 的目标函数为

$$\min_{W,H}\sum_{(i,j)\in\Omega}[M_{ij}-(\boldsymbol{E}^{\mathrm{T}}\boldsymbol{W}^{\mathrm{T}}\boldsymbol{H}\boldsymbol{T})_{ij}]^2+\frac{\lambda}{2}\left(\|\boldsymbol{W}\|_F^2+\|\boldsymbol{H}\|_F^2\right) \tag{6-6}$$

式（6-6）还可以简化为

$$\min_{W,H}\left\|(\boldsymbol{M}-\boldsymbol{W}^{\mathrm{T}}\boldsymbol{H}\boldsymbol{T})\right\|_F^2+\frac{\lambda}{2}\left(\|\boldsymbol{W}\|_F^2+\|\boldsymbol{H}\|_F^2\right) \tag{6-7}$$

在本节中，每个词语的 d 维表示向量通过式（6-7）中的 $\boldsymbol{W}^{\mathrm{T}}\boldsymbol{H}$ 进行计算。在上下文特征矩阵 $\boldsymbol{M}\in\mathbf{R}^{m\times n}$ 的分解过程中，式（6-7）可以从矩阵 $\boldsymbol{T}\in\mathbf{R}^{d\times n}$ 中学习潜在特征因子，使词表示学习的准确率得到提升。$\boldsymbol{W}^{\mathrm{T}}\boldsymbol{H}$ 的性能与矩阵 $\boldsymbol{T}\in\mathbf{R}^{d\times n}$ 优劣有很大的关系，因此关键是矩阵 $\boldsymbol{T}\in\mathbf{R}^{d\times n}$ 的构造。本节提出的 DEWE 算法旨在通过属性特征矩阵与上下文特征矩阵联合分解，使通过矩阵分解的词表示学习算法也能达到与神经网络词表示学习方法一样的性能，其关键在于对词语的各类特征的使用和建模。

6.2.3　实验分析

1. 相似度词典预处理

本节使用词语的相似度任务衡量 DEWE 与对比算法的性能，实验所采用的数据集为 SimLex、WordSim Similarity、M.Turk、MEN、WordSim Relatedness、Rare Words。相似度词典包含了这 6 个数据集中所有的词语，而且要对相似度评测词典中的词语做去重处理。除此之外，有一些词语包含在词典中，但是不包含在维基语料里面，要删除这些词语。经过一系列的处理之后，得到的词典里面包含 5 987 个词语。

2. 实验设置

负采样 k 是本实验中的一个可调参数，它的取值和采样得到的词语数量、结果的准确率具有一定的关系。不过 k 不能过大，否则会引入噪声，进而对准确率有负面影响。在本节后续所进行的实验分析中，k 值为 1，下面内容中本节也会对不同的 k 影响进行分析。在本节实验分析中，另一个可调参数是窗口大小，实验窗口大小默认为 5，即需要在当前词语的前后各取两个词语作为上下文词语。在本节所采用的对比算法上，基于神经网络词表示学习选择了 5 个对比算法，即 SGNS[12-13]、CBOW[12-13]、DEPS[71]、Huang[66]、Glove[65]。为了进一步分析本节所提 DEWE 的优越性，本节同时选择了 SPPMI、SPPMI(SVD)、Text(SVD)、SPPMI(SVD)+Text(SVD)等方法作为对比方法。另外，将所有方法所训练得到的词表示向量长度设置为 100。

3. 实验结果讨论

本节按照前文中的实验设置进行了词语相似度评测实验，DEWE 设定了 3 类向量维度，即 50、100、200。词表示学习算法效率分析如表 6-1 所示。

表 6-1　词表示学习算法效率分析

算法名称	MEN	Rare Words	M.Turk	SimLex	WordSim Relatedness	WordSim Similarity
SGNS	0.857	0.674	0.859	0.847	0.911	0.850
Glove	0.881	0.738	0.841	0.832	0.901	0.834
Huang	0.718	0.451	0.692	0.726	0.864	0.830
DEPS	0.882	0.812	0.905	0.867	0.916	0.881
CBOW	0.838	0.661	0.869	0.814	0.907	0.863
SPPMI	0.867	0.803	0.881	0.850	0.915	0.849
SPPMI(SVD)	0.863	0.791	0.879	0.841	0.905	0.836
SPPMI(SVD)+Text(SVD)	0.866	0.792	0.877	0.848	0.906	0.849
Text(SVD)	0.755	0.645	0.658	0.69	0.698	0.763
DEWE@50	0.891	0.865	0.953	0.864	0.929	0.890
DEWE@100	0.889	0.861	0.955	0.864	0.927	0.891
DEWE@200	0.887	0.848	0.956	0.862	0.926	0.889

分析表 6-1 可以发现，DEWE 算法在 3 种维度下的词相似度评测性均较好。SGNS 和 CBOW 所得出的结果很相近是因为这两种模型同属于 Word2Vec。SGNS 的效率高于 Glove 和 Huang。SPPMI 矩阵经奇异值分解（即 SPPMI(SVD)）后的效率并不比单纯地使用 SPPMI 性能高，甚至前者比后者的性能低 1%。经过 SVD 降维处理后的文本特征矩阵效果最差，与 SPPMI(SVD)结合后，其效率有所提升。SPPMI 特征矩阵结合 Text 特征矩阵是 DEWE 的核心思想。但是 SPPMI(SVD)+Text(SVD)的性能却差于 DEWE。因此，SPPMI 矩阵与文本特征矩阵 Text 先使用 SVD 分解，然后将两个表示向量拼接的性能并不如本节中提出的 IMC 同时分解所得到的性能。通过分析所得实验数据可知，当设定向量维度是 50 的情况下，DEWE 的效率不仅比 SPPMI 提升了 7.4%，比 Text 提升了 29.5%。比较 DEWE 和 SGNS，在实验所用数据集中，DEWE 的效率分别提升了 3.4%、19.1%、9.4%、1.7%、1.8%、0.4%。由此可得，本节提出的模型优于实验中对比模型的性能。

4. 参数分析

在对参数进行分析的实验中，向量维度统一设置为 100。另外，需要设置一个阈值，当属性文本特征里面的词语出现次数小于这个阈值时，将该词语过滤掉，属性特征矩阵就是使用剩下的词语构建，如此便可以分析词语数量对结果的影响。表 6-2 所示为属性特征文本中词语数量统计。表 6-3 所示为属性文本特征中词频对文本特征矩阵的性能影响分析。

表 6-2　属性特征文本中词语数量统计

词频条件	≥1（共）	≥2	≥4	≥6	≥8	≥10	≥15	≥20
词语个数	45 279	22 744	10 925	7 647	5 931	4 912	3 366	2 567

表 6-3　属性文本特征中词频对文本特征矩阵的性能影响分析

数据集	≥2	≥4	≥6	≥8	≥10	≥15	≥20
MEN	0.755	0.751	0.747	0.743	0.741	0.733	0.728
Rare Words	0.645	0.641	0.635	0.629	0.625	0.620	0.614
M.Turk	0.658	0.653	0.649	0.644	0.643	0.636	0.632
SimLex	0.690	0.687	0.683	0.681	0.678	0.673	0.668
WordSim Relatedness	0.698	0.684	0.684	0.681	0.680	0.675	0.670
WordSim Similarity	0.763	0.760	0.757	0.755	0.750	0.748	0.739

通过分析表 6-3 可以发现，当过滤掉的词语越多时，DEWE 的性能呈现逐渐下降趋势。因此，选择合适的词频阈值非常重要，过高的词频阈值会引起模型不稳定。

在 DEWE 中，k 的取值影响着 SPPMI 的构建，k 来自于 SGNS 模型中的负采样，SGNS 模型被证明是矩阵分解 SPPMI 矩阵。因此，在 SGNS 模型中，k 虽然无法具体得知扮演何种角色，但是 k 取值会影响 SPPMI 矩阵中的每一个元素值。通过设置不一样的 k 值，可以分析 k 会对上下文特征矩阵产生何种影响。表 6-4 为 k 对 SPPMI 矩阵的性能影响结果，可以发现，k 值对 SPPMI 矩阵的性能虽然有影响，但是该影响较小。

表 6-4　负采样对上下文特征矩阵性能影响分析

负采样 k	MEN	Rare Words	M.Turk	SimLex	WordSim Relatedness	WordSim Similarity
1	0.863	0.791	0.879	0.841	0.906	0.836
3	0.864	0.795	0.880	0.849	0.903	0.836
5	0.864	0.798	0.879	0.849	0.904	0.835
7	0.864	0.801	0.880	0.849	0.904	0.835
15	0.865	0.805	0.877	0.848	0.904	0.836
30	0.866	0.807	0.881	0.848	0.905	0.838

5. 词表示向量可视化

词表示向量可视化是在验证得到的词表示向量是否存在聚类现象，本节实验中选择 SGNS 和 Glove 作为 DEWE 的对比算法，任意选择 1 000 个词语的表示向量。在该实验中，具有某种相似属性的词语在可视化空间中呈现出聚类现象，如果该聚类边界越明显，则算法性能越好。在网络表示学习任务中，这种评测方法有效，但是在词表示学习任务中，这种评测方式似乎并不是很有效，具体结果如图 6-1 所示。

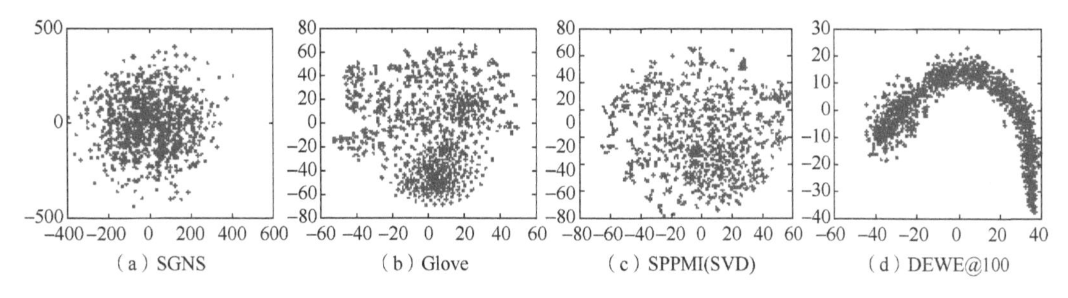

图 6-1　词表示向量可视化

分析图 6-1 可以发现，词表示出现聚类现象的算法为 Clove 生成的表示向量，通过 DEWE 得到的词表示向量呈现出线性分布。这种现象的出现和算法本身的特性有关。在不考虑词语属性特征的词表示算法中，如 SGNS、Glove 和 SPPMI(SVD)，这些算法生成的表示向量中仅含有词语与上下文词语之间的结构关系，而无属性关联。DEWE 嵌入词语的属性特征，其本质上是一类语义特征信息。在语言模型中，词语与词语之间的关系是连续关系，因此学习得到的表示向量也应该呈现出连续的线性分布。

6. 案例研究

在案例研究中，目标词语选择了“China”和“Beijing”，该实验通过返回 5 个最相关的词语，分析算法侧重学习何种特征，具体结果如表 6-5 所示。

表 6-5　最相关联词语案例分析

算法	China	Beijing
SGNS	Thailand，Chinese，Japan，Laos，Cambodia	Shanghai，Moscow，Kiev，China，Jakarta
Glove	Bangladesh，Dominica，Australia，Greece，Georgia	Ottawa，Canberra，Kathmandu，Tehran，Minsk
Huang	Japan，Korea，Thailand，Zimbabwe，Russia	Striking，Nevada，Hip，Bone，Dry
DEPS	Korea，Iran，Cambodia，Japan，Vietnam	Hanoi，Shanghai，Moscow，Bangkok，Tehran
DEWE@100	Chinese，Beijing，Shanghai，Korea，Japan	China，Chinese，Shanghai，Moscow，Hanoi

SGNS 只考量目标词语的上下文词语之间的结构关系。Glove 对目标词语的全局特性都做了考量，Word2Vec 的输入被 DEPS 变成了句子本身含有的句法结构信息。DEWE 不仅考虑了词语与上下文词语的结构关系，同时也考虑了词语的内在属性信息。当目标词语是“China”时，DEWE 返回的词语有“Beijing”和“Shanghai”；当目标词语是“Beijing”时，返回的词语中有“China”。“China”和“Beijing”有一个相同的返回词语，为“Chinese”，产生该现象的主要原因是维基百科中“China”的首都是“Beijing”，而且“Chinese”是“China”的官方语言。所以，在维基百科的语料上生成的词表示向量会将该特征嵌入表示向量空间中。当然，当语料不同时，即使使用同样的算法，其结果也不一样。

参考文献

[1] DEERWESTER S, DUMAIS S T, FURNAS G W, et al. Indexing by latent semantic analysis[J]. Journal of the association for information science & technology, 1990, 41(6): 391-407.

[2] RITTER A, MAUSAM, ETZIONI O. A latent dirichlet allocation method for selectional preferences[C]. Proceedings of the 48th Annual Meeting of the Association for Computational Linguistics, Uppsala, 2010: 424-434.

[3] KANERVA P, KRISTOFERSON J, HOLST A, et al. Random indexing of text samples for latent semantic analysis[C]. In Proceedings of the 22nd Annual Conference of the Cognitive Science Society, Philadelphia, 2000: 103-103.

[4] HINTON G E. Learning distributed representations of concepts[C]. Proceedings of the Eighth Annual Conference of the Cognitive Science Society, Amherst, 1986: 1-12.

[5] BENGIO Y, DUCHARME R, VINCENT P, et al. A neural probabilistic language model[J]. The journal of machine learning research, 2003, 3(6): 1137-1155.

[6] LAI S, LIU K, HE S, et al. How to generate a good word embedding[J]. IEEE intelligent systems, 2016, 31(6): 5-14.

[7] COLLOBERT R, WESTON J. A unified architecture for natural language processing: deep neural networks with multi-task learning[C]. Proceedings of the 25th International Conference on Machine Learning, Helsinki, 2008: 160-167.

[8] ZHANG D, JIE Y, ZHU X, et al. Network representation learning: a survey[EB/OL]. (2018-07-19) [2018-08-14]. https://arxiv.org/abs/1801.05852.

[9] LI W J. Predictive network representation learning for link prediction[EB/OL]. (2017-12-20) [2018-04-10]. http://101.96.10.64/www4.comp.polyu.edu.hk/~csztwang/paper/pnrl.pdf.

[10] ZHAO W X, HUANG J, WEN J R, et al. Learning distributed representations for recommender systems with a network embedding approach[C]. Asia Information Retrieval Symposium, Beijing, 2016: 224-236.

[11] YU X, REN X, SUN Y Z, et al. Personalized entity recommendation: a heterogeneous information network approach[C]. Proceedings of the 7th ACM International Conference on Web Search and Data Mining, New York, 2014: 283-292.

[12] MIKOLOV T, SUTSKEVER I, CHEN K, et al. Distributed representations of words and phrases and their compositionality[C]. Proceedings of the 26th International Conference on Neural Information Processing System, 2013: 3111-3119.

[13] MIKOLOV T, CORRADO G, CHEN K, et al. Efficient estimation of word representations in vector space[EB/OL]. (2013-09-07) [2018-01-21]. https://arxiv.org/abs/1301.3781.

[14] 王明文，徐雄飞，徐凡，等．基于 word2vec 的大中华区词对齐库的构建[J]．中文信息学报，2015，29（5）：76-84.

[15] KAI H, WU H, QI K, et al. A domain keyword analysis approach extending term frequency-keyword active index with Google Word2Vec model[J]. Scientometrics, 2018, 114(1): 1-38.

[16] PEROZZI B, AL-RFOU R, SKIENA S, et al. DeepWalk: online learning of social representations[C]. ACM SIGKDD International Conference on Knowledge Discovery and Data Mining, New York, 2014: 701-710.

[17] LI G, LUO J, XIAO Q, et al. Predicting microrna-disease associations using network topological similarity based on DeepWalk[EB/OL]. (2017-10-26) [2018-01-24]. https://ieeexplore.ieee.org/stamp/stamp.jsp?arnumber=8085107.

[18] ZHANG D, XU H, SU Z, et al. Chinese comments sentiment classification based on word2vec and SVMperf[J]. Expert systems with applications, 2015, 42(4): 1857-1863.

[19] LEVY O, GOLDBERG Y. Neural word embedding as implicit matrix factorization[C]. Advances in Neural Information Processing Systems, Lake Tahoe, 2014: 2177-2185.

[20] LEVY O, GOLDBERG Y, DAGAN I, et al. Improving distributional similarity with lessons learned from word embeddings[J]. Bulletin de la société botanique de France, 2015, 75(3): 552-555.

[21] YANG C, LIU Z Y. Comprehend DeepWalk as matrix factorization[EB/OL]. (2015-01-02) [2018-02-21]. http://www.arxiv.org/pdf/1501.00358.pdf.

[22] 杨爽．基于矩阵分解的属性网络表示学习方法研究[D]．长春：吉林大学，2019.

[23] QIU J, DONG Y, MA H, et al. Network embedding as matrix factorization: unifying DeepWalk, LINE, PTE, and node2vec[C]. 2018 International Conference on Web Search and Data Mining, Los Angeles, 2018: 459-467.

[24] TU C C, ZHANG W C, LIU Z Y, et al. Max-margin DeepWalk: discriminative learning of network representation[C]. International Joint Conference on Artificial Intelligence, New York, 2016: 3889-3895.

[25] HEARST M A, DUMAIS S T, OSUNA E, et al. Support vector machines[J]. IEEE intelligent systems & their applications,

1998, 13(4): 18-28.

[26] YANG C, LIU Z Y, ZHAO D L, et al. Network representation learning with rich text information[C]. International Conference on Artificial Intelligence, Bangalore, 2015: 2111-2117.

[27] NATARAJAN N, DHILLON I S. Inductive matrix completion for predicting gene-disease associations[J]. Bioinformatics, 2014, 30(12): 60-68.

[28] FIRTH J R. A synopsis of linguistic theory[J]. Studies in linguistic analysis Oxford the philological society, 1967, 41(4): 1-32.

[29] HARRIS Z S. Distributional Structure[J]. Word, 1954, 10(2-3):146-162.

[30] CHREN W A. Low delay-power product CMOS design using one-hot residue coding[C]. Proceedings of the 1995 International Symposium on Low Power Design, Dana Point, 1995: 145-150.

[31] CHREN W A. One-hot residue coding for low delay-power product CMOS design[J]. IEEE transactions on circuits & systems II analog & digital signal processing, 1998, 45(3): 303-313.

[32] TURNEY P D, PANTEL P. From frequency to meaning: vector space models of semantics[J]. Journal of artificial intelligence research, 2010, 37(1): 141-188.

[33] BARONI M, LENCI A. Distributional memory: a general framework for corpus-based semantics[J]. Computational linguistics, 2010, 36(4): 673-721.

[34] LEBRET R, COLLOBERT R. Rehabilitation of count-based models for word vector representations[C]. Conference on Computational Linguistics and Intelligent Text Processing, Cairo, 2015: 417-429.

[35] GOLUB G H. Singular value decomposition and least squares solutions[J]. Numerische mathematik, 1970, 14(5): 403-420.

[36] LEBRET R, COLLOBERT R. Word embeddings through hellinger PCA[C]. Conference of the European Chapter of the Association for Computational Linguistics, Gothen burg, 2014: 482-490.

[37] MARTINEZ A M, KAK A C. PCA versus LDA [J]. IEEE transactions on pattern analysis and machine intelligence, 2001, 23(2): 228-233.

[38] CHEN T, RUIFENG, HE Y, et al. A gloss composition and context clustering based distributed word sense representation model[J]. Entropy, 2015, 17(12): 6007-6024.

[39] MIIKULAINEN R, DYER M G. Natural language processing with modular networks and distributed lexicon[J]. Cognitive science, 1991, 15(3): 343-399.

[40] XU W, RUDNICKY A. Can artificial neural networks learn language models?[C]. International Conference on Spoken Language Processing, Beijing, 2000: 202-205.

[41] MNIH A, HINTON G E. A scalable hierarchical distributed language model[C]. Advances in Neural Information Processing Systems 21, British Columbia, 2008: 1081-1088.

[42] TURIAN J, RATINOV L, BENGIO Y, et al. Word representations: a simple and general method for semi-supervised learning[C]. Proceedings of the 48th Annual Meeting of the Association for Computational Linguistics, Uppsala, 2010: 384-394.

[43] SOCHER R, PENNINGTON J, HUANG E H, et al. Semi-supervised recursive auto-encoders for predicting sentiment distributions[C]. Conference on Empirical Methods in Natural Language Processing, Edinburgh, 2011: 151-161.

[44] MORIN F, BENGIO Y. Hierarchical probabilistic neural network language model[C]. Proceedings of the Tenth International Workshop on Artificial Intelligence and Statistics, Barbados, 2005: 246-252.

[45] GOODMAN J. Classes for fast maximum entropy training[C]. Proceedings of IEEE International Conference on Acoustics, Speech, and Signal Processing, Salt Lake City, 2001: 561-564.

[46] MNIH A, HINTON G. Three new graphical models for statistical language modellin[C]. Proceedings of the 24th International Conference on Machine Learning, Lake Tahoe, 2007: 641-648.

[47] MNIH A, KAVUKCUOGLU K. Learning word embeddings efficiently with noise-contrastive estimation[C]. Advances in Neural Information Processing Systems 26, 2013: 2265-2273.

[48] MNIH A, TEH Y W. A fast and simple algorithm for training neural probabilistic language models[EB/OL]. (2012-06-27) [2018-02-10]. http://www.stats.ox.ac.uk/~teh/research/compling/MniTeh2012a-poster.pdf.

[49] ALEXANDRESCU A, KIRCHHOFF K. Factored neural language models[C]. North American Chapter of the Association for Computational Linguistics, New York, 2006: 1-4.

[50] LILLEBERG J, ZHU Y, ZHANG Y, et al. Support vector machines and word2vec for text classification with semantic features[C]. IEEE International Conference on Cognitive Informatics & Cognitive Computing, Beijing, 2015: 136-140.

[51] WANG X, WANG M, ZHANG Q, et al. Realization of chinese word segmentation based on deep learning method[C]. International Conference on Green Energy and Sustainable Development, Chongqing, 2017: 020150.

[52] POLPINIJ J, SRIKANJANAPERT N, SOPON P, et al. Word2vec approach for sentiment classification relating to hotel reviews[EB/OL]. (2017-06-20) [2018-03-12]. https://link.springer.com/chapter/10.1007%2F978-3-319-60663-7_29, 2018-09-1.

[53] SU Z, XU H, ZHANG D, et al. Chinese sentiment classification using a neural network tool-Word2Vec[C]. International Conference on Multisensor Fusion and Information Integration for Intelligent Systems, Beijing, 2014: 1-6.

[54] HU B, LU Z, LI H, et al. Convolutional neural network architectures for matching natural language sentences[C]. Advances in Neural Information Processing Systems, Montreal, 2014: 2042-2050.

[55] LE Q, MIKOLOV T. Distributed representations of sentences and document[C]. Proceedings of the 31st International Conference on Machine Learning, Beijing, 2014: 1188-1196.

[56] 唐明，朱磊，邹显春．基于 Word2Vec 的一种文档向量表示[J]．计算机科学，2016，43（6）：214-217.

[57] LUO Y, LIU Z Y, LUAN H B, et al. Online learning of interpretable word embeddings[C]. Conference on Empirical Methods in Natural Language Processing, Lisbon, 2015: 1687-1692.

[58] MURPYH B, TALUKDAR P, MITCHELL T, et al. Learning effective and interpretable semantic models using non-negative sparse embedding[C]. The 24th International Conference on Computational Linguistics, Mumbai, 2012: 1933-1950.

[59] FYSHE A, TALUKDAR P P, MURPHY B, et al. Interpretable semantic vectors from a joint model of brain and text-based meaning[C]. Meeting of the Association for Computational Linguistics, Baltimore, 2014: 489-499.

[60] TURNEY P D, LITTMAN M L. Measuring praise and criticism: inference of semantic orientation from association[J]. Acm Transactions on Information Systems, 2003, 21(4): 315-346.

[61] GAMALLO P, BORDAG S. Is singular value decomposition useful for word similarity extraction?[J]. Language resources & evaluation, 2011, 45(2): 95-119.

[62] HILL F, CHO K, KORHONEN A, et al. Learning to understand phrases by embedding the dictionary[J]. Transactions of the association for computational linguistics, 2016, 4(2): 17-30.

[63] HAMILTON W L, CLARK K, LESKOVEC J, et al. Inducing domain-specific sentiment lexicons from unlabeled corpora[C]. Proceedings of the 54th Annual Meeting of the Association for Computational Linguistics, Berlin, 2016: 595-605.

[64] HAMILTON W L, LESKOVEC J, DAN J, et al. Diachronic word embeddings reveal statistical laws of semantic change[C]. Proceedings of the 54th Annual Meeting of the Association for Computational Linguistics, Berlin, 2016: 1489-1501.

[65] PENNINGTON J, SOCHER R, MANNING C D, et al. GloVe: global vectors for word representation[C]. Proceedings of the Empiricial Methods in Natural Language Processing (EMNLP 2014), Doha, 2014: 1532-1543.

[66] HUANG E H, SOCHER R, MANNING C D, et al. Improving word representations via global context and multiple word prototypes[C]. Meeting of the Association for Computational Linguistics: Long Papers. Association for Computational Linguistics, Jeju Island, 2012: 873-882.

[67] TIAN F, DAI H, BIAN J, et al. A probabilistic model for learning multi-prototype word embeddings[C]. The 25th International Conferenceon Computational Linguistics, Dublin, 2014: 151-160.

[68] XU K. Expectation-maximization algorithm[J]. Encyclopedia of Machine Learning, 2013, 3(5): 699.

[69] GOLDBERG Y, NIVRE J. A dynamic oracle for arc-eager dependency parsing[C]. International Conference on Computational Linguistics, Beijing, 2012: 959-976.

[70] GOLDBERG Y, NIVRE J. Training deterministic parsers with non-deterministic oracles[J]. Transactions of the association for computational linguistics, 2013, 1(4): 403-414.

[71] LEVY O, GOLDBERG Y. Dependency-based word embeddings[C]. Proceedings of the 52nd Annual Meeting of the Association for Computational Linguistics, Uppsala, 2010: 302-308.

[72] CHEN J, CHEN K, QIU X, et al. Learning word embeddings from intrinsic and extrinsic views[EB/OL]. (2016-08-20) [2018-03-24]. https://arxiv.org/pdf/1608.05852.pdf.

[73] RADFORD A, NARASIMHAN K, SALIMANS T, et al. Improving language understanding by generative pre-training[EB/OL]. (2018-04-20) [2019-01-14]. https://www.cs.ubc.ca/~amuham01/LING530/papers/radford2018improving.pdf.

[74] DEVLIN J, CHANG M W, LEE K, et al. BERT: pre-training of deep bidirectional transformers for language understanding[EB/OL]. (2019-05-24) [2019-08-10]. https://arxiv.org/pdf/1810.04805.pdf.

[75] QIU X, SUN T, XU Y, et al. Pre-trained models for natural language processing: a survey[EB/OL]. (2019-07-18) [2021-06-23]. http://arxiv.org/abs/2003.08271.

[76] BALASUBRAMANIAN M, SCHWARTZ E L. The isomap algorithm and topological stability[J]. Science, 2002, 295(5552): 1-7.

[77] SUN L, JI S, YE J, et al. Hypergraph spectral learning for multi-label classification[C]. ACM SIGKDD International Conference on Knowledge Discovery & Data Mining, Las Vegas, 2008: 668-676.

[78] GONG C, TAO D, YANG J, et al. Signed laplacian embedding for supervised dimension reduction[C]. Twenty-eighth Aaai Conference on Artificial Intelligence, Quebec, 2014: 1847-1853.

[79] HAN Y, SHEN Y. Partially supervised graph embedding for positive unlabelled feature selection[C]. International Joint Conference on Artificial Intelligence, New York, 2016: 1548-1554.

[80] ZHOU D, HUANG J. Learning from labeled and unlabeled data on a directed graph[C]. International Joint Conference on Neural Networks, Montreal, 2005: 1036-1043.

[81] JACOB Y, DENOYER L, GALLINARI P, et al. Learning latent represent actions of nodes for classifying in heterogeneous social networks[C]. Proceedings of the 7th ACM International Conference on Web Search and Data Mining, New York, 2014: 373-382

[82] NALLAPATI R M, AHMED A, XING E P, et al. Joint latent topic models for text and citations[C]. ACM SIGKDD International Conference on Knowledge Discovery and Data Mining, Las Vegas, 2008: 542-550.

[83] CHANG J, BLEI D M. Relational topic models for document networks[C]. International Conference on Artificial Intelligence and Statistics, Clearwater Beach, 2009: 81-88.

[84] LE T M V, LAUW H W. Probabilistic latent document network embedding[C]. Proceedings of 2014 IEEE International Conference on Data Mining, Shenzhen, 2014: 270-279.

[85] KOBOUROV S G. Spring embedders and force directed graph drawing algorithms[EB/OL]. https://arxiv.org/abs/1201.3011.

[86] FRUCHTERMAN T M J, REINGOLD E M. Graph drawing by force-directed placement[J]. Software Practice & Experience, 1991, 21(11): 1129-1164.

[87] KAMADA T, KAWAI S. An algorithm for drawing general undirected graphs[J]. Information processing letters, 1989, 31(1): 7-15.

[88] BASTIAN M, HEYMANN S, JACOMY M, et al. Gephi: an open source software for exploring and manipulating networks[C]. International Conference on Weblogs and Social Media, San Jose, 2009: 361-362.

[89] 陈维政，张岩，李晓明．网络表示学习[J]．大数据，2015，1（3）：8-22．

[90] 涂存超，杨成，刘知远，等．网络表示学习综述[J]．中国科学：信息科学，2017（8）：32-48．

[91] CAI H, ZHENG V W, CHANG K C, et al. A comprehensive survey of graph embedding: problems, techniques, and applications[J]. IEEE transactions on knowledge and data engineering, 2018, 30(9): 1616-1637.

[92] CRUZ-ROA A A, OVALLE J E A, MADABHUSHI A, et al. A deep learning architecture for image representation, visual interpretability and automated basal-cell carcinoma cancer detection[C]. Medical Image Computing and Computer-Assisted Intervention, Nagoya, 2013: 403-410.

[93] LU Z, LI H. A deep learning architecture for image representation, visual interpretability and automated basal-cell carcinoma cancer eetection[C]. Conference of the North American Chapter of the Association for Computational Linguistics: Tutorial, San Diego, 2016: 11-13.

[94] SINGH Y, CHAUHAN A S. Neural networks in data mining[J]. IOSR journal of engineering, 2014, 4(3): 1-6.

[95] PEROZZI B, KULKARNI V, CHEN H, et al. Don't walk, skip!: online learning of multi-scale network embeddings[C]. Advances in Social Networks Analysis and Mining, Sydney, 2017: 258-265.

[96] HUSSEIN R, YANG D Q, CUDRÉ-MAUROUX P, et al. Are meta-paths necessary? Revisiting heterogeneous graph embeddings[EB/OL]. (2018-10-17) [2019-08-15]. https://exascale.info/assets/pdf/hussein2018cikm.pdf.

[97] LI C, MA J, GUO X, et al. DeepCas: an end-to-end predictor of information cascades[C]. The International Conference of World Wide Web, New York, 2016: 577-586.

[98] PAN S, WU J, ZHU X, et al. Tri-party deep network representation [C]. International Joint Conference on Artificial Intelligence, New York, 2016: 1895-1901.

[99] GROVER A, LESKOVEC J. Node2vec: scalable feature learning for networks[C]. Proceedings of the 22nd ACM SIGKDD international conference on Knowledge discovery and data mining, San Francisco, 2016: 855-864.

[100] YANG Z, COHEN W W, SALAKHUTDINOV R, et al. Revisiting semi-supervised learning with graph embeddings[C]. International Conference on Machine Learning, New York, 2016: 40-48.

[101] LI J, ZHU J, ZHANG B, et al. Discriminative deep random walk for network classification[C]. Meeting of the association for computational linguistics, Berlin, 2016: 1004-1013.

[102] YANARDAG P, VISHWANATHAN S V. Deep graph kernels[C]. Knowledge discovery and data mining, Sydney, 2015: 1365-1374.

[103] TU C C, WANG H, ZENG X K, et al. Community-enhanced network representation learning for network analysis[EB/OL]. (2016-11-20) [2019-09-28]. https://arxiv.org/pdf/1611.06645.pdf.

[104] SUN X F, GUO J, DING X, et al. A general framework for content-enhanced network representation learning [EB/OL]. (2016-10-10) [2019-15-24]. ArXiv:1610.02906.

[105] FANG H, WU F, ZHAO Z, et al. Community-based question answering via heterogeneous social network learning [C]. National Cnference on Atificial Itelligence, Phoenix, 2016: 122-128.

[106] CHUNG J, GULCEHRE C, CHO K H, et al. Empirical evaluation of gated recurrent neural networks on sequence modeling[EB/OL]. (2014-12-11) [2019-04-10]. https://arxiv.org/abs/1412.3555.

[107] BENGIO Y, COURVILLE A, VINCENT P, et al. Representation learning: a review and new perspectives[J]. IEEE transactions on pattern analysis & machine intelligence, 2013, 35(8):1798-1828.

[108] BRUNA J, ZAREMBA W, SZLAM A, et al. Spectral networks and locally connected networks on graphs[EB/OL]. (2014-05-21) [2019-12-18]. https://arxiv.org/pdf/1312.6203v3.pdf.

[109] KIPF T N, WELLING M. Semi-supervised classification with graph convolutional networks[EB/OL]. (2017-02-22) [2019-11-05]. https://arxiv.org/pdf/1609.02907.pdf.

[110] SIMONOVSKY M, KOMODAKIS N. GraphVAE: towards generation of small graphs using variational autoencoders[C]. International conference on Artificial Neural Networks, Rhodes, 2018: 412-422.

[111] WANG C, PAN S, LONG G, et al. MGAE: marginalized graph autoencoder for graph clustering[C]. Proceedings of the 2017 ACM on Conference on information and knowledge management, Singapore, 2017: 889-898.

[112] YOU J, YING R, REN X, et al. GraphRNN: generating realistic graphs with deep auto-regressive models[C]. International on machine learning, Stockholm, 2018: 5694-5703.

[113] KAELBLING L P, LITTMAN M L, MOORE A W, et al. Reinforcement learning: a survey[J]. Journal of artificial intelligence research, 1996, 4(1): 237-285.

[114] ATWOOD J, TOWSLEY D F. Diffusion-convolutional neural networks[C]. The Thirtieth Annual Conference on Neural Information Processing Systems, Barcelona, 2016: 1993-2001.

[115] ZHUANG C, MA Q. Dual graph convolutional networks for graph-based semi-supervised classification[C]. 2018 World Wide Web Conference, Lyon, 2018: 499-508.

[116] YING Z, YOU J, MORRIS C, et al. Hierarchical graph representation learning with differentiable pooling[C]. The Thirty-second Annual Conference on Neural Information Processing Systems, Montreal, 2018: 4801-4811.

[117] VELICKOVIC P, CUCURULL G, CASANOVA A, et al. Graph attention networks[EB/OL]. (2018-02-04) [2019-10-24]. https://arxiv.org/pdf/1710.10903.pdf.

[118] XU K, LI C, TIAN Y, et al. Representation learning on graphs with jumping knowledge networks[C]. International conference on machine learning, Stockholm, 2018: 5449-5458.

[119] SCHLICHTKRULL M S, KIPF T N, BLOEM P, et al. Modeling relational data with graph convolutional networks[C]. The 15th Extended Semantic Web Conference, Heraklion, 2018: 593-607.

[120] YING R, HE R, CHEN K, et al. Graph convolutional neural networks for web-scale recommender systems[C]. The 24th ACM SIGKDD International Conference on Knowledge Discovery and Data Mining, London, 2018: 974-983.

[121] CHEN J, MA T, XIAO C, et al. FastGCN: fast learning with graph convolutional networks via importance sampling[EB/OL]. (2018-01-20) [2019-07-12]. https://arxiv.org/pdf/1801.10247.pdf.

[122] CHEN J, ZHU J, SONG L, et al. Stochastic training of graph convolutional networks with variance reduction[C]. International Conference on Machine Learning, Stockholm, 2018: 941-949.

[123] TIAN F, GAO B, CUI Q, et al. Learning deep representations for graph clustering[C]. The Twenty-Eighth AAAI Conference on Artificial Intelligence, Quebec, 2014: 1293-1299.

[124] WANG D, CUI P, ZHU W, et al. Structural deep network embedding[C]. The 22nd ACM SIGKDD international conference on Knowledge Discovery and Data Mining, San Francisco, 2016: 1225-1234.

[125] CAO S, LU W, XU Q, et al. Deep neural networks for learning graph representations [C]. The Thirtieth AAAI Conference on

Artificial Intelligence, Phoenix, 2016: 1145-1152.

[126] BERG R V D, KIPF T N, WELLING M, et al. Graph convolutional matrix completion[EB/OL]. (2017-10-25) [2019-01-24]. https://arxiv.org/pdf/1706.02263.pdf.

[127] TU K, CUI P, WANG X, et al. Deep recursive network embedding with regular equivalence[C]. The 24th ACM SIGKDD International Conference on Knowledge Discovery & Data Mining, London, 2018: 2357-2366.

[128] BOJCHEVSKI A, GUNNEMANN S. Deep gaussian embedding of graphs: unsupervised inductive learning via ranking[EB/OL]. (2018-02-27) [2019-06-19]. https://arxiv.org/pdf/1707.03815.pdf.

[129] ZHU D, CUI P, WANG D, et al. Deep variational network embedding in wasserstein space[C]. The 24th ACM SIGKDD International Conference on Knowledge Discovery & Data Mining, London, 2018: 2827-2836.

[130] PAN S, HU R, LONG G, et al. Adversarially regularized graph autoencoder for graph embedding[C]. The Twenty-Seventh International Joint Conference on Artificial Intelligence, Stockholm, 2018: 2609-2615.

[131] MA Y, GUO Z, REN Z, et al. Dynamic graph neural networks[EB/OL]. (2017-04-20) [2018-05-11]. https://arxiv.org/pdf/1704.06199.pdf.

[132] MONTI F, BRONSTEIN M M, BRESSON X, et al. Geometric matrix completion with recurrent multi-graph neural networks[C]. The Thirty-Firth Annual Conference on Neural Information Processing Systems, Long Beach, 2017: 3697-3707.

[133] MANESSI F, ROZZA A, MANZO M, et al. Dynamic graph convolutional networks[EB/OL]. (2017-04-20) [2018-06-13]. https://arxiv.org/pdf/1704.06199.pdf.

[134] YOU J, LIU B, YING R, et al. Graph convolutional policy network for goal-directed molecular graph generation[EB/OL]. (2019-02-25) [2019-06-20]. https://arxiv.org/pdf/1806.02473.pdf.

[135] CAO N D, KIPF T. MolGAN: an implicit generative model for small molecular graphs[EB/OL]. (2018-05-30) [2019-04-16]. https://arxiv.org/pdf/1704.06803.pdf.

[136] SUN Y, HAN J, YAN X, et al. PathSim: meta path-based top-K similarity search in heterogeneous information networks[EB/OL]. (2011-08-01) [2019-01-08]. http://www.ccs.neu.edu/home/yzsun/papers/vldb11_topKSim.pdf.

[137] ZHAO H, YAO Q, LI J, et al. Meta-graph based recommendation fusion over heterogeneous information networks[C]. ACM SIGKDD International Conference on Knowledge Discovery and Data Mining, Halifax, 2017: 635-644.

[138] ZHU Z, GAO H, ZHAO Y. Graph adjacency matrix approximation based recommendation system[J]. Journal of Beijing Jiaotong University, 2017, 41(2): 1-7.

[139] ZHANG P P, JIANG B. The research of recommendation system based on user-trust mechanism and matrix decomposition[M]. Algorithms and Architectures for Parallel Processing, 2016.

[140] MA H, YANG H, LYU M R, et al. SoRec: social recommendation using probabilistic matrix factorization[C]. The Conference on Information and Knowledge Management, Napa Valley, 2008: 931-940.

[141] WANG X, CUI P, WANG J, et al. Community preserving network embedding[C]. The AAAI Conference on Artificial Intelligence, San Francisco, 2017: 203-209.

[142] SHAW B, JEBARA T. Structure preserving embedding[C]. International Conference on Machine Learning, Montreal, 2009: 937-944.

[143] OU M, CUI P, PEI J, et al. Asymmetric transitivity preserving graph embedding[C]. The 22nd ACM SIGKDD International Conference on Knowledge Discovery and Data Mining, San Francisco, 2016: 1105-1114.

[144] CAO S, LU W, XU Q, et al. GraRep: learning graph representations with global structural information[C]. Conference on Information and Knowledge Management, Melbourne, 2015: 891-900.

[145] FLENNER J, HUNTER B. A deep non-negative matrix factorization neural network[EB/OL]. (2019-03-20) [2019-12-04]. http://www1.cmc.edu/pages/faculty/BHunter/papers/deep-negative-matrix.pdf.

[146] NIE F, ZHU W, LI X, et al. Unsupervised large graph embedding[C]. The Thirty-Firth AAAI Conference on Artificial Intelligence, Edmonton Alberta, 2017: 2422-2428.

[147] ROWEIS S T, SAUL L K. Nonlinear dimensionality reduction by locally linear embedding[J]. Science, 2000, 290(5500): 2323-2326.

[148] PANG T, NIE F, HAN J, et al. Flexible orthogonal neighborhood preserving embedding[C]. International Joint Conference on Artificial Intelligence, Melbourne, 2017: 2592-2598.

[149] ZHOU D, HUANG J. Learning with hypergraphs: clustering, classification, and embedding[C]. Twentieth Annual

Conference on Neural Information Processing Systems, Vancouver, 2006: 1601-1608.

[150] SHARMA A, JOTY S, KHARKWAL H, et al. Hyperedge2vec: distributed representations for hyperedges[EB/OL]. (2018-02-15) [2019-07-20]. http://mesh.cs.umn.edu/papers/hyp2vec.pdf.

[151] HUANG J, ZHANG R, YU J X, et al. Scalable hypergraph learning and processing[C]. International Conference on Data Mining, Las Vegas 2015: 775-780.

[152] TU K, CUI P, WANG X, et al. Structural deep embedding for hyper-networks[C]. The Thirty-Second AAAI Conference on Artificial Intelligence, San Francisco, 2018: 426-433.

[153] DU L, WANG Y, SONG G, et al. Dynamic network embedding: an extended approach for skip-gram based network embedding[C]. International joint conference on artificial intelligence, Stockholm, 2018: 2086-2092.

[154] LORRAIN F, WHITE H C. Structural equivalence of individuals in social networks[J]. Social networks, 1977, 1(1): 67-98.

[155] BARNDS W J. Friends and neighbors [J]. Foreign affairs, 1968, 46(3): 548-561.

[156] LIU S, JI X, LIU C, et al. Extended resource allocation index for link prediction of complex network[J]. Physica a: statistical mechanics and its applications, 2017, 479: 174-183.

[157] SALTON G, MCGILL M J. Introduction to modern information retrieval[J]. Program, 2004, 55(3): 239-240.

[158] REAL R, VARGAS J M. The probabilistic basis of jaccard's index of similarity[J]. Systematic biology, 1996, 45(3): 380-385.

[159] SORENSEN T. A method of establishing groups of equal amplitude in plant sociology based on similarity of species and its application to analyses of the vegetation on Danish commons[J]. Biologiske skrifter, 1957, 5(4): 1-34.

[160] RAVASZ E, SOMERA A L, MONGRU D A, et al. Hierarchical organization of modularity in metabolic networks[J]. Science, 2002, 297(5586): 1551-1555.

[161] ZHOU T, LÜ L, ZHANG Y C. Predicting missing links via local information[J]. European physical journal B, 2009, 71(4): 623-630.

[162] LEICHT E A, HOLME P, NEWMAN M E, et al. Vertex similarity in networks[J]. Physical review e statistical nonlinear & soft matter physics, 2006, 73(2): 116-120.

[163] KATZ L. A new status index derived from sociometric analysis[J]. Psychometrika, 1953, 18(1): 39-43.

[164] KLEIN D J, RANDIC M. Resistance distance[J]. Journal of mathematical chemistry, 1993, 12(1): 81-95.

[165] FOUSS F, PIROTTE A, RENDERS J M, et al. Random-walk computation of similarities between nodes of a graph with application to collaborative recommendation[J]. IEEE transactions on knowledge & data engineering, 2007, 19(3): 355-369.

[166] LIU W, LÜ L Y. Link prediction based on local random walk[J]. Europhysics letter, 2010, 89(5): 58007.

[167] CHEBOTAREV P, SHAMIS E. The matrix-forest theorem and measuring relations in small social groups[J]. Automation & remote control, 2006, 58(9): 1505-1514.

[168] SUN D, ZHOU T, LIU J G, et al. Information filtering based on transferring similarity[J]. Physical review e statistical nonlinear & soft matter physics, 2009, 80(2): 017101.

[169] FORTUNATO S, FLAMMINI A, MENCZER F. Scale-free network growth by ranking[J]. Physical review letters, 2006, 96(21): 218701.

[170] LIU Z, ZHANG Q M, LÜ L, et al. Link prediction in complex networks: a local naive Bayes model[J]. Europhysics letters, 2011, 96(4): 48007.

[171] CLAUSET A, MOORE C, NEWMAN M E J, et al. Hierarchical structure and the prediction of missing links in networks[J]. Nature, 2008, 453(7191): 98-101.

[172] 潘黎明．复杂网络上的链路预测及信息传播研究[D]．杭州：杭州电子科技大学，2019.

[173] 杨燕琳，冶忠林，赵海兴，等．基于高阶近似的链路预测算法[J]．计算机应用，2019，39（8）：2366-2373.

[174] 曹蓉，赵海兴，冶忠林．基于网络节点文本增强的链路预测算法[J]．计算机应用与软件，2019，36（3）：227-235.

[175] 冶忠林，曹蓉，赵海兴，等．基于矩阵分解的 DeepWalk 链路预测算法[J]．计算机应用研究，2020，37（2）：424-442.

[176] GUAN J S, XU M, KONG X S. Learning social regularized user representation in recommender system[J]. Signal processing, 2017, 144(3):306-310.

[177] HU H X , TANG B , ZHANG Y , et al. Vehicular ad hoc network representation learning for recommendations in internet of things[J]. IEEE transactions on industrial informatics, 2020, 16(4):2583-2591.

[178] SHI C, HU B, ZHAO W X, et al. Heterogeneous information network embedding for recommendation[J]. IEEE transactions on knowledge and data engineering, 2019, 31(2):357-370.

[179] MAO C, YAO L, LUO Y. MedGCN: graph convolutional networks for multiple medical Tasks[EB/OL]. (2019-11-18)

[2021-11-01]. http://arxiv.org/pdf/1904.00326.

[180] 胡枫，李发旭，赵海兴．超网络的无标度特性研究[J]．中国科学：物理学力学天文学，2017，47（6）：17-22.

[181] 贾秀丽，蔡绍洪，张芙蓉．一类点边同时变化的无标度复杂网络模型研究[J]．东北师大学报（自然科学），2008，40（4）：58-62.

[182] 胡枫，赵海兴，何佳倍，等．基于超图结构的科研合作网络演化模型[J]．物理学报，2013，62（19）：101-107.

[183] 胡枫，赵海兴，马秀娟．一种超网络演化模型构建及特性分析[J]．中国科学：物理学力学天文学，2013，43（1）：16-22.

[184] TANG J, QU M, WANG M, et al. LINE: large-scale information network embedding[C]. International Conference on World Wide Web, Florence, 2015: 1067-1077.

[185] CHEN H, PEROZZI B, HU Y, et al. HARP: hierarchical representation learning for networks[C]. National Conference on Artificial Intelligence, Las Vegas, 2018: 2127-2134.

[186] YANG C, SUN M, LIU Z, et al. Fast network embedding enhancement via high order proximity approximation[C]. International Joint Conference on Artificial Intelligence, Melbourne, 2017: 3894-3900.

[187] DER MAATEN L V, HINTON G E. Visualizing data using *t*-SNE[J]. Journal of machine learning research, 2008, 9(11): 2579-2605.

[188] TANG J, QU M, MEI Q Z. PTE: predictive text embedding through large-scale heterogeneous text networks[C]. ACM SIGKDD International Conference on Knowledge Discovery and Data Mining, Sudney, 2015:1165-1174.

[189] YU H F, JIAN P, KAR P, et al. Large-scale multi-label learning with missing labels[C]. The 31st International Conference on Machine Learning, Beijing, 2014:593-601.

[190] CRAMMER K, SINGER Y. On the algorithmic implementation of multiclass kernel-based vector machines[J]. Journal of machine learning research, 2002, 2(2): 265-292.

[191] BORDES A, USUNIER N, GARCIA-DURAN A, et al. Translating embeddings for modeling multi-relational data[J]. Twenty-seventh Annual Conference on Neural Information Processing Systems, 2013:2787-2795.

[192] BOLLACKER K, EVANS C, PARITOSH P, et al. Freebase: a collaboratively created graph database for structuring human knowledge[C]. International Conference on Management of Data, Vancouver, 2008: 1247-1250.

[193] REBELE T, SUCHANEK F M, HOFFART J, et al. YAGO: A multilingual knowledge base from wikipedia, wordnet, and geonames[C]. International Semantic Web Conference, Kobe, 2016: 177-185.

[194] NEWMAN M E J. Modularity and community structure in networks[J]. Proceedings of the National Academy of Sciences of the United States of America, 2006, 103(23): 8577-8582.

[195] FAN R E, CHANG K W, HSIEH C J, et al. LIBLINEAR: a library for large linear classification[J]. Journal of machine learning research, 2008, 9(9): 1871-1874.

[196] CHURCH K W, HANKS P. Word association norms, mutual information, and lexicography[J]. Computational linguistics, 1990, 16(1):22-29.

[197] DAGAN I, PEREIRA F, LEE L. Similarity-based estimation of word cooccurrence probabilities[C]//Meeting on Association for Computational Linguistics. Association for Computational Linguistics, New Mexico, 1994:272-278.

[198] TURNEY, PETER D, PANTEL P. From frequency to meaning: vector space models of semantics[J]. Journal of artifi-cial intelligence research, 2010, 37(1):141-188.